FEUERWEHRFAHRZEUGE DER DDR

Ralf Kunkel

Motor buch Verlag

Impressum

Cover-Gestaltung: Sven Rauert
Cover-Abbildungen: Deutsche Fotothek und Archiv Frank Rönicke

Bildnachweise: Andre Junghans, Wolfgang Donat, Wilfried Klahre BF Dresden (Archiv IG Fw-Historik Dresden), Andreas Berger-Winkler, Archiv Feuerwehrmuseum Torgau, Rainer Pupka, Feuerwehr Potsdam, Willy Leipold, Klaus Maack (Historische Feuerwehren und Landtechnik Halbendorf e.V.), Ronny Rabenow, Sammlung Christian Suhr, André Breutel, Archiv Traditionshaus des FFV Lübben, Landesfeuerwehrmuseum Meetzen, Herta Kirstein (†), Ralf Christian Kunkel

ISBN: 978-3-613-04593-4

1. Auflage 2024

Sie finden uns im Internet unter: www.motorbuch.de

Lektorat: Georg Otto
Innengestaltung: Ralf Christian Kunkel, Überarbeitet: WS – WerbeService Linke, 76185 Karlsruhe
Druck und Bindung: DZS GRAFIK d.o.o, 1210 Ljubljana, Slovenia

Inhalt

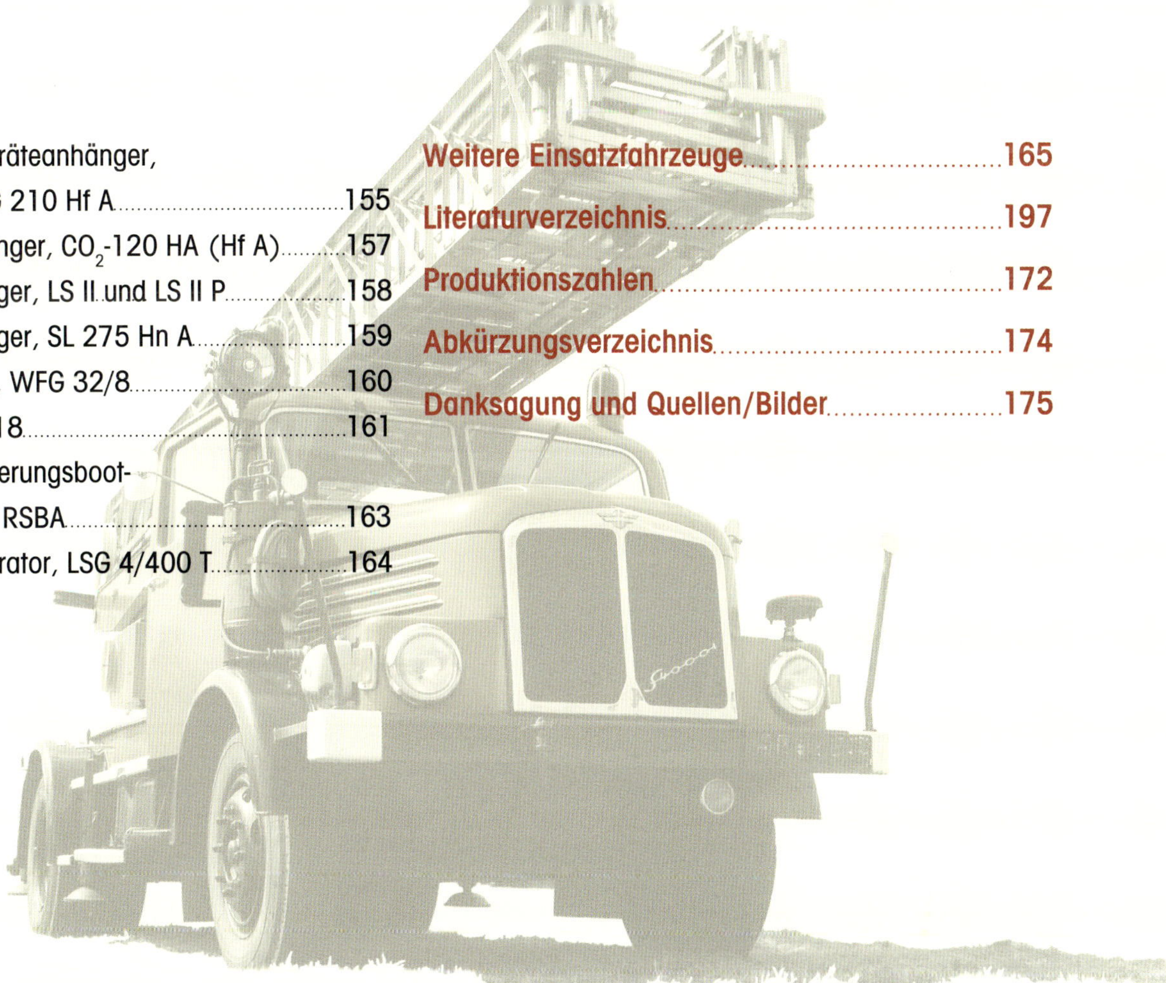

Der Torgauer Rettungsgerätewagen posiert hier rechts neben einem erst 1992 zu einem Gerätewagen umgerüsteten Werkstattkoffer auf IFA W 50 LA, der den G 5 ablöste. (Foto: Archiv Feuerwehrmuseum Torgau)

Einleitung

Am Umzug anlässlich der 1000-Jahrfeier der in der Prignitz im Norden des Landes Brandenburg gelegenen Stadt Putlitz beteiligten sich auch die Kameraden der FF mit einem Schweren Löschgruppenfahrzeug SLG auf Mercedes-Benz L 3000 S. Da eine Feier 1947 wegen des Endes des 2. Weltkrieges unangemessen gewesen wäre, ist sie um 10 Jahre auf 1957 verlegt worden. (Foto: Herta Kirstein (†), Putlitz/Porep)

Mit der Zerstörung Deutschlands durch den Zweiten Weltkrieg waren auch ein Großteil der Feuerwehren mit deren Fahrzeugen, Geräten und Ausrüstungen betroffen.Unter Aufsicht der SMAD wurde im Nachgang des Befehls zum Löschwesen 1945 in der SBZ der Brandschutz wieder aufgebaut.

Während in den Anfangsjahren der Sowjetischen Besatzungszone, der späteren DDR, für den Brandschutz noch auf die wenigen noch vorhandenen Feuerwehrfahrzeuge des Dritten Reiches zurückgegriffen wurde, entstanden Ende der 1940er-Jahre die ersten Löschfahrzeuge.

Das verantwortliche Organ für Entwicklung, Produktion und Beschaffung von Feuerwehrfahrzeugen und -geräten in der DDR war die Hauptverwaltung Feuerwehr (HA F) des Ministeriums des Innern. Hier wurde 1953 die Normung der Löschfahrzeuge festgelegt. Die Normen und Bauvorschriften spiegelten sich in den technischen Güte- und Lieferbedingungen (TGL) wider. Darin waren allgemeine und spezielle Anforderungen an die Feuerwehrfahrzeuge und -geräte festgelegt.

Die Produktion von DDR-Feuerwehrfahrzeugen konzentrierte sich im Wesentlichen auf drei Standorte. Im VEB Feuerlöschgerätewerk Görlitz, dessen Wurzeln in der 1864 gegründeten Görlitzer Feuerwehrgerätefabrik G. A. Fischer lagen, wurden Kleinlöschfahrzeuge, Löschgruppenfahrzeuge 8 und Einachsanhänger wie TSA und STA gefertigt.

Bis 1965 entstanden Löschgruppen- und Tanklöschfahrzeuge im VEB Feuerlöschgerätewerk Jöhstadt, das aus der seit 1860 bestehenden Spezialfabrik für feuerlöschgeräte E. C. Fladerer hervorging. Mit der beschlossenen Sortimentsbereinigung Mitte der 1960er-Jahre erhielt Jühstadt die gesamte Produktion an Feuerlöschkreiselpumpen und Tragkraftspritzen. Des Weiteren begann dort die Fertigung von Spezialpumpen.

Den gewichtigen Anteil der Feuerwehrfahrzeug-Produktion hielt der VEB Feuerlöschgerätewerk Luckenwalde, der auf die Gründung einer Gelbgießerei und Kupferschmiede 1878 und der daraus hervorgehenden Feuerlöschgerätefabrik Hermann Koebe zurückzuführen war. Hier entstanden Löschgruppenfahrzeuge, Tanklöschfahrzeuge, Sonderfahrzeuge wie Drehleitern, Anhängeleitern und außerdem Feuerlösch-Armaturen.

Für den Aufbau in den Feuerlöschgerätewerken wurden hauptsächlich einheimische Fahrgestelle wie Phänomen Granit, IFA-Horch H 3 A, IFA G 5, IFA S 4000-1 (S=Sachsenring), Barkas B 1000, Robur Garant und LO sowie IFA W 50 genutzt.

Neben den Feuerwehrfahrzeugen aus dem Inland, die vorwiegend für die Deckung des Grundbedarfs gefertigt wurden, benötigte man im Laufe der wirtschaftlichen und industriellen Entwicklung der DDR auch Großtank- sowie Sonderlöschfahrzeuge. Aufgrund des Spezialisierungsabkommens der RGW-Staaten erfolgte hier der Import. Neben Großtanklöschfahrzeugen TLF 32 aus der Tschechoslowakei wurden auch Sonderlöschfahrzeuge mit westlichen Aufbauten importiert. Als Beispiel seien die Schaumlöschaufbauten von Rosenbauer/Österreich auf Tatra-Fahrgestellen genannt.

Der Einsatz des einzigen SLF 18000 erfolgte ab 1980 bei der Werksfeuerwehr des VEB PCK Schwedt/ Oder. Hier bereits in neuer Farbgebung. (Foto: Sammlung Andre Junghans)

Die Berufsfeuerwehr Karl-Marx-Stadt setzt hier mit Hilfe eines Kranwagens KW 5 einen havarierten Straßenbahn-Waggon wieder ins Gleis. (Foto: Sammlung Andre Junghans)

Ein schwerer Neuanfang

Noch bevor in der Sowjetischen Besatzungszone (SBZ) – der späteren DDR – neue Feuerwehrfahrzeuge für den Brandschutz produziert wurden, musste man mit der durch den 2. Weltkrieg entstandenen Situation irgendwie zurechtkommen. Das Dritte Reich kapitulierte im Frühjahr des Jahres 1945 bedingungslos und Deutschland lag in Trümmern. Es folgten Entnazifizierung und Entmilitarisierung. Im nun von den Sowjets besetzten Ostdeutschland war die SMAD (Sowjetische Militär Administration in Deutschland) dafür zuständig und ging mit aller Härte vor. So wurden Führungskräfte in Verwaltungen und Organisationen ihrer Ämter enthoben. Die Verwaltung der SBZ unterlag nun voll und ganz der Sowjetunion.

Neben den entstanden Schäden bis hin zur kompletten Zerstörung von Versorgungseinrichtungen, Produktionsanlagen und der Infrastruktur, mussten vom kapitulierten Deutschland nun Repatarationen als Schadensausgleich an die alliierten Besatzungsmächte geleistet werden. Die Nachkriegszeit war geprägt von weiteren Zerstörungen, Demontagen, Enteignungen und auch Plünderungen. Viele mobile Werte wurden als Kriegsbeute abtransportiert. Dennoch musste die Versorgung der Bevölkerung gewährleistet werden und man begann den schwierigen und sehr langwierigen Wiederaufbau.

Als schönes Beispiel für den Werdegang von Feuerwehrfahrzeugen nach Kriegsende steht das abgebildete LF 25 mit Motz Aufbau. Es baut auf einem Mercedes-Benz Lo 3750 auf und war ab 1937 bei der Feuerwehr der Buna-Werke stationiert. Nach der Plünderung durch die alliierten Besatzer wurde das Löschgruppenfahrzeug wiedergefunden, rückgeführt und instandgesetzt. Es stand noch bis 1967 im Dienst der dortigen BF und kam danach noch zur Freiwilligen Feuerwehr Döllnitz. (Foto: Sammlung Andre Junghans)

In Jöhstadt erfolgte der Aufbau dieses 1928er Audi 18/70 zum Mannschaftstransportwagen. Stationiert war er bis 1973 in der Baumwollspinnerei Oederan/Sachsen und steht im Museum Eisenhüttenstadt als Leihgabe des Dredner Verkehrsmuseums. (Foto: Autor)

Der Brandschutz litt unter den Folgen des Krieges ebenso. Von den rund 20.000 Feuerwehrfahrzeugen waren ein Großteil wegen Schäden oder Überanspruchung nicht mehr einsatzfähig. Auch Requirierungen, Verschleppungen, Demontagen und Plünderungen der Löschtechnik gehörten dazu. Um wenigsten einen kleinen Teil davor zu bewahren, versteckte Wehrleute Fahrzeuge vor den Alliierten z.B. in Wäldern unter Astwerk, Scheunen, Kellern und Hallen. Es fehlte dem Brandschutz nun so ziemlich an allem. Daher wurde auf wenige veraltete aber intakte Feuerlöschgeräte zurückgegriffen, die noch übrig blieben. Doch nicht nur die Technik fehlte. Die Anzahl der Wehrkräfte war extrem reduziert, da sich viele in Kriegsgefangenschaft befanden, zu Tode kamen oder geflohen waren. Auch die Gebäude der ehemaligen »Feuerschutzpolizei«, die sich nun so nicht mehr nennen durfte, waren teilweise zerstört. Der Brandschutz war jedoch essenziell.

Dieses LF 15 - ehemals als Schweres Löschfahrzeug (SLG) bezeichnet - baut auf einem 1942er Fahrgestell Mercedes-Benz L 3000 S auf und wird nach dessen Restaurierung durch die FF Burgstädt museal erhalten. (Foto: Sammlung Andre Junghans)

Man kann sich kaum vorstellen, unter welch schwierigen Bedingungen die Sicherstellung und behelfsmäßige Instandsetzung der verbliebenen Löschfahrzeuge und -geräte erfolgte. Der Begriff »zusammenbasteln« hatte zu dieser Zeit Hochkonjunktur, denn es zeigt, mit welchem Willen, größtem Geschick und Wissen man herangegangen war. Zudem blühte der Ersatzteil-Schwarzmarkt. Suchkommandos waren unterwegs, abhanden gekommene Fahrzeuge an die ehemaligen Einsatzorte zurückzuführen. Es gestaltete sich sehr oft schwierig und war noch öfter nicht von Erfolg gekrönt.

Die gefundenen Fahrzeuge waren teilweise reparaturbedürftig oder nicht mehr zu gebrauchen. Letztere dienten somit vielleicht noch als Ersatzteilspender, wenn sie nicht sogar komplett Schrott waren.

Aus dieser Zeit gehen »die Fahrzeuge der Stunde Null« hervor, die zum Teil auch heute noch existieren und liebevoll als Traditionsfahrzeug in Vereinen oder Interessengemein-

LF-TS 8 der FF Lauterbach (Erzgebirgskreis) auf dem Fahrgestell Steyr 1500 A des Baujahres 1944. Vor seiner Umrüstung lief dieses Löschfahrzeug als Pritschenlastenwagen beim Großhandelskontor Olbernhau. Trotz der drohenden Verschrottung nach Einführung eines Robur LO 2002 A LF 8-TS 8-STA in der 1970ern, konnte es erhalten bleiben. (Foto: Sammlung Andre Junghans)

Gerade einmal 25 Einheiten der Kraftspritze 25 wurden bei der Firma Fischer im sächsischen Görlitz auf MAN-D1-Fahrgestellen gefertigt. Die abgebildete 1936er KS 25 wurde im gleichen Jahr an das Reichsluftfahrtministerium (RLM) geliefert und beim Sicherheitshilfsdienst (SHD) stationiert. Als einziges erhaltenes Exemplar wird dieses nach dem Krieg als LF 25 bezeichnete Fahrzeug bei der FF Pulsnitz erhalten. Dort war es zwischen Dezember 1950 und 1972 im Einsatz. (Foto: Sammlung Andre Junghans)

Das in der Oberlausitz liegende Rothenburg nahm 1931 die Kraftspritze KS 12 auf Magirus M 27 in den Dienst. Mit dem Ende des 2. Weltkrieges versteckte man die Kraftspritze am aus Angst der Requirierung oder der Zerstörung rund zwei Jahre lang – mit Erfolg. Nach der erneuten Indienststellung wurde es auch als Zugfahrzeug für den TSA genutzt und erst 1976 in den Ruhestand versetzt. Das Foto entstand beim 1. Blaulichttreffen auf dem Marktplatz in Rothenburg. (Foto: Autor)

schaften gepflegt werden. Der Auslieferungszustand ist oft schon lange nicht mehr vorhanden, trotzdem leisteten sie noch Jahrzehnte nach Kriegsende ihren Dienst.

Es waren aber nicht immer von Anfang an Feuerwehrfahrzeuge, die für den Einsatz im Brandschutz dienlich sein konnten. Auch Fahrgestelle und Fremdfahrzeuge verschiedenster Abstammungen wurden behelfsweise mit feuerwehrtechnischer Ausrüstung oder Aufbauten hergerichtet. Dies erfolgte häufig in Eigenregie.

Die wichtigsten Fahrgestelle stammten von namhaften Herstellern wie Opel, Daimler-Benz, Magirus-Deutz, MAN, Büssing-NAG, Henschel und Steyr.

Die Feuerlöschgeräteindustrie der DDR

Die Schwerpunkte der Feuerlöschgeräteindustrie lagen vor allem in den Bezirken, die in den heutigen Bundesländern Sachsen, Thüringen und Brandenburg liegen. Für die Feuerlöschfahrzeug-Produktion waren die Werke in Görlitz, Jöhstadt und Luckenwalde verantwortlich.

Die Zulieferbetriebe für die Fahrgestelle waren der VEB Automobilwerk Sachsenring Zwickau (IFA-Horch H3 und H 3 A), der VEB IFA-Kraftfahrzeugwerk »Ernst Grube« Werdau (IFA S 4000-1/ G 5 und H 6), der VEB Barkas-Werke Karl-Marx-Stadt (Barkas V 901/2 und B 1000/1000-1), der VEB Robur-Werke Zittau (Phänomen/Robur Granit/Garant/LO/LD) und der VEB IFA-Automobilwerk Ludwigsfelde (IFA W 50). Die Feuerwehr-Kranwagen basierten auf handelsüblichen Autodrehkranen aus dem VEB Hebezeugwerk Sebnitz sowie dem VEB Maschinenbau »Karl Marx« Babelsberg. Neben den industriell hergestellten Einsatzfahrzeugen entstanden auch Spezialvarianten, die den Anforderungen am Stationierungsort entsprachen. Äußerlich kaum von Serienfahrzeugen abweichend, unterschieden sie sich jedoch in der feuerwehrtechnischen Ausrüstung teils enorm.

Feuerlöschgerätewerk Görlitz

Von der Mitte des 19. Jahrhundert begonnenen Industrialisierung und dem einhergehenden Wachstum der Städte war ab 1870 auch die preußische Stadt Görlitz betroffen. Die wirtschaftliche Entwicklung veränderte die Stadt ökonomisch und sozial. Die Standorte der Werke verlagerten sich von der Altstadt in die Randgebiete, um mehr Platz zum Arbeiten mit neuen Technologien zur Verfügung zu haben. Der Bedarf an Löschtechnik wuchs und erforderte eine zentrale rationelle Fertigung von Erzeugnissen des Brandschutzes.
Zur Versorgung der Feuerwehren mit entsprechender Ausrüstung wurden in eine wurden in einer stillgelegten Eisen-

Feuerlöschgerätewerke in der DDR

Nr.	Werk
1	1948-1956: VEB Feuerlöschgerätewerk Minimax Neuruppin 1956-1990: VEB Feuerlöschgerätewerk Neuruppin ab 1990: Feuerlöschgeräte GmbH Neuruppin
2	VEB Feuerlöschgerätewerk Luckenwalde
3	VEB Armaturenwerk Kietz
4	H.Bräunert Bitterfeld
5	VEB GOTHANIA Schlauchweberei und Gummiwerk Hörselgau
6	Waldemar Dittmann Weimar
7	VEB Feuerlöschgerätewerk Apolda
8	VEB Feuerlöschgerätewerk und Eisengießerei Döbeln
9	VEB Feuerlöschgerätewerk Jöhstadt
10	v. Sachsen-Coburg Maschinen- und Feuerwehrgerätewerk KG Hellerau Dresden
11	NOWACK Bautzen
12	VEB Spezialfahrzeugbau Löbau
13	VEB Feuerlöschgerätewerk Görlitz

Feuerlöschgerätewerk Görlitz Firmierungen im Laufe der Zeit	
1864-1880	G. A. Fischer, Görlitz Roth- und Glockengießerei
1881-1925	G. A. Fischer, Görlitz (Inh. A. Roscher) Pumpen-, Spritzen- und Metallwarenfabrik Ausrüstung für Feuerwehren
1945-1946	G. A. Fischer KG Görlitz Feuerwehr- und Maschinenfabrik
1946-1951	VEB Polygraph Feuerwehrgerätewerk Görlitz
1952-1953	VEB Maschinenfabrik Görlitz
1954-1982	VEB Feuerlöschgerätewerk Görlitz ab 1978 Betrieb des IFA-Kombinates Spezialaufbauten und Anhänger
1983-1990	VEB Robur-Werke Zittau Betrieb des IFA-Kombinates Nutzkraftwagen Werk 7 Feuerlöschgerätewerk Görlitz

gießerei in der ehemaligen Brückenstraße 9/11 in Görlitz ab 1925 Geräte, Anhänger und Fahrzeuge gebaut.

Die Serienfertigung von Tragkraftspritzen, Feuerleitern und Löschfahrzeugen begann um 1926. Nachdem Ende des Zweiten Weltkrieges änderten sich Eigentumsverhältnisse und der Betrieb ging 1946 inVolkseigentum über. Trotz der ersten schweren Jahre des Wiederaufbaus, wurden die ersten Löschgruppen- und Kleinlöschfahrzeuge produziert. Die Varianten richteten sich nach der Einsatzart und

Eines der wichtigsten Erzeugnisse des VEB FLG Görlitz war das KLF-TS 8-SHA. (Foto: Sammlung Andre Junghans)

waren mit entsprechenden Inneneinbauten versehen. Dazu gehörte auch die Entwicklung des Leichtschaum-Löschfahrzeuges. Während der Produktion wurden die Erzeugnisse den erforderlichen Löschverfahren angepasst. Die Produktpalette der Anhänger wurde kontinuierlich weiterentwickelt und war sehr variantenreich.

Als besonders fortschrittlich galt der Übergang von der Gemischtbauweise mit Holzgerippe und Stahlbeplankung hin zum Standard-Einachsanhänger mit einem Inneneinbau für fünf Varianten. Ab 1983 war das Werk 7 FLG Görlitz in den VEB Robur-Werke Zittau – einem Betrieb des IFA-Kombinates Nutzkraftwagen – integriert.

Feuerlöschgerätewerk Luckenwalde

Das Feuerlöschgerätewerk Luckenwalde hat seine Wurzeln in der Firma Koebe. Der 1852 geborene Hermann Koebe setzte mit seiner in der Wilhelmstraße 9/10 (heute Poststraße) in Luckenwalde 1878 gegründeten Metallgießerei und Kupferschmiede den Grundstein für die Pumpenherstellung. Mit seinen Erfahrungen als Spritzenmeister der Feuerwehr entwickelte er leistungsfähigere Spritzen zur Brandbekämpfung. In seiner im Industriegebiet Luckenwalde neu gebauten Fabrik stellte er dann Saug- sowie Druck- und schon bald auch Dampf- und Elektro-Motorspritzen her.

Sein erstes Patent erhielt er 1905 auf die Einmann-Abprotzspritze »Triumph«, die von großer Bedeutung für das Unternehmen war. Die Feuerwehrgerätefabrik wuchs und der Name Koebe war mit über 300 Beschäftigten schon bald weltbekannt. Koebe-Luckenwalde war untrennbar mit feuerwehrtechnischen Erzeugnissen verbunden. Schon 1910 lieferte die Firma elektrisch angetriebene automobile Löschzüge. Außerdem wurden verschiedene qualitativ hochwertige Leitern produziert. Neben Metz und Magirus zählte Hermann Koebe zu den Pionieren der Feuerwehrtechnik. 1921 wurde die Firma an die beiden Söhne Hermann II. und Willy Koebe übergeben. 1932 starb Hermann I. Koebe. Nach dem Kriegsende wurde die Firma treuhändisch verwaltet und als landeseigener Betrieb Brandenburg, vormals Feuerwehrgerätefabrik Hermann Koebe, geführt. Zu den Aufgaben der Fabrik zählten Reparaturen an Militärfahrzeugen der Roten Armee, Aufbauten von Löschfahrzeugen, sowie die Produktion von Dusch- und Entlausungsanlagen.

In dieser Zeit entstanden auch 200 Tragkraftspritzen mit dem Motor des VW-Kübelwagens. Die Sowjetische Militäradministrationen SMAD enteignete die Firma am 15. Juli 1948. Bekannt war sie nun unter dem Namen POLYGRAPH Feuerlöschgerätewerk Luckenwalde und ging dann über zum VEB Feuerlöschgerätewerk Luckenwalde. Hier nun fand die Produktion von Feuerwehrfahrzeugen mittlerer Größen und Drehleitern statt. Die Betriebsteile Flachdichtungen Luckenwalde (vorm. Gebr. Tietz KG) und Luftpumpen Trebbin (vorm. Fa. Hagendorf und Werdermann KG) wurden 1972 in den Betrieb eingegliedert. 1976 wurde

Der IFA W 50 LA/TLF 16-GMK der Gemeinde Uckerland war eines der letzten Tanklöschfahrzeuge auf dem W50-Allrad-Fahrgestell mit Ganzmetall-Koffer, das im VEB Feuerlöschgerätewerk Luckenwalde aufgebaut wurde. (Foto: Autor)

VEB FLG Luckenwalde dem VEB Automobilbau zugeordnet. Das änderte sich 1983. Der Betrieb war nun als VEB Spezialfahrzeugwerk Berlin, Werk Feuerlöschgerätewerk Luckenwalde dem VEB Kombinat »Nutzkraftwagen« untergeordnet.

Mit der Wende firmierte der Betrieb ab Mitte 1990 als FGL Feuerlöschgerätewerk Luckenwalde GmbH unter treuhändischer Verwaltung und wurde 1992 verkauft. Metz übernahm nach einer finanziellen Krise des Betriebes 1996 das operative Geschäft. Die Firma Rosenbauer GmbH erwarb 1998 die Metz-Gruppe und mit ihr auch den Betrieb FGL-Metz Luckenwalde.

Feuerlöschgerätewerk Jöhstadt

1860 gründete Friedrich August Flader zusammen mit einem Geschäftspartner eine Messinggießerei in Jöhstadt (Erzgebirgskreis). Zu den Produkten zählten auch Feuerspritzen. Später wurde die Firma wegen Konkurses an seine Frau Emilie Clementine Flader verkauft und hieß daher fortan E. C. Flader.

Das Unternehmen hatte großen Erfolg und zählte zu den Pionieren bei der Entwicklung von Kleinmotor- und Tragkraftspritzen. Flader war schon bald weltweit ein Markenname bei Tragkraftspritzen. Mit dem Ende des Zweiten Weltkrieges folgten 1946 die Demontage und die Enteignung. Doch 1948 wurde mit dem Wissen zur Tragkraftspritzenfertigung und unter den Anstrengungen ehemaliger Mitarbeiter wieder mit der Produktion begonnen – nun jedoch als volkseigener Betrieb VEB. Zur Produktpalette gehörten neben Tragkraftspritzen auch Einbaupumpen für Löschfahrzeuge, sowie Excenter-, Kreisel- und Kraftstoffpumpen. Das Werk war unter anderem für den Aufbau der Tanklöschfahrzeuge auf Fahrgestellen ZIS-150, IFA-Horch H 3 A, IFA G 5 und S 4000-1 verantwortlich.

Tragkraftspritze TS 8 aus Jöhstadt. Bild: Prospekt »Feuerlöschgeräte« Jöhstadt (Sammlung des Autors)

Das Feuerlöschgerätewerk Jöhstadt war dem VEB Kombinat Pumpen und Verdichter untergeordnet. Der Betrieb firmierte nach der Wende als PF Pumpen und Feuerlöschtechnik GmbH Jöhstadt. Mit der Marke Jöhstadt sind auch heute noch Pumpen für Industrie, Landwirtschaft und natürlich Feuerwehr verbunden.

Ein Jöhstädter TLF 15 auf IFA G 5 als militärisch genutztes Fahrzeug. (Foto: Sammlung Andre Junhans)

Farbgebung, Kennleuchten, akustische Signale und Kennzeichen der DDR-Feuerwehrfahrzeuge

Nach dem Krieg hielt die traditionelle Grundfarbe »Rot« in der Variante »Signalrot« wieder Einzug. Im Auftrag der Hauptabteilung Feuerwehr des Ministeriums des Innern wurden 1979 Versuche mit verschiedenen Farben und Farbkombinationen durchgeführt. Dazu erhielten vereinzelte Fahrzeuge Lackierungen in den Kombinationen Signalrot/Weiß, Signalrot/Schwarz, Leuchtrot/Weiß und Leuchtrot/Schwarz sowie sogenannte «Bauchbinden«, den horizontal verlaufenden Streifen in den Farben Weiß, Schwarz und Leuchtrot. Die Versuche blieben jedoch zunächst ergebnislos.
Obwohl bereits 1985 bei einer Pressevorstellung ein Tanklöschfahrzeug TLF 32 und eine Drehleiter DL 30 K mit weißer Bauchbinde und dem Schriftzug »Feuerwehr« zu sehen waren, wurden die »Gestaltungsgrundsätze für die Zweifarbgebung bei Fahrzeugen der Feuerwehr« erst 1987 veröffentlicht. Hierzu erhielten die Fahrerhäuser und Mannschaftskabinen die reinweiße »Bauchbinde«, die in Verlauf und Breite genau festgelegt war. Der Aufbau blieb nach wie vor rot, die Felgen schwarz und die Stoßfänger wurden weiß lackiert. Die »Bauchbinde« wurde mit dem roten Schriftzug »Feuerwehr« in der Schriftart »Maxima« versehen.

Ins Dach einbezogene Scheinwerfer mit blauer Streuscheibe dienten ab etwa 1957 vorerst als optische Warnanlage. Sie wurden dann zur besseren Seitenerkennung mit kleinen blauen Kappen an den Scheinwerfergehäusen versehen.
Nachdem auch Blinkgeber als Kennleuchten verwendet wurden, erfolgte der Einsatz einer neu konstruierten Rundumkennleuchte mit drehendem Innenspiegel, vorgestellt 1963 bei einem Kleinlöschfahrzeug auf Barkas B 1000. In den 1970er-Jahren folgten die Halogen-Glühlampen.
Durch den Import von Feuerwehrfahrzeugen kamen auch Rundumleuchten aus den entsprechenden Ländern zum Einsatz. Ab 1988 wurden auch blaue Zusatzscheinwerfer an den vorderen Stoßfängern zugelassen.

Als akustische Warnanlage wurde lange Zeit die Presslufftfanfare genutzt. Vom MdI erfolgte 1960 die Festlegung einer neuen Tonfolge. In drei Sekunden erklangen zwei verschieden hohe Töne viermal hintereinander. 1973 hielten Sirenen mit auf- und abschwellenden Tönen Einzug. Mit den Sirenen einheimischer Produktion ab 1978 hielt sich die Zufriedenheit in Grenzen und so wurden probehalber auch Sirenen anderer »Bruderstaaten« wie Polen und Ungarn getestet.

Ab 19. August 1949 erhielten die Fahrzeuge der Feuerwehr volkspolizeiliche Kennzeichen. Es waren schwarze Schilder mit weißen Ziffern und Buchstaben. Ein Kennzeichen »VP xx-yyzz« (z. B. »VP 01-1811«) bestand aus »VP« wie Volkspolizei, xx kennzeichnete Land, »yy« die Fahrzeugzahl und »zz« die Stadt, in der das betreffende Fahrzeug zugelassen wurde.

Trotz der Vorschrift zur bezirksweisen Kennzeichnung bei den zivilen Fahrzeugen ab 1953, wurden die schwarzen Schilder und die Länderkennungen bei den Feuerwehrfahrzeugen teilweise noch bis 1964 beibehalten. Es folgten Kennzeichen auf weißen Schildern mit schwarzer Schrift, die ab 1964 Pflicht waren. Das Kennzeichen »VP xx-yyyy« baute sich aus folgenden Elementen auf. »VP« stand für Volkspolizei, »xx« war Kennzahl des Bezirkes und die letzte Zahl »yyyy« war eine fortlaufende Nummer.

VP-Kennzeichen (xx)	
Zeitraum (Länder): 1949-1953	
00	Berlin und Deutsche Verwaltung des Innern (DVdI)
01	Brandenburg
02	Mecklenburg
03	Sachsen
04	Sachsen-Anhalt
05	Thüringen
Zeitraum (Bezirke): 1953-1990 (bei Feuerwehrfahrzeugen teilw. erst ab 1964)	
00	Berlin (Ost)
01	Rostock
02	Schwerin
03	Neubrandenburg
04	Potsdam
05	Frankfurt (Oder)
06	Cottbus
07	Magdeburg
08	Halle (Saale)
09	Erfurt
10	Gera
11	Suhl
12	Dresden
13	Leipzig
14	Karl-Marx-Stadt (heute Chemnitz)

Löschfahrzeuge

Löschgruppenfahrzeug LF-TS 8

Phänomen Granit 27/30 K

Löschgruppenfahrzeuge dienen im Allgemeinen der Beförderung feuerwehrtechnischer Ausrüstung und Geräte sowie einer Löschgruppe für den selbständigen Einsatz oder im Zusammenwirken mit anderen Feuerwehrfahrzeugen an Brand- und Unfallstellen.
Mit Blick auf die leichten Löschgruppenfahrzeuge LLG des Dritten Reiches entstand in den Feuerlöschgerätewerken Jöhstadt, Görlitz und Luckenwalde 1951 die erste Generation an Löschgruppenfahrzeugen mit eingeschobener Tragkraftspritze in der DDR.

Mit der Wiederaufnahme der Produktion des Lastkraftwagens Granit 27 (ehemals Granit 1500) mit einer Nutzlast von 1,5 Tonnen im Jahr 1949 entstanden jedoch vorerst Löschgruppenfahrzeuge mit einer auf einem Einachsanhänger mitgeführten Tragkraftspritze (LF-TSA).
Der in Gemischtbauweise gefertigte, geschlossene Aufbau diente neben dem Transport feuerwehrtechnischer Ausrüstung auch der Beförderung der Löschgruppe von 1/8 Einsatzkräften. Erst mit der Erhöhung der Nutzlast auf zwei Tonnen ab 1951 erhielt das LF eine per Gleitschiene einschiebbare TS 8.

Diese heckseitig mitgeführte Tragkraftspritze besaß einer Nennförderleistung von 800 Litern pro Minute bei einem Nennförderdruck von acht bar und einer Nennförderhöhe von 1,5 Metern. Sie diente als Förder- oder Verstärkerpumpe.

Das Fahrzeug war so ausgestattet, dass ein selbständiger Einsatz möglich war. Ab 1953 wurde das Fahrgestell Granit 30 K mit leistungsgesteigertem Motor für den Aufbau verwendet. Der luftgekühlte 3,0-Liter-Ottomotor leistete 55 PS und nach weiterer Überarbeitung ab 1954 sogar 60 PS. Infolge der Modernisierung des Granit 30 K, optisch erkennbar an der neu gestalteten Motorhaube und den integrierten Scheinwerfern, erhielt er bereits 1956 die neue Modell-Bezeichnung »Phänomen Garant 30 K«, die durch die Umbenennung des Werkes 1957 in »Robur Garant 30 K« geändert wurde. Von 1956 bis 1959 entstanden die Aufbauten LF-TS 8 auf Phänomen bzw. Robur Garant 30 K nur noch im VEB Feuerlöschgerätewerk Görlitz.

Foto: Autor

Die Historiker der Freiwillige Feuerwehr Sagar unterhalten noch heute dieses in den Jahren 1993 bis 1996 restaurierte LF-TS 8 als Traditionsfahrzeug (hier mit STA). Obwohl der aus dem Jahr 1953 stammende Granit 27 schon 1988 ausgemustert wurde, ist er auch heute noch komplett bestückt und einsatzbereit. Die Aufnahme stammt von einem Blaulichttreffen in Rothenburg. (Fotos: Autor)

Phänomen Granit 30 k LF-TS 8 des Baujahres 1954 in alter Ausführung.

Löschgruppenfahrzeug LF-TS 8 (Baumuster 1953)	
Indienststellung/Bauzeit	1951-1953
Aufbau-Hersteller	VEB Maschinenfabrik Görlitz/DDR VEB Feuerlöschgerätewerk Luckenwalde/DDR VEB Feuerlöschgerätewerk Jöhstadt/DDR
Fahrgestell	Phänomen Granit 27
Fahrgestell-Hersteller	VEB »Phänomen« Zittau/DDR
Besatzung	1/8
Motorbezeichnung	Granit 27
Motor	R4-Zylinder-Viertakt-Ottomotor, luftgekühlt
Bohrung x Hub	85 x 118 mm
Hubraum	2678 cm³
Leistung bei U/min	37 kW (50 PS) bei 2800/min
Drehmoment bei U/min	157 Nm bei 1500/min
Getriebe	4-Gang-Wechselgetriebe, 1 Rückwärtsgang
Bremsen	hydraulische Vierradbremse, mechanische Handbremse auf die Hinterräder wirkend
Radformel	4x2, Hinterachsantrieb
Bereifung	6,50-20 eHD, vorn einfach, hinten zwilling
Radstand	3770 mm
Wendekreis	15,6 m
Länge x Breite x Höhe	5690 x 1890 x 2600 mm
Bodenfreiheit	230 mm
Gesamtgewicht	4190 kg
Höchstgeschwindigkeit	80 km/h
Kraftstoffverbrauch	18 l/100 km

Heckseitig entnehmbare Tragkraftspritze.

Version des Granit 30 k mit neuer Front, wie sie ab 1956 auch beim Nachfolger Garant verbaut wurde. (Foto: Autor)

Feuerwehrtechnische Bestückung (Baumuster 1953)

Stück	Bezeichnung	Stück	Bezeichnung	Stück	Bezeichnung
2	Sauerstoff-Schutzgerät, 1 Std. (Medi 495)	1	Handfeuerlöscher CB 2 L	1	Stiel für Arbeitsgeräte
2	Sauerstoffflasche, 1 l (Reserve)	1	Tragkraftspritze 8/8, kompl.	1	Brechstange 1200
2	Alkalipatrone (Reserve)	1	Segeltucheimer	1	Werkzeugtasche, kompl.
1	Sauerstoffflasche, 7 l	2	Auffahrbohle A	1	Starkstrom-Werkzeugkasten
1	Sanitätskasten, klein	10	Wachsfackel	2	Feuerwehraxt
1	Krankentrage B	9	Signaltaschenlampe (handelsüblich)	1	Holzaxt, 1,6 kg
4	Aufhänger für Krankentrage	2	Handscheinwerfer	2	Spaten A 1080
2	Krankendecke (handelsüblich)	1	Rücklichtlampe Typ RL 8851	1	Pionierspaten, kurz
1	Sauerstoff-Inhalationsgerät Medi SIK 8202	4	Steckleiter, Teil B	2	Sandschaufel
1	Zahnstangenwinde, 3 Mp	2	Saugschlauch A 1,6	1	Zugsäge 1200
1	Unterleghölzer für Hebezeuge (Satz)	2	Saugschlauch A 2,5	1	Dunggabel, 4zinkig
1	Schlüssel für Unterflurhydrant	12	Druckschlauch B 20	4	Fangleine F 30
1	Schlüssel für Überflurhydrant	2	Druckschlauch B 5	4	Schlauchhalter S
1	Brunnenlotmaß, kompl.	4	Druckschlauch C 15	2	Arbeitsleine A 15 K
2	Übergangsstück B-C	2	Schlauchbrücke I B 2 C	2	Bindestrick
1	Übergangsstück A-B	4	Kupplungsschlüssel	1	Hanfseil, 24 x 15
1	Verteiler B	2	Schlauchhalterriemen T	4	Tragbeutel für Fangleine
1	Saugkorb A	6	Schlauchbinde B/C	1	Asbest-Fausthandschuhe
1	Weidenschutzkorb A	1	Schlauchbindentasche	9	Feuerwehr-Schutzhandschuhe
1	Schwimmboje K	2	Schlauchhaspel T	1	Gummistiefel, kurz
1	Vollstrahlrohr BV	2	Kuppelscheibe C	1	Gummistiefel, lang
2	Vollstrahlrohr CV	2	Schnallriemen für Kuppelscheibe	4	Kochgeschirr
1	Mehrzweckstrahlrohr CM	1	Rollschlauchriemen	4	Eßbesteck
1	Standrohr 2 B	2	Mulde	1	Kraftstoffkanister, 20 l (VK)
1	Kübelspritze, kompl.	1	Leichter Einreißhaken		
1	Handfeuerlöscher SL 10 Hi	1	Schraubtülle mit Besen		

Löschgruppenfahrzeug LF-TS 8

Phänomen/Robur Garant 30 K

Ab 1953 wurde das Fahrgestell Granit 30 K mit leistungsgesteigertem Motor für den Aufbau verwendet. Der luftgekühlte 3,0-Liter-Ottomotor leistete 55 PS und nach weiterer Überarbeitung ab 1954 sogar 60 PS.

Infolge der Modernisierung des Granit 30 K, optisch erkennbar an der neu gestalteten Motorhaube und den integrierten Scheinwerfern, erhielt er bereits 1956 die neue Modell-Bezeichnung »Phänomen Garant 30 K«, die durch die Umbenennung des Werkes 1957 in »Robur Garant 30 K« geändert wurde. Von 1956 bis 1959 entstanden die Aufbauten LF-TS 8 auf Phänomen bzw. Robur Garant 30 K nur noch im VEB Feuerlöschgerätewerk Görlitz.

Löschgruppenfahrzeug LF-TS 8	
Indienststellung/Bauzeit	1956-1959
Aufbau-Hersteller	VEB Feuerlöschgerätewerk Görlitz/DDR
Fahrgestell	Phänomen/ Robur Garant 30 K
Fahrgestell-Hersteller	1956-1957: VEB »Phänomen« Zittau/DDR 1957-1959: VEB Robur-Werke Zittau/DDR
Besatzung	1/8
Ausrüstung	TS 8/8, 180 m C-Druckschläuche, 245 m B-Druckschläuche, 2 SSG
Motorbezeichnung	Garant 30 K
Motor	4-Zylinder-Viertakt-Ottomotor, luftgekühlt
Bohrung x Hub	90 x 118 mm
Hubraum	3000 cm³
Leistung bei U/min	44 kW (60 PS) bei 2800/min
Radformel	4x4, Allradantrieb
Radstand	3770 mm
Länge x Breite x Höhe	5690 x 1890 x 2600 mm
Bodenfreiheit	230 mm
Gesamtgewicht	4200 kg
Höchstgeschwindigkeit	80 km/h

Ein Phänomen/Robur Garant 30 K. (Foto: Autor)

Foto: Autor

Löschgruppenfahrzeug LF-Lkw-TS 8-STA

Phänomen/Robur Garant 30 K

Durch den hohen Bedarf an Löschgruppenfahrzeugen für den selbständigen Einsatz an Brand- und Unfallstellen auch bei den Freiwilligen Feuerwehren musste eine günstige und schnelle Lösung geschaffen werden. Daraus resultierte die Fertigung des einfachen Löschfahrzeugs auf Lastkraftwagen mit Tragkraftspritze 8 und Schlauchtransportanhänger im VEB Feuerlöschgerätewerk Görlitz zwischen 1956 und 1960. Basis bildete der Phänomen bzw. Robur Garant 30 K.

Die feuerwehrtechnische Bestückung wurde den jeweiligen örtlichen Gegebenheiten angepasst. Unter Verwendung eines auf dem Rahmen niedrig aufgesetzten Pritschenaufbaus mit Spriegel und Plane konnten neben den zwei Einsatzkräften im serienmäßigen Fahrerhaus weitere sieben auf der Ladefläche befördert werden. Die längs zur Fahrtrichtung eingebauten Sitze waren zu Geräteräumen ausgebildet und für die leichte Geräteentnahme nach hinten offen. In die winddichte Plane waren Fenster eingearbeitet und die hinteren Planteile konnten gardinenartig zugezogen werden. Hinter den vorderen, nach außen klappbaren Bordwänden der Pritsche befanden sich die Schlauchfächer und die ausschwenkbare C-Schlauchhaspel.

Zwischen den vorderen und hinteren Kotflügeln lagerten beidseitig die Saugschläuche auf den Trittbrettern. Die zwischen den Sitzen auf der Ladefläche mitgeführte Tragkraftspritze wurde mittels Ladegestell eingeschoben oder entnommen. Für den Transport von Verletzten konnten im Aufbau auch Krankentragen in dafür vorgesehene Halterungen befestigt werden. Zur weiteren Ausstattung gehörte auch der Schlauchtransportanhänger, der 420 Meter B-Druckschläuche mitführte.

Löschgruppenfahrzeug LF-Lkw-TS8-STA	
Indienststellung/Bauzeit	1956-1960
Aufbau-Hersteller	VEB Feuerlöschgerätewerk Görlitz/DDR
Fahrgestell	Phänomen/ Robur Garant 30 K
Fahrgestell-Hersteller	1956-1957: VEB »Phänomen« Zittau/DDR 1957-1960: VEB Robur-Werke Zittau/DDR
Besatzung	1/8
Motorbezeichnung	Garant 30 K
Motor	4-Zylinder-Viertakt-Ottomotor, luftgekühlt
Bohrung x Hub	90 x 118 mm
Hubraum	3000 cm³
Leistung bei U/min	44,1 kW (60 PS) bei 2800/min
Drehmoment bei U/min	185 Nm bei 1600/min
Getriebe	4+1-Gang-Wechselgetriebe, 2. bis 5. Gang synchronisiert, Verteilergetriebe mit Geländegang
Bremsen	hydraulische Vierradbremse, mechanische Handbremse auf Hinterräder wirkend
Radformel	4x4, Allradantrieb
Bereifung	6,50-20 eHD, vorn einfach, hinten zwilling
Radstand	3770 mm
Länge x Breite x Höhe	6085 (mit STA: 9285) x 2114 x 2585 mm
Bodenfreiheit	230 mm
Wattiefe	800 mm
Kraftstoffvorrat	70 l (Tank) + 20 l (Reservekanister)
Gesamtgewicht	4380 kg (ohne Anhänger)
Höchstgeschwindigkeit	80 km/h
Steigvermögen	62 %
Kraftstoffverbrauch	22 l/100 km
Fahrbereich	350 km

Foto: Autor

Feuerwehrtechnische Bestückung (Baumuster 1959)

Stück	Bezeichnung
2	Druckluft-Atemgerät
2	Druckluftflasche, 4 l (Reserve)
1	Mundbeatmungsgerät
1	Sauerstoff-Inhalationsgerät
1	Sanitätskasten, klein
1	Krankentrage
4	Aufhänger für Krankentrage
1	Rettungshülle zur Krankentrage
2	Krankendecke
1	Schutzhülle für Krankendecken
2	Steckleiterteil
3	Fangleine, 30 m
3	Tragbeutel für Fangleinen
1	Tragkraftspritze TS 8/8
1	TS 8-Werkzeugkasten
1	Schlauchhaspel, tragbar
6	B-Druckschlauch, 20 m
21	B-Druckschlauch, 20 m (im STA)
1	B-Druckschlauch, 5 m
9	C-Druckschlauch, 15 m
1	D-Druckschlauch, 5 m
1	BV Strahlrohr
1	BV-Strahlrohr (im STA)
2	CV Strahlrohr
1	CM-Strahlrohr
1	D-Strahlrohr
1	Sprühdüse 600 (im STA)
1	Verteiler B-CBC
1	Verteiler 2 B-CBC (im STA)
1	Standrohr 2 B
1	Schlüssel für Unterflurhydrant
1	Schlüssel für Überflurhydrant
4	Kupplungsschlüssel
2	Schlauchbrücke 1 B-2 C
2	A-Saugschlauch, 1,60 m
2	A-Saugschlauch, 2,50 m
1	A-Saugkorb
1	Schutzkorb
1	Schwimmboje
2	Übergangsstück B-C
1	Übergangsstück A-B
3	Schlauchhalter
4	Schlauchbinde B-C
1	Schlauchbinden-Tragtasche
1	Rollschlauch-Tragriemen
1	Schlauchhalteriemen T
1	C-Kuppelscheibe
1	Schnallriemen für Kuppelscheibe
1	Brunnenlotmaß
1	Kübelspritze 10
1	Handfeuerlöscher (Wasser)
1	Handfeuerlöscher (Halon)
1	Segeltucheimer 10
2	Hinweisschild „Befehlsstelle"
1	Warnflagge A
1	Warnflagge B
10	Wachsfackel
2	Fackelstöcker
10	Signaltaschenlampe
2	Handscheinwerfer
1	Arbeitsstellenscheinwerfer
1	Scheinwerfergelenk
1	Verlängerungsrohr für Scheinwerfer
1	Kabel, 25 m
1	Stativ L
1	Glühlampe, 12 V, 100 W (Reserve)
1	Rücklichtlampe oder Blinkleuchte (im STA)
1	Feuerwehraxt
1	Stiel für Arbeitsgeräte, aufschraubbar
1	Axt
1	Zugsäge, 1200 mm
2	Spaten
1	Pionierspaten, kurz
2	Sandschaufel
1	Dunggabel, 4zinkig
2	Mulde
1	Brechwerkzeug
1	Brechstange, 1200mm
1	Zahnstangenwinde, 30 kN
1	Satz Unterleghölzer für Hebezeuge
2	Auffahrbohle
2	Schachthaken
1	Werkzeugtasche
1	Starkstrom-Werkzeugkasten
2	Arbeitsleine, 15 m
10	Bindestrick
2	Beutel für Bindestricke
1	Hanfseil, 24 x 15
1	Trichter mit Sieb
1	Besen mit Schraubtülle
1	Büchse oder Plastbeutel mit je 4 A-, B- C- und 2 D-Dichtungen
1	Meldertasche
1	Paar Asbest-Fausthandschuhe
9	Paar Feuerwehr-Schutzhandschuhe
1	Paar Gummistiefel, kurz
1	Paar Gummistiefel, lang
8	Kochgeschirr
8	Eßbesteck

Foto: Autor

Löschgruppenfahrzeug LF-Lkw-TS 8-STA	
Indienststellung/Bauzeit	1961-1967
Aufbau-Hersteller	VEB Feuerlöschgerätewerk Görlitz/DDR
Fahrgestell	Robur LO 1800 AKF
Fahrgestell-Hersteller	VEB Robur-Werke Zittau/DDR
Besatzung	1/8
Motorbezeichnung	LO 4
Motor	R4-Zylinder-Viertakt-Ottomotor, luftgekühlt
Bohrung x Hub	95 x 118 mm
Hubraum	3345 cm^3
Leistung bei U/min	52 kW (70 PS) bei 2800/min
Drehmoment bei U/min	216 Nm bei 1900/min
Getriebe	5-Gang-Wechselgetriebe, 1 Rückwärtsgang, 2. bis 5. Gang synchronisiert, Verteilergetriebe mit Geländegang
Bremsen	hydraulische Vierrad-Zweikreisbremse, mechanische Handbremse auf die Hinterräder wirkend
Radformel	4x4, Allradantrieb
Bereifung	10-20 extra spezial, vorn und hinten einfach
Radstand	3025 mm
Wendekreis	13,9 m
Länge x Breite x Höhe	5755 (mit STA: 8955) x 2365 x 2770 mm
Bodenfreiheit	265 mm
Kraftstoffvorrat	90 l (Tank) + 20 l (Reservekanister)
Gesamtgewicht	5250 kg
Höchstgeschwindigkeit	80 km/h
Steigvermögen	37 % (Gelände: 82 %)
Kraftstoffverbrauch	18 l/100 km

Löschgruppenfahrzeug LF-Lkw-TS 8-STA

Robur LO 1800 A

Mit dem modernen allradgetriebenen Frontlenker-Lastkraftwagen LO 1800 A der Robur-Werke Zittau stand dem VEB Feuerlöschgerätewerk Görlitz Anfang der 1960er-Jahre ein neues Fahrgestell für den Aufbau eines Löschgruppenfahrzeuges LF-Lkw-TS 8 zur Verfügung.

Der LO 1800 A bot einen stärkeren Motor, eine sehr gute Geländegängigkeit und große Bodenfreiheit, was sich vor allem beim Einsatz in ländlichen Gegenden bezahlt machte. Der Aufbau des Vorgängers Garant 30 K wurde fast unverändert übernommen. Die Saugschläuche wurden nun nicht mehr längs, sondern quer in einem dafür vorgesehenen Kasten zwischen den Querträgern des Fahrgestells transportiert. Nach wie vor musste jedoch der mitgeführte STA abgekuppelt werden, um die Tragkraftspritze am Heck mittels Ladegestell zu entnehmen. Durch die höhere Nutzlast von 1,8 Tonnen konnte die Bestückung des zwischen 1961 und 1967 aufgebauten LF-Lkw-TS 8-STA umfangreicher gestaltet und somit die Einsatzmöglichkeiten erweitert werden.

Die Löschgruppenfahrzeuge auf Robur-Fahrgestellen besaßen ab 1961 Allradantrieb. (Foto: Autor)

Feuerwehrtechnische Bestückung (Baumuster 1967)

Stück	Bezeichnung
2	Hinweisschild "Befehlsstelle"
2	Sauerstoff-Schutzgerät Medi 495, 1 Std.
2	Sauerstoffflasche, 1 l (Reserve)
2	Alkalipatrone (Reserve)
2	Werkzeugtasche für SSG
1	Sanitätskasten, klein
1	Krankentrage B
4	Aufhänger für Krankentrage
2	Krankendecke (handelsüblich)
1	Schutzhülle für Krankendecken
1	Sauerstoff-Inhalationsgerät Medi SIK 8202
1	Zahnstangenwinde, 3 Mp
1	Unterleghölzer für Hebezeuge (Satz)
1	Schlüssel für Unterflurhydrant
1	Schlüssel für Überflurhydrant
1	Brunnenlotmaß, kompl.
2	Übergangsstück B-C
1	Übergangsstück A-B
1	Verteiler B
1	Saugkorb A
1	Weidenschutzkorb A
1	Schwimmboje K
1	Vollstrahlrohr BV
1	Vollstrahlrohr CV
2	Mehrzweckstrahlrohr CM
1	Standrohr 2 B
1	Kübelspritze, kompl.
1	Handfeuerlöscher SL 10 Hi
1	Handfeuerlöscher CB 2 L
1	Hydrantenentleerungspumpe
1	Tragkraftspritze 8/8, kompl.
1	Kasten für TS-Werkzeug
1	Schutzverkleidung für TS

Stück	Bezeichnung
1	Trichter mit Sieb
1	Segeltucheimer
2	Auffahrbohle A
1	Warnflagge A
1	Warnflagge B
1	Scheinwerfergelenk
1	Verlängerungsrohr für Scheinwerfer
10	Wachsfackel
2	Fackelstock
2	Arbeitsstellenscheinwerfer
2	Kabel, 25 m, für Scheinwerfer
10	Signaltaschenlampe (handelsüblich)
2	Handscheinwerfer
1	Benzin-Elektro-Aggregat Typ BeGT 0,63-2, kompl. 0,5 kW
(1)	Rücklichtlampe Typ RL 870
1	Glühlampe, 12 V, 100 W (Reserve)
2	Stativ L
2	Steckleiter, Teil B
6	Saugschlauch A 1,6
6 (21)	Druckschlauch B 20
1	Druckschlauch B 5
9	Druckschlauch C 15
(2)	Schlauchbrücke I B 2 C
4	Kupplungsschlüssel
1	Schlauchhalteriemen T
8	Schlauchbinde B/C
1	Schlauchbindentasche
1	Schlauchhaspel T
1	Kuppelscheibe C
1	Schnallriemen für Kuppelscheibe
1	Rollschlauchriemen
2	Mulde

Stück	Bezeichnung
1	Schraubtülle mit Besen
1	Stiel für Arbeitsgeräte
1	Werkzeugkasten
1	Brechstange 1200
2	Schachthaken
1	Starkstrom-Werkzeugkasten
1	Feuerwehraxt
1	Holzaxt, 1,6 kg
1	Kreuzhacke
2	Spaten A 1080
2	Pionierspaten, lang
1	Pionierspaten, kurz
2	Sandschaufel
1	Zugsäge 1200
1	Dunggabel, 4zinkig
6	Fangleine F 30
6	Schlauchhalter S
2	Arbeitsleine A 15 K
10	Bindestrick
1	Hanfseil, 24 x 15
2	Beutel für Bindestricke
6	Tragbeutel für Fangleine
2	Asbest-Schutzhaube
2	Asbest-Fausthandschuhe
10	Feuerwehr-Schutzhandschuhe
1	Gummistiefel, kurz (Größe 43)
1	Gummistiefel, lang (Größe 43)
10	Kochgeschirr
10	Eßbesteck
1	Kraftstoffkanister, 20 l (VK)

*Klammerwerte stehen für die STA-Bestückung

Löschgruppenfahrzeug LF 8-TS 8-STA

Robur LO 1801 A

Mit weiteren Verbesserungen folgte 1965 der Robur LO 1801 A, der bis 1973 in Zittau produziert wurde. In Ablösung des LF-Lkw-TS 8 entstand im VEB Feuerlöschgerätewerk Görlitz von 1968 bis 1973 auf diesem Fahrgestell das LF 8-TS 8. Neu bei diesem Löschgruppenfahrzeug war der Einbau einer Feuerlöschkreiselpumpe im Motorraum. Die Pumpe fand vor dem Fahrzeugmotor Platz, leistete 800 Liter pro Minute und war wie die Bedienungseinrichtung durch Öffnen der Kühlerhaube erreichbar.

Eine weitere Neuerung war die Unterbringung der Tragkraftspritze durch Einschieben mittels Ladegestell auf der linken Fahrzeugseite. Demzufolge war das abkuppeln des Schlauchtransportanhängers nicht mehr notwendig. Weiterhin erhielt das Löschgruppenfahrzeug eine Funksprechanlage und eine Kommunikationseinrichtung zwischen Fahrerhaus und Mannschaftsraum. Trotz der beibehaltenen Nutzlast konnte die feuerwehrtechnische Ausrüstung nochmals geringfügig erweitert werden.

Das LF diente als Mehrzweckgerät und konnte binnen kürzester Zeit in eine von sechs verschiedenen Varianten umgerüstet werden. Folgende Varianten standen außer dem LF 8-TS 8 noch zu Auswahl. Neben dem Gerätewagen mit Heckausleger LF 8-GW, dem Schlauchwagen LF 8-SW, dem Mannschaftstransportwagen LF 8-MTW, dem Behelfstanklöschfahrzeug LF 8-TLF bestand die Umrüstmöglichkeit zu einem Materialtransportwagen LF 8-Lkw.

Die bugseitig im Motorraum vor dem Triebwerk verbaute Feuerlösch-Kreiselpumpe wird im FPV 8/8 durch ein an der Keilriemenscheibe angeflanschtes Kardangelenk mit Längenausgleich über ein Zwischengetriebe angetrieben und kann aus- und eingerückt werde. Die Förderleistung beträgt 800 Liter pro Minute.

Robur LO 1801 A LF 8-TS 8 ohne STA. Standardmäßig führt dieses Löschgruppenfahrzeug mit STA neben vielem anderen feuerwehrtechnischem Equipment auch 135 m C-, sowie 685 m B-Druckschläuche, sechs Druckluft-Atemgeräte und ein 0,5 kW leistendes Elektroaggregat mit sich. (Fotos: Autor)

Löschgruppenfahrzeug LF 8-TS 8-STA (1970)	
Indienststellung/Bauzeit	1968-1973
Aufbau-Hersteller	VEB Feuerlöschgerätewerk Görlitz/DDR
Fahrgestell	Robur LO 1801 AKF
Fahrgestell-Hersteller	VEB Robur-Werke Zittau/DDR
Besatzung	1/8
	Pumpe und Löschmittelvorrat
Pumpe	Feuerlösch-Kreiselpumpe FPV 8/8,
- Nennförderstrom	800 l/min
Schaummittel	4 x 20 l

Foto: Autor

Fahrzeug	
Motorbezeichnung	LO 4/1
Motor	R4-Zylinder-Viertakt-Ottomotor, luftgekühlt
Bohrung x Hub	95 x 118 mm
Hubraum	3346 cm³
Leistung bei U/min	51,5 kW (70 PS) bei 2800/min
Drehmoment bei U/min	216 Nm bei 1900/min
Getriebe	5+1-Gang-Wechselgetriebe, 2. bis 5. Gang synchronisiert, Verteilergetriebe mit Geländegang
Bremsen	hydraulische Zweikreis-Vierradbremse, mechanische Handbremse auf die Hinterräder wirkend
Radformel	4x4, Allradantrieb
Bereifung	10-12 extra Spezial, vorn und hinten einfachbereift
Radstand	3025 mm
Wendekreis	13,9 m
Länge x Breite x Höhe	5750 (mit STA: 8950) x 2370 x 2840 mm
Bodenfreiheit	265 mm
Kraftstoffvorrat	90 l (Tank) + 20 l (Reservekanister)
Gesamtgewicht	5250 kg
Höchstgeschwindigkeit	70 km/h
Steigvermögen	37 % (Gelände: 82 %)
Kraftstoffverbrauch	18 l/100 km

Feuerwehrtechnische Bestückung (Baumuster 1970)

Stück	Bezeichnung
2	Hinweisschild "Befehlsstelle"
6	Druckluft-Atemgerät Medi 85105
12	Druckluftflasche, 4 l (Reserve)
1	Sanitätskasten, klein
1	Krankentrage B
1	Schutzauflage für Krankentrage
1	Rettungshülle zur Krankentrage
4	Aufhänger für Krankentrage
2	Krankendecke (handelsüblich)
1	Schutzhülle für Krankendecken
1	Sauerstoff-Inhalationsgerät Medi SIK 8202
2	Mund-Beatmungsgerät Medi 8305
1	Wagenwinde, 6 Mp
1	Unterleghölzer für Hebezeuge (Satz)
1	Löschwasserbehälter 9
1	Kugelabsperrorgan, gerade B-C
1	Schlüssel für Unterflurhydrant
1	Schlüssel für Überflurhydrant
1	Brunnenlotmaß, kompl.
1	Übergangsstück C-D
2	Übergangsstück B-C
1	Übergangsstück A-B
1	Verteiler B
1	Krümmer A
1	Saugkorb A
1	Weidenschutzkorb A
1	Schwimmboje K
1	Vollstrahlrohr BV
1	Vollstrahlrohr CV
2	Mehrzweckstrahlrohr CM
1	Zumischer A 1,5
1	Luftschaumrohr A 1,5
1	Hochverschäumungsrohr HVR 20/ 100
1	Standrohr 2 B
1	Kübelspritze, kompl.

Stück	Bezeichnung
1	Handfeuerlöscher CB 2 L
1	Tragkraftspritze 8/8, kompl.
1	Kasten für TS-Werkzeug
1	Schutzverkleidung für TS
1	Trichter mit Sieb
1	Segeltucheimer
4	Kanister für Schaum- oder Netzmittel
2	Auffahrbohle A
1	Warnflagge A
1	Warnflagge B
2	Scheinwerfergelenk
1	Verlängerungsrohr für Scheinwerfer
2	Arbeitsstellenscheinwerfer
1	Kabel, 25 m, für Scheinwerfer
10	Signaltaschenlampe (handelsüblich)
2	Handscheinwerfer
1	Benzin-Elektro-Aggregat BeGT 0,63-2, 0,5 kW
(1)	Rücklichtlampe Typ RL 870
1	Glühlampe, 12 V, 100 W (Reserve)
1	Stativ L
2	Steckleiter, Teil B
6	Saugschlauch A 1,6
2	Saugschlauch C 1,5
1	Zumischerschlauch A
6 (28)	Druckschlauch B 20
1	Druckschlauch B 5
9	Druckschlauch C 15
(2)	Schlauchbrücke 1 B 2 C
5	Kupplungsschlüssel
1	Schlauchhalteriemen T
4	Schlauchbinde B/C
1	Schlauchbindentasche
1	Schlauchhaspel T
1	Kuppelscheibe C
1	Schnallriemen für Kuppelscheibe

Stück	Bezeichnung
1	Rollschlauchriemen
2	Mulde
1	Haken
1	Schraubtülle mit Besen
1	Stiel für ArbeitsgerŒte
1	Werkzeugkasten
1	Brechstange 1200
2	Schachthaken
1	Starkstrom-Werkzeugkasten
1	Feuerwehraxt
1	Holzaxt, 1,6 kg
1	Kreuzhacke
2	Spaten A 1080
2	Pionierspaten, lang
2	Sandschaufel
1	Zugsäge 1200
1	Dunggabel, 4zinkig
1	Schäkel A 3
6	Fangleine F 30
6	Schlauchhalter S
1	Arbeitsleine A 15 K
5	Bindestrick
1	Hanfseil, 24 x 15
1	Beutel für Bindestricke
6	Tragbeutel für Fangleine
5	Feuerwehrbeil, kompl.
1	Meldertasche, kompl.
2	Asbest-Schutzhaube
2	Asbest-Fausthandschuhe
10	Feuerwehr-Schutzhandschuhe
1	Gummistiefel, kurz (Größe 43)
1	Gummistiefel, lang (Größe 43)
1	Kraftstoffkanister, 20 l (VK)

*Klammerwerte stehen für die STA-Bestückung

Löschgruppenfahrzeug LF 8-TS 8

Robur LO 2002 A

Infolge der Verstärkung der Vorderachse konnte beim 1973 bis 1990 gebauten Robur LO 2002 A die Nutzlast auf nunmehr zwei Tonnen erhöht werden.
Zudem kam der überarbeitete Ottomotor des Typs LO 4/2 mit einer Leistung von 75 PS zum Einsatz. Die Verwendungsbereiche unterschieden sich gegenüber seinen Vorgängern nicht wesentlich. Das in Görlitz ab 1973 aufgebaute LF 8-TS 8 auf LO 2002 AKF löste somit das Löschgruppenfahrzeug auf LO 1801 AKF ab.

Aufgrund der Nutzlasterhöhung konnte neben der erweiterten Bestückung mit feuerwehrtechnischer Ausrüstung auch eine weitere Person im Mannschaftsraum befördert werden. Dieses Löschfahrzeug wurde bis 1990 fast unverändert gebaut und steht bei vielen ländlichen Gemeinden auch heute noch im Dienst.

Löschgruppenfahrzeug der Ortswehr Parchau (Stadt Burg) mit seitlich entnehmbarer Tragkraftspritze, Schlauchtransportanhänger STA und insgesamt 135 Meter C-, so wie 685 Meter B-Druckschläuchen. (Foto: Autor)

Löschgruppenfahrzeug LF 8-TS 8-STA (1979)	
Indienststellung/Bauzeit	1973-1990
Aufbau-Hersteller	VEB Feuerlöschgerätewerk Görlitz/DDR
Fahrgestell	Robur LO 2002 AKF
Fahrgestell-Hersteller	VEB Robur-Werke Zittau/DDR
Besatzung	1/9
Pumpe und Löschvorrat	
Pumpe	Feuerlösch-Kreiselpumpe FPV 8/8, TS 8/8
Schaummittel	4 x 20 l (ab 1977: 4 x 35 l)
Fahrzeug	
Motorbezeichnung	LO 4/2
Motor	R4-Zylinder-Viertakt-Ottomotor, luftgekühlt
Bohrung x Hub	95 x 118 mm
Hubraum	3345 cm³
Leistung bei U/min	55,2 kW (75 PS) bei 2800/min
Drehmoment bei U/min	230 Nm bei 1900/min
Getriebe	5+1-Gang-Wechselgetriebe, 2. bis 5. Gang synchronisiert, Verteilergetriebe mit Geländegang
Bremsen	hydraulische Zweikreis-Vierradbremse, mechanische Handbremse auf die Hinterräder wirkend
Radformel	4x4, Allradantrieb
Bereifung	10-20 extra spezial, vorn und hinten einfach bereift
Radstand	3025 mm
Wendekreis	13,9 m
Länge x Breite x Höhe	5750 (mit STA: 8950) x 2370 x 2840 mm
Bodenfreiheit	265 mm
Wattiefe	800 mm
Kraftstoffvorrat	90 l (Tank) + 20 l (Reservekanister)
Gesamtgewicht	5500 kg
Höchstgeschwindigkeit	80 km/h
Steigvermögen	37 % (Gelände: 82 %)
Kraftstoffverbrauch	24 l/100 km

In Fahrtrichtung rechts sind beim LF 8-TS 8 seitlich die tragbare Schlauchhaspel und im vorderen Bereich des Aufbaus entsprechende Schläuche entnehmbar. Dazwischen lagert das Ersatzrad. (Foto: Autor)

LF 8 in der Ausführung als Gerätewagen (Baujahr 1987) der FF Barsikow. Die Ausrüstung musste gesondert bestellt werden. Dieses Einsatzfahrzeug gab es in der Regel nur einmal pro Landkreis. Der heckseitig anbringbare Ausleger hat abgestützt eine Tragfähigkeit bis 1000 Kilogramm bis zu einer Höhe von 2,70 Metern. Eine Verfahrbarkeit ist bis 500 kg möglich. Der GW diente vorwiegend dem Bergen von havarierten Tieren. Dafür wurde ein spezielles Tierhebegerät am Ausleger angebracht. Weitere Ausrüstungsgegenstände sowie ein Sauerstoff-Schneidgerät und eine Ein-Mann-Kettenäge gehörten zum LF 8-GW. (Foto: Autor)

Das in Fahrtrichtung links seitlich entnehmbare Sauerstoff-Schneidgerät. (Foto: Autor)

Blick in den Aufbau des LF 8-GW. (Foto: Autor)

Feuerwehrtechnische Bestückung (Baumuster 1979)

Stück	Bezeichnung
6	Druckluft-Atemgerät
12	Druckluftflasche, 4 l (Reserve)
2	Mundbeatmungsgerät
1	Sauerstoff-Inhalationsgerät
1	Sanitätskasten, klein
1	Krankentrage
4	Aufhänger für Krankentrage
1	Schutzauflage für Krankentrage
1	Rettungshülle zur Krankentrage
2	Krankendecke
1	Schutzhülle für Krankendecken
2	Steckleiterteil
6	Fangleine, 30 m
6	Tragbeutel für Fangleinen
1	Tragkraftspritze 8
1	TS 8-Werkzeugkasten
1	Schutzverkleidung für TS 8
1	Schlauchhaspel, tragbar
6	B-Druckschlauch, 20 m
(28)	B-Druckschlauch, 20 m
1	B-Druckschlauch, 5 m
9	C-Druckschlauch, 15 m oder
6	C-Druckschlauch, 20 m (seit Baujahr 1972)
1	D-Druckschlauch, 5 m
1	BV-Strahlrohr
(1)	BV-Strahlrohr
1	CV-Strahlrohr
3	CM-Strahlrohr
1	D-Strahlrohr
1	Mittelschaumrohr T20/100 oder T4/100
1	Luftschaumrohr A 1,5 oder Schwerschaumrohr T 3/13
1	Verteiler B-CBC bzw. 2 B-CBC
1	Standrohr 2 B
1	Schlüssel für Unterflurhydrant
1	Schlüssel für Überflurhydrant
5	Kupplungsschlüssel
(2)	Schlauchbrücke 1 B-2 C
6	A-Saugschlauch, 1,60 m
1	1-Saugkorb
1	Schutzkorb
1	Schwimmboje
1	A-Kriimmer
1	Übergangsstück C-D
2	Übergangsstück B-C
1	Übergangsstück A-B

Stück	Bezeichnung
1	regelbarer Zumischer T 1,5 oder T 4
1	Zumischerschlauch D
4	Kanister für Schaumbildner, 20 l (ab Baujahr 1977: 35 l)
6	Schlauchhalter
4	Schlauchbinde B-C
1	Schlauchbinden-Tragtasche
1	Rollschlauch-Tragriemen
1	Schlauchhalteriemen T
1	C-Kuppelscheibe
1	Schnallriemen für Kuppelscheibe
1	Brunnenlotmaß
1	Kübelspritze 10
1	Handfeuerlöscher (Wasser)
1	Handfeuerlöscher (Halon)
1	Segeltucheimer 10
2	Hinweisschild „Befehlsstelle"
1	Warnflagge A
1	Warnflagge B
10	Signaltaschenlampe
2	Handscheinwerfer
1	Benzin-Elektro-Aggregat, 0,5 kW
1	Vorschaltwiderstand, 200 W
1	Batterieladekabel
2	Arbeitsstellenscheinwerfer
2	Scheinwerfergelenk
1	Verlängerungsrohr für Scheinwerfer
2	Kabel, 25m
1	Stativ L
1	Glühlampe, 12 V, 100W (Reserve)
(1)	Rücklichtlampe oder Blinkleuchte
1	Feuerwehraxt
1	leichter Einreißhaken, aufschraubbar
1	Stiel für Arbeitsgeräte, aufschrailbbar
1	Axt
1	Zugsäge, 1200mm
1	Kreuzhacke
2	Spaten
2	Pionierspaten, lang
2	Sandschaufel
1	Dunggabel, 4zinkig
2	Mulden
1	Brechstange, 1200 mm
1	Wagenwinde, 60 kN
1	Satz Unterleghölzer für Hebezeuge
2	Auffahrbohle

Stück	Bezeichnung
2	Schachthaken
1	Werkzeugkasten
1	Starkstrom-Werkzeugkasten
1	Arbeitsleine, 15 m
5	Bindestrick
1	Beutel für Bindestricke
1	Hanfseil, 24 x 15
1	Schäkel A3
1	Trichter mit Sieb
1	Besen mit Schraubtülle
1	Büchse oder Plastbeutel mit je 4 A-, B-, C- und 2 D-Dichtungen
1	Meldertasche
5	Feuerwehrbeil
2	Asbest-Schutzhaube
2	Paar Asbest-Fausthandschuhe
10	Paar Feuerwehr-Schutzhandschuhe
1	Paar Gummistiefel, kurz
1	Paar Gummistiefel, lang

Zusatzbestückung für Tanklöschfahrzeug TLF

Stück	Bezeichnung
2	C-Druckschlauch, 10 m (ab Baujahr 1977)
1	Kugelabsperrorgan B-C, gerade
2	C-Saugschlauch, 1,50 m
1	Löschwasserbehälter 9

Zusatzbestückung für Schlauchwagen SW

Stück	Bezeichnung
6	Schlauchpalette mit je 5 B-Druckschläuchen, 20 m

Zusatzbestückung für Gerätewagen GW

Stück	Bezeichnung
1	Einmann-Kettensäge
1	Sauerstoff-Schneidgerät
1	Drahtseil, 10 m (4 t)
1	Hebelzuggerät, 15 kN
1	Zahnstangenwinde, 50 kN
2	hydraulischer Heber, 80 kN
1	Tierhebegerät, 10 kN
1	Ausleger, 10 kN, maximale Hubhöhe 2,70m
2	Kette, 2m
2	Kette, 5m

Zusatzbestückung für Mannschaftstransportwagen MTW

Stück	Bezeichnung
3	Sitzbank

*Klammerwerte stehen für die STA-Bestückung

Foto: Autor

Ein LF 15 auf ZIS-150. (Foto: Sammlung Andre Junghans)

Löschgruppenfahrzeug LF 15

ZIS-150

In Anlehnung an die Kraftspritzen KS 15 bzw. die schweren Löschgruppenfahrzeuge SLG mit einer Nutzlast von 3 Tonnen entstanden in Jöhstadt, Görlitz und Luckenwalde noch bis Mitte der 1950er-Jahre Löschfahrzeuge mit der Bezeichnung LF 15 auf Fahrgestellen der Baujahre bis 1945. Die LF 15 dienten der Beförderung einer Löschgruppe und feuerwehrtechnischer Ausrüstung und besaßen eine Pumpe mit einer Nennleistung von 1500 Litern pro Minute.

Die ersten Löschgruppenfahrzeuge dieser Größenklasse auf neuen Fahrgestellen bauten Ende der 1940er-Jahre die Feuerlöschgerätewerke Jöhstadt und Luckenwalde für die SDAG Wismut und die Rote Armee. Zur Verwendung kamen hier sowjetische Chassis vom Typ ZIS-150 der Stalinwerke Moskau. Die Aufbauten der beiden Feuerlöschgerätewerke unterschieden sich geringfügig voneinander.

Das LF 15 war mit Fahrerhaus und Mannschaftskabine für die Beförderung einer Löschgruppe von neun Einsatzkräften ausgelegt. Direkt hinter der Mannschaftskabine erstreckte sich der allseitig geschlossene Geräteraum, dessen Bestückung über seitliche Türen erreichbar war. Zudem war dem Fahrzeug die Pumpe vorgebaut.

Löschgruppenfahrzeug LF 15	
Indienststellung/Bauzeit	1951/52
Aufbau-Hersteller	VEB Feuerlöschgerätewerk Jöhstadt/DDR
Fahrgestell	ZIS-150
Fahrgestell-Hersteller	Stalin-Werk Moskau/UdSSR
Besatzung	1/8
Ausrüstung	Vorbaupumpe, Schläuche, Leitern
Motorbezeichnung	ZIS-120
Motor	R6-Zylinder-Viertakt-Ottomotor, wassergekühlt
Bohrung x Hub	101,6 x 114,3 mm
Hubraum	5550 cm³
Leistung bei U/min	66 kW (90 PS) bei 2600/min
Radformel	4x2, Hinterachsantrieb
Radstand	4000 mm
Länge x Breite x Höhe	keine Angabe
Bodenfreiheit	265 mm
Gesamtgewicht	keine Angabe
Höchstgeschwindigkeit	65 km/h

Löschgruppenfahrzeug LF 12/ -15

GAZ-51

Ende der 1940er-Jahre erhielten die Feuerwehren der Wismut-Betriebe wegen des hohen Bedarfs auch einige importierte Löschgruppenfahrzeuge LF 12 auf GAZ-51. Der sowjetische Aufbau bestand aus Fahrerhaus, Mannschaftskabine und dem über seitliche Türen erreichbaren Geräteraum. Die Löschfahrzeuge besaßen eine heckseitige Schlauchhaspel und waren für das Ziehen eines STA und andere Anhänger geeignet. Zur Ausstattung gehörte eine 1200 Liter pro Minute leistende Vorbaupumpe, die jedoch vorerst den deutschen Normen angepasst werden musste.

Nach dem kurzzeitigen Dienst der sowjetischen LF 12 wurden die Aufbauten der Fahrzeuge durch TLF 15 in Jöhstadt ersetzt. Aufgrund des Mangels an eigenen Basisfahrzeugen griff man in den Folgejahren auch weiterhin auf sowjetische Fahrgestelle des Typs GAZ-51 zurück und versah diese mit LF-15-Aufbauten aus eigener Produktion. Die Fertigung dieser Löschfahrzeuge erfolgte im VEB Feuerlöschgerätewerk Luckenwalde.

Löschgruppenfahrzeug LF 12	
Indienststellung/Bauzeit	ca. 1946/47
Aufbau-Hersteller	UdSSR (später LF 15: VEB FLG Luckenwalde/DDR)
Fahrgestell	GAZ-51
Fahrgestell-Hersteller	Automobilwerk Gorki (Nischni Nowgorod)/UdSSR
Besatzung	1/7
Ausrüstung	Vorbaupumpe, Leitern, Schläuche
Motorbezeichnung	GAZ-51
Motor	6-Zylinder-Otto-Motor, wassergekühlt
Bohrung x Hub	82 x 110 mm
Hubraum	3486 cm
Leistung bei U/min	51,5 kW (70 PS) bei 2.800/min
Radformel	4x2, Hinterachsantrieb
Radstand	3300 mm
Länge x Breite x Höhe	6750 x 2200 x 2650 mm
Bodenfreiheit	245 mm
Gesamtgewicht	5450 kg
Höchstgeschwindigkeit	80 km/h

Sowjetisches LF 12 auf GAZ-51. Es gehörte zu den ersten in der SBZ. (Foto: Sammlung Andre Junghans)

Löschgruppenfahrzeug LF 15

IFA-Horch H3

Mit der Wiederaufnahme der Lkw-Produktion im Horch-Werk Zwickau 1947 stand mit dem IFA-Horch H3 das erste eigene Fahrgestell für die Fertigung von Löschgruppenfahrzeugen mit der Nutzlast von 3,0 Tonnen zur Verfügung. Die Produktion des H3-Fahrgestells erfolgte durch die Verwendung der Horch-Lagerbestände, die für die Herstellung von Halbkettenlafetten zu Kriegszeiten geplant waren. Der Kurzhauber wurde von einem 100 PS leistenden Maybach-Motor des Typs HL 42 angetrieben. Obwohl von der SMAD Berlin-Karlshorst der Bau von nur 300 Pritschenwagen angeordnet wurde, entstanden bis zum Produktionsende 1949 noch zusätzlich 552 Dreitonner dieses Typs.

Neben den wenigen Löschgruppenfahrzeugen, die in Eigenregie einiger Feuerwehren auf diesem Fahrgestell gebaut wurden, fertigte der VEB Feuerlöschgerätewerk Luckenwalde 1949 auch eine kleine Serie an LF 15 auf einem IFA-Horch H3. Fahrerhaus und Mannschaftskabine bildeten den ersten und der geschlossene Geräteraum den zweiten Teil des Fahrzeugs. Im Geräteraum wurde heckseitig die Tragkraftspritze TS 8/8 mitgeführt. Die 1500 Liter pro Minute leistende Pumpe wurde dem Löschgruppenfahrzeug vorgebaut.

Eines der ersten in der DDR hergestellten LF 15 Löschgruppenfahrzeuge steht im Feuerwehrmuseum Eisenhüttenstadt. Es entstand unter Verwendung eines 1948er IFA-Horch-H3-Fahrgestells und wurde 1949 im Feuerlöschgerätewerk Luckenwalde aufgebaut. Das LF 15 war mit einer Vorbaupumpe und einer Tragkraftspritze 8 ausgerüstet. (Fotos: Autor)

Löschgruppenfahrzeug LF 15	
Indienststellung/Bauzeit	1948-1949
Aufbau-Hersteller	VEB Feuerlöschgerätewerk Luckenwalde/DDR
Fahrgestell	IFA-Horch H3
Fahrgestell-Hersteller	VEB Horch Kraftfahrzeug- und Motorenwerke Zwickau/DDR
Besatzung	1/8
Ausrüstung	Pumpe FPV 15/8, TS 8/8, Schläuche, Leitern

Motorbezeichnung	Maybach Typ HL 42
Motor	R6-Zylinder-Viertakt-Ottomotor, wassergekühlt
Bohrung x Hub	90 x 110 mm
Hubraum	4198 cm³
Leistung bei U/min	74 kW (100 PS) bei 3000/min
Radformel	4x2, Hinterachsantrieb
Radstand	3000 mm
Länge x Breite x Höhe	6887 x 2300 x 2820 mm
Bodenfreiheit	220 mm
Gesamtgewicht	6900 kg
Höchstgeschwindigkeit	65 km/h

Das Foto zeigt ein LF 15 auf IFA-Horch H3A aus dem VEB FLG Luckenwalde mit einer Vorbaupumpe. Dies ermöglichte die Erweiterung der Ausrüstung um eine Tragkraftspritze. (Foto: Wolfgang Donat)

Löschgruppenfahrzeug LF 15 und LF 15-TS 8

IFA-Horch H3A

Mit der 1953 begonnenen Standardisierung im Feuerwehrfahrzeugbau der DDR unterlagen alle Fahrzeuge und Geräte den von der Hauptabteilung Feuerwehr des MdI vorgegebenen Bauvorschriften und Ausrüstungsnormen. Dies wurde dann auch beim Löschgruppenfahrzeug LF 15 auf dem Fahrgestell IFA-Horch H3A angewandt, dem wichtigsten Standardfahrzeug dieser Zeit, das zwischen 1953 und 1957 bei den großen Feuerlöschgerätewerken aufgebaut wurde und die Durchführung eines selbständigen Löschangriffs gewährleistete. Der gesamte Aufbau bildete eine geschlossene Einheit. Das Fahrerhaus bot Platz für bis zu neun Personen.

Die feuerwehrtechnische Ausstattung befand sich in den Sitzbänken und in den durch äußere Türen erreichbaren Geräteräumen. Weiterhin war das Löschfahrzeug mit tragbaren C-Schlauch-Haspeln versehen, die über einschiebbare Klappen und hervorziehbaren Haspelträgern entnehmbar waren. Die 1500 Liter pro Minute leistende Pumpe wurde im Heck mitgeführt. Auch nach der Einstellung der Serienfertigung 1957 entstanden immer wieder vereinzelt neue Exemplare. Einige dieser LF 15 aus Jöhstadt und Luckenwalde wurden auch mit Vorbaupumpe ausgerüstet und erhielten zusätzlich eine Tragkraftspritze TS 8, die heckseitig eingeschoben werden konnte. Standardmäßig war das LF 15 mit insgesamt 300 m C- und 250 m B-Druckschläuche ausgerüstet.

LF 15 auf IFA-Horch H3A des Baujahres 1956. (Foto: Autor)

Foto: Autor

Löschgruppenfahrzeug LF 15 (Baumuster 1953)

Indienststellung/Bauzeit	1953-1957
Aufbau-Hersteller	VEB Feuerlöschgerätewerk Luckenwalde/DDR, VEB Feuerlöschgerätewerk Görlitz/DDR, VEB Feuerlöschgerätewerk Jöhstadt/DDR
Fahrgestell	IFA-Horch H3A
Fahrgestell-Hersteller	VEB Horch Kraftfahrzeug- & Motorenwerke Zwickau/DDR
Besatzung	1/8
	Pumpe und Löschmittelvorrat
Pumpe	Feuerlösch-Kreiselpumpe FPH/V 15/8, ggf. TS 8/8 bei FPV
Löschwasser	300 l
Schaummittel	4 x 25 l
	Fahrzeug
Motorbezeichnung	EM 4-20
Motor	R4-Zylinder-Viertakt-Dieselmotor, wassergekühlt
Bohrung x Hub	115 x 145 mm
Hubraum	6024 cm^3
Leistung bei U/min	59 kW (80 PS) bei 2000/min
Drehmoment bei U/min	310 Nm bei 1500/min
Getriebe	5+1-Gang-Wechselgetriebe mit schwerem Nebenabtrieb
Bremsen	hydraulische Vierradbremse, mechanische Handbremse auf die Hinterräder wirkend
Radformel	4x2, Hinterachsantrieb
Bereifung	8,25 eHD, vorn einfach, hinten zwilling
Radstand	3250 mm
Wendekreis	15,0 m
Länge x Breite x Höhe	7070 x 2200 x 2780 mm
Bodenfreiheit	220 mm
Kraftstoffvorrat	100 l (Tank) + 20 l (Reservekanister)
Gesamtgewicht	7270 kg
Höchstgeschwindigkeit	60 km/h
Kraftstoffverbrauch	17,5 l/100 km

Feuerwehrtechnische Bestückung (Baumuster 1953)

Stück	Bezeichnung
3	Sauerstoff-Schutzgerät, 1 Stunde, Medi 495
3	Sauerstoffflasche, 1 l (Reserve)
3	Alkalipatrone (Reserve)
3	Werkzeugtasche für SSG
1	Sauerstoffflasche, 7 l
1	Sanitätskasten, klein
1	Krankentrage B
2	Schutzauflage für Krankentrage
4	Aufhänger für Krankentrage
2	Krankendecke (handelüblich)
1	Sprungtuch
1	Sauerstoff-Inhalationsgerät Medi SIK 8202
1	Zahnstangenwinde, 5 Mp
1	Unterleghölzer für Hebezeuge (Satz)
1	Schlüssel für Unterflurhydrant
1	Schlüssel für Überflurhydrant
1	Brunnenlotmaß, kompl.
5	Übergangsstück B-C
1	Übergangsstück A-B
2	Verteiler B
1	Krümmer A
1	Krümmer B
1	Sammelstück A
1	Saugkorb A
1	Weidenschutzkorb A
1	Schwimmboje K
2	Vollstrahlrohr BV
2	Vollstrahlrohr CV
2	Mehrzweckstrahlrohr CM
1	Sprühdüse 200
1	Sprühdüse 600
1	Zumischer A 1,5
1	Luftschaumrohr A 1,5
1	Schaumgießgestänge 1,5
1	Standrohr 2 B
1	Kübelspritze, kompl.
1	Handfeuerlöscher SL 10 Hi
1	Handfeuerlöscher CB 2 L
1	Auffülltrichter mit B-Kupplung
1	Segeltucheimer
1	Wasserstrahlpumpe C-B
4	Kanister für Schaum- oder Netzmittel
2	Auffahrbohle A
1	Fackelkasten, kompl.
1	Arbeitsstellenscheinwerfer
1	Kabel, 25 m, für Scheinwerfer
9	Signaltaschenlampe (handelsüblich)
2	Handscheinwerfer
1	Rücklichtlampe Typ RL 870
1	Stativ L
3	Hakenleiter
4	Steckleiter, Teil B
1	Klappleiter
1	Schiebleiter, dreiteilig
5	Saugschlauch A 1,6
1	Saugschlauch A 2,5
1	Zumischerschlauch A
14	Druckschlauch B 20
2	Druckschlauch B 5
20	Druckschlauch C 15
1	Druckschlauch D 5
2	Schlauchbrücke 2 B
5	Kupplungsschlüssel
2	Schlauchhalteriemen T
1	Schlauchhalteriemen F
10	Schlauchbinde B/C
1	Schlauchbindentasche
2	Schlauchhaspel T
1	Schlauchhaspel F
1	Kuppelscheibe B
2	Kuppelscheibe C
3	Schnallriemen für Kuppelscheibe
1	Rollschlauchriemen
2	Mulde
1	Schwerer Einreißhaken B
1	Schraubtülle mit Besen
1	Stiel für Arbeitsgeräte
1	Werkzeugkasten
1	Brechstange 1200
2	Schachthaken
1	Starkstrom-Werkzeugkasten
1	Essenkehrgerät
2	Feuerwehraxt
1	Holzaxt, 1,6 kg
2	Spaten A 1080
1	Pionierspaten, kurz
2	Sandschaufel
1	Zugsäge 1200
1	Dunggabel, 4zinkig
1	Dunghaken, 3- oder 4zinkig
1	Kreuzschlaghammer, 4 kg
1	Schäkel A 3
4	Fangleine F 30
4	Schlauchhalter S
2	Arbeitsleine A 15 K
1	Abziehleine A 2 K
2	Schelle mit Abziehleine A 4 K
5	Bindestrick
1	Hanfseil, 24 x 15
1	Beutel für Bindestricke
4	Tragbeutel für Fangleine
2	Asbest-Schutzhaube
2	Asbest-Fausthandschuhe
9	Feuerwehr-Schutzhandschuhe
1	Gummistiefel, kurz (Größe 43)
1	Gummistiefel, lang (Größe 43)
4	Kochgeschirr
4	Eßbesteck
1	Kraftstoffkanister, 20 l (DK)
1	Büchse oder Beutel mit je 4 A-, B-, C- und 2 D-Dichtringen

Foto: Autor

Löschgruppenfahrzeug LF 16-TS 8	
Indienststellung/Bauzeit	1959-1967
Aufbau-Hersteller	VEB Feuerlöschgerätewerk Luckenwalde/DDR
Fahrgestell	IFA S 4000-1 SW 5
Fahrgestell-Hersteller	1959-60: VEB Automobilwerk Zwickau/DDR 1960-67: VEB Kraftfahrzeugwerk »Ernst Grube« Werdau/DDR
Besatzung	1/8
	Pumpe und Löschmittelvorrat
Pumpe	Feuerlösch-Kreiselpumpe FPH 16/8
Löschwasser	400 l
Schaummittel	4 x 20 l
	Fahrzeug
Motorbezeichnung	EM 4-22
Motor	R4-Zylinder-Viertakt-Dieselmotor, wassergekühlt
Bohrung x Hub	115 x 145 mm
Hubraum	6024 cm³
Leistung bei U/min	66 kW (90 PS) bei 2200/min
Drehmoment bei U/min	340 Nm bei 1250/min
Radformel	4x2, Hinterachsantrieb
Radstand	3550 mm
Wendekreis	15,25 m
Länge x Breite x Höhe	7400 x 2350 x 2920 mm
Bodenfreiheit	240 mm
Wattiefe	850 mm
Kraftstoffvorrat	100 l (Tank) + 20 l (Reservekanister)
Gesamtgewicht	8100 kg
Höchstgeschwindigkeit	75 km/h
Steigvermögen	32 %
Kraftstoffverbrauch	17,5 l/100 km
Fahrbereich	400 km

Löschgruppenfahrzeug LF 16-TS 8

IFA S 4000-1

Als Nachfolger des Löschgruppenfahrzeuges H3A wartete das LF 16-TS 8 auf IFA S 4000-1 mit einer Vielzahl an Änderungen auf. Es wurde von 1959 bis 1967 im Feuerlöschgerätewerk Luckenwalde aufgebaut. Die höhere Motorleistung erlaubte den Betrieb einer heckseitig eingebauten, zweistufigen Feuerlöschkreiselpumpe mit einer Leistung von 1600 Litern pro Minute. Das S 4000-1-Fahrgestell bot einen 300 Millimeter größeren Radstand als der H3A wodurch der Aufbau gegenüber dem LF 15 verlängert werden konnte.

Das LF 16 verfügte zusätzlich über eine Tragkraftspritze 8/8, die aber auch durch andere Ausrüstung und Geräte wie eine Lenzpumpe, ein Leichtschaum-Aggregat und B-Schläuche ersetzt werden konnte. Weiterhin standen für den Löschangriff, der Rettung und dem Atemschutz diverse Geräte, Schläuche und Werkzeuge sowie 400 Liter Löschwasser zur Verfügung. Für die benötigte elektrische Energie wurde ein 0,5 kVA leistendes Notstromaggregat mitgeführt. Auf dem zugänglichen Aufbaudach befanden sich die Saugschläuche und die Steckleiterteile.

Bestückung der Geräteräume des LF 16-TS 8 (Fotos: Autor)

Feuerwehrtechnische Bestückung (Baumuster 1967)

Stück	Bezeichnung
3	Druckluft-Atemgerät
1	Druckluftflasche, 4 l (Reserve)
1	Sauerstoff-Inhalationsgerät
1	Sanitätskasten, klein
1	Krankentrage
4	Aufhänger für Krankentrage
2	Schutzauflage für Krankentrage
2	Krankendecke
1	Schutzhülle für Krankendecken
1	Hakenleiter
4	Steckleiterteil
1	Feuerwehr-Klappleiter
1	Schiebleiter, dreiteilig
1	Sprungtuch oder Sprungpolster 12
6	Fangleine, 30 m
6	Tragbeutel für Fangleinen
1	Tragkraftspritze TS 8/8
1	TS 8-Werkzeugkasten
2	Schlauchhaspel, tragbar
1	Schlauchhaspel, fahrbar
20	B-Druckschlauch, 20 m
2	B-Druckschlauch, 5 m
11	C-Druckschlauch, 15 m
1	D-Druckschlauch, 5 m
1	Beutel für D-Druckschlauch
2	BV-Strahlrohr
1	CV-Strahlrohr
3	CM-Strahlrohr
1	D-Strahlrohr
1	Luftschaumrohr A 1,5 bzw. Schwerschaumrohr T 3/13
1	Schaumgießgestänge 1,5
1	Sprühdüse 200
1	Sprühdüse 600
2	Verteiler B-CBC
1	Standrohr 2 B
1	Hydrantendeckel-Auftaugerät
1	Schlüssel für Unterflurhydrant
1	Schlüssel für Überflurhydrant
5	Kupplungsschlüssel
2	Schlauchbrücke 2 B
4	A-Saugschlauch, 1,60m
1	A-Saugschlauch, 2,50 m
1	A-Saugkorb
1	Schutzkorb
1	Schwimmboje
1	Sammelstück A-2 B
1	A-Krümmer
1	B-Krümmer
5	Übergangsstück B-C
1	Übergangsstück A-B
1	regelbarer Zumischer T 1,5
1	Zumischerschlauch D
4	Kanister für Schaumbildner, 20 l
1	Hydranten-Entleerungspumpe
1	Wasserstrahlpumpe C-B
6	Schlauchhalter
8	Schlauchbinde B-C
1	Schlauchbinden-Tragtasche
1	Rollschlauch-Tragriemen
2	Schlauchhalteriemen T
1	Schlauchhalteriemen F
1	B-Kuppelscheibe
2	C-Kuppelscheibe
3	Schnallriemen für Kuppelscheibe
1	D-Festkupplung
1	Brunnenlotmaß
1	Kübelspritze 10
1	Handfeuerlöscher (Schaum)
1	Handfeuerlöscher (Halon)
1	B-Auffülltrichter
1	Segeltucheimer 10
2	Hinweisschild „Befehlsstelle"
1	Warnflagge A
1	Warnflagge B
1	Fackelkasten
9	Signaltaschenlampe
2	Handscheinwerfer
1	Benzin-Elektro-Aggregat, 0,5 kW
1	Vorschaltwiderstand, 200 W
1	Batterieladekabel
2	Arbeitsstellenscheinwerfer
2	Scheinwerfergelenk
1	Verlängerungsrohr für Scheinwerfer
2	Kabel, 25 m
2	Stativ L
1	Glühlampe, 12 V, 100 W (Reserve)
1	Rücklichtlampe oder Blinkleuchte
2	Feuerwehraxt
1	schwerer Einreißhaken
1	Stiel für Arbeitsgeräte, aufschraubbar
1	Deckenabstoßeisen
1	Axt
1	Zugsäge, 1200mm
1	Kreuzschlaghammer
2	Spaten
1	Pionierspaten, kurz
2	Sandschaufel
1	Dunggabel, 4zinkig
1	Kohlengabel
1	Dunghacke, 3- oder 4zinkig
2	Mulde
1	Brechwerkzeug
1	Brechstange, 1200 mm
1	Zahnstangenwinde, 50 kN
1	Satz Unterleghölzer für Hebezeuge
2	Auffahrbohle
2	Schachthaken
1	Werkzeugkasten
1	Starkstrom-Werkzeugkasten
1	Essenkehrgerät
2	Arbeitsleine, 15 m
1	Abziehleine, 2 m
2	Schelle mit Abziehleine, 4 m
5	Bindestrick
1	Beutel für Bindestricke
1	Hanfseil 24 x 15
1	Schäkel A3
1	Besen mit Schraubtülle
1	Büchse oder Plastbeutel mit je 4 A-, B-, C- und 2 D-Dichtungen
1	Schutzdecke für fahrbare Schlauchhaspel
1	Meldertasche
2	Asbest-Schutzhaube
2	Paar Asbest-Fausthandschuhe
9	Paar Feuerwehr-Schutzhandschuhe
1	Paar Gummistiefel, kurz
1	Paar Gummistiefel, lang
2	Paar Gummihandschuhe, 30 cm
9	Kochgeschirr
9	Eßbesteck

Dieses Löschgruppenfahrzeug LF 16/59-TS 8 des Baujahres 1961 diente der FF Salzwedel in der Altmark Sachsen-Anhalts und gehört heute dem dortigen Oldtimerlöschzug an. (Foto: Autor)

Die seitlichen Rollläden am Kofferaufbau ermöglichten einen ungehinderten Zugang zu den Geräten. Störende Türen gab es hier während des Einsatzes nicht. Das LF 16-TS 8 verfügte über ein Fahrgestell mit Niederdruckbereifung und Reifendruckregelanlage. Mit reichlich Bodenfreiheit, einer Watfähigkeit von 800 mm sowie großen Böschungswickeln vorn und hinten war das Einsatzfahrzeug sehr geländegängig. Das moderne Gesamtkonzept ging jedoch nicht in Serie. (Foto: Sammlung Andre Junghans)

Löschgruppenfahrzeug LF 16-TS 8

Robur O 611 A/A (Prototyp)

In Ablösung des bereits in die Jahre gekommenen Robur LO 2500 sollte 1980 die Einführung eines neuen Modells erfolgen. Schon in der 1970er-Jahren begannen die Entwicklungsarbeiten dieser neuen Zittauer Nutzfahrzeuggeneration, welche mit Ottomotor unter der Bezeichnung Robur O 611 und als Dieselvariante Robur D 609 geplant war. Im Fokus der Entwicklung lag die weitestgehende Standardisierung von Bauelementen mit dem parallel in Ludwigsfelde entwickelten W50-Nachfolger IFA L 60. Das führte zu einer engen Zusammenarbeit mit dem VEB Automobilwerk Ludwigsfelde. Eines dieser Bauelemente war das kippbare Einheitsfahrerhaus vom Typ 6400, welches nach entsprechenden Modifizierungen beim Robur und beim L 60 Verwendung finden sollte. Im Oktober 1974 konnte das erste Fahrzeug – ein heckgetriebener Pritschenwagen – vorgestellt werden. Weitere Prototypen mit oder ohne Allradantrieb und verschiedenen Aufbauten folgten.

Die Zulieferer begannen zur gleichen Zeit mit der Produktion neuer Aufbauten, die nun nicht mehr aufgeschweißt, sondern elastisch gelagert und lösbar auf dem Chassis befestigt werden konnten. Ein Beispiel dafür ist das hier vorgestellte Funktionsmuster eines Löschgruppenfahrzeugs LF 16-TS 8, das 1977 im VEB Feuerlöschgerätewerk Görlitz auf dem Fahrgestell O 611 A gefertigt wurde. Dieses Fahrzeug sollte den LF 8-TS 8-STAauf LO 2002 A ablösen. Es zeichnete sich durch eine geräumige Kabine mit guter Rundumsicht, einen Kofferaufbau mit Rollladenverschlüssen und einer hydraulischen Ladeklappe am Heck zur Entnahme der Tragkraftspritze aus. Das Fahrgestell verfügte mit dem Allradantrieb, einer Reifendruckregelanlage und einer großen Bodenfreiheit über eine sehr gute Geländegängigkeit. Die als Vorbaupumpe ausgeführte Feuerlöschkreiselpumpe konnte durch das Hochklappen der Motorraumklappe erreicht werden. Unterhalb der vorderen Stoßstange befanden sich die Löschwasserzu- und -abgänge.

Das LF 16-TS 8 auf O 611 A wurde nie in Serie produziert, da das gesamte Projekt dieses LO-Nachfolgers auf-

Löschgruppenfahrzeug LF 16-TS 8	
Indienststellung/Bauzeit	1977
Aufbau-Hersteller Fahrgestell Fahrgestell-Hersteller	VEB Feuerlöschgerätewerk Görlitz/DDR Robur O 611 A/A VEB Robur-Werke Zittau/DDR
Besatzung	1/8
Ausrüstung/	Feuerlöschkreiselpumpe 16/8 (Vorbaupumpe) Tragkraftspritze TS 8 (heckseitig über hydraulische Ladeklappe entnehmbar)
Motorbezeichnung Motor Bohrung x Hub Hubraum Leistung bei U/min	6 VO 8,8/8,5 SRF R6-Zylinder-4Takt-Ottomotor, wassergekühlt 85 x 88 mm 2994 cm³ 77 kW (105 PS) bei 3600/min
Radformel	4x4
Radstand Länge x Breite x Höhe Bodenfreiheit	3130 mm 6300 x 2430 x 2430 mm (Höhe über Fahrerhaus) 280 mm
Gesamtgewicht	6200 kg
Höchstgeschwindigkeit	keine Angabe

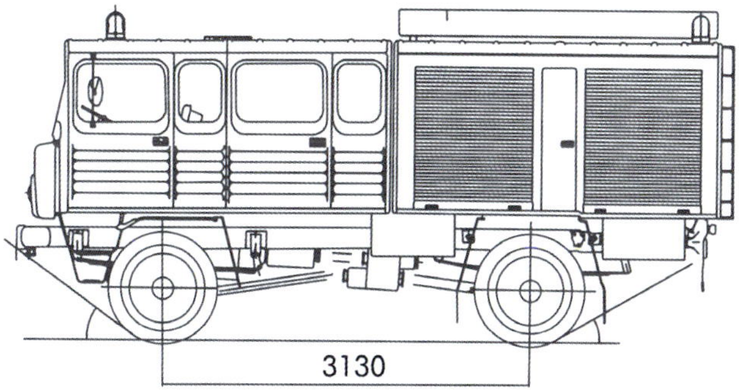

Die großzügige Verglasung der Fahrerkabine erlaubte eine gute Rundumsicht. Mit gleicher Kabine, allerdings dem Fahrgestell des IFA L 60 und einen um ein Segment verlängerten Gerätekoffer war ein Löschgruppenfahrzeug LF 32 geplant. Dieses Projekt kam aber über die Planungsphase nicht hinaus. (Foto: Sammlung Andre Junghans)

grund volkswirtschaftlicher Probleme eingestellt wurde. Es existierte nur dieser eine Prototyp, der nach der Erprobung demontiert wurde.

Löschgruppenfahrzeug LF 16-TS 8

IFA W 50 L/LF

Für den schnellen Transport von zehn Einsatzkräften, der sofortigen Durchführung von Löschangriffen und Rettungseinsätzen sorgte ab 1968 das LF 16-TS 8 auf IFA W 50 L. Als Nachfolger des Löschgruppenfahrzeuges auf Basis des S 4000-1 brachte es eine Reihe von Vorzügen mit sich. Neben der Verbesserung der Fahreigenschaften und des Aufbaus wurde die Bestückung erweitert.

Die Beförderung der Mannschaft erfolgte in einem im VEB Feuerlöschgerätewerk Luckenwalde entwickelten und gebauten verlängerten Ganzstahl-Fahrerhaus. Den Einsatz bei niedrigsten Temperaturen ermöglichte hier eine vom Motor unabhängige Dieselölheizung für Fahrerhaus, Pumpenraum und Löschmittelbehälter. Der kofferähnliche Geräteraum in Gemischbauweise enthielt eingebaute Tanks mit 200 Litern Wasser und 200 Litern Schaummittel. Die am Heck befindliche Feuerlöschkreiselpumpe förderte 2200 Liter pro Minute und konnte gekoppelt mit einem zuschaltbaren Vormischer bzw. einem automatischen Zumischer für Schaumbildner mittels besonderen Strahlrohrs auch Luftschaum erzeugen. Über dem Pumpenraum befanden sich die Reservekanister für Schaumbildner.

Zur weiteren feuerwehrtechnischen Ausstattung gehörten auch eine Tragkraftspritze TS 8/8 oder ein tragbarer Leichtschaumgenerator, ein Notstromaggregat, eine fahrbare

Foto: Autor

Fotos: Autor

Löschgruppenfahrzeug LF 16-TS 8 (1971)	
Indienststellung/Bauzeit	1968-1990
Aufbau-Hersteller	VEB Feuerlöschgerätewerk Luckenwalde/DDR
Fahrgestell	IFA W 50 L/LF
Fahrgestell-Hersteller	VEB IFA-Automobilwerke Ludwigsfelde/DDR
Besatzung	1/9
	Pumpe umd Löschmittelvorrat
Pumpe	Pumpe FPH 22/8, TS 8/8
Löschwasser	200 l
Schaummittel	200 l
	Fahrzeug
Motorbezeichnung	4 VD 14,5/12-1 SRW (ab 1973: 4 VD 14,5/12-2 SRW)
Motor	R4-Zylinder-Viertakt-Dieselmotor, wassergekühlt
Bohrung x Hub	120 x 145 mm
Hubraum	6560 cm^3
Leistung bei U/min	92 kW (125 PS) bei 2300/min
Drehmoment bei U/min	422 Nm bei 1350/min
Getriebe	5+1-Gang-Wechselgetriebe mit schwerem Nebenabtrieb, 2. bis 5. Gang zwangssynchronisiert, Hinterachse mit Differentialsperre
Bremsen	hydraulisch-pneumatische Vierrad-Zweikreisbremse, Handbremse wirkt bei vorhandener Druckluft auf die Vorder- und Hinterräder, ohne Druckluft mechanisch nur auf die Hinterräder
Radformel	4x2, Hinterachsantrieb
Bereifung	8,25-20 verstärkt SE, vorn einfach, hinten zwilling
Radstand	3700 mm
Wendekreis	15,5 m
Länge x Breite x Höhe	7900 x 2500 x 2960 mm
Bodenfreiheit	300 mm
Kraftstoffvorrat	100 l (Tank) + 20 l (Reservekanister)
Gesamtgewicht	10.200 kg
Höchstgeschwindigkeit	75 km/h
Kraftstoffverbrauch	16,7 l/100 km
Steigfähigkeit	31 %

und zwei tragbare Schlauchhaspeln und Beatmungsgeräte. Die Fertigung dieses weit verbreitet eingesetzten LF 16-TS 8 wurde erst 1990 eingestellt und stellte somit die letzte Entwicklungsstufe bei den Löschgruppenfahrzeugen in der DDR dar.

Heckseitig vom LF mitgeführte: abnehmbare und fahrbare Schlauchhaspel. (Foto Autor)

Feuerwehrtechnische Bestückung (Baumuster 1971)

Stück	Bezeichnung
2	Hinweisschild "Befehlsstelle"
6	Druckluft-Atemgerät Medi 85105
12	Druckluftflasche, 4 l (Reserve)
1	Sanitätskasten, klein
1	Krankentrage B
2	Schutzauflage für Krankentrage
1	Rettungshülle zur Krankentrage
2	Krankendecke (handelsüblich)
1	Schutzhülle für Krankendecken
1	Sprungtuch
1	Sauerstoff-Inhalationsgerät Medi SIK 8202
1	Mund-Beatmungsgerät Medi 8305/8306
1	Zahnstangenwinde, 5 Mp
1	Unterleghölzer für Hebezeuge (Satz)
1	Dynaphon Typ B-65
1	Hydranten-Deckelauftaugerät
2	Schlüssel für Unterflurhydrant
2	Schlüssel für Überflurhydrant
1	Brunnenlotmaß, kompl.
1	Festkupplung D
1	Übergangsstück C-D
6	Übergangsstück B-C
2	Übergangsstück A-B
2	Verteiler B
1	Krümmer A
1	Krümmer B
1	Sammelstück A
2	Saugkorb A
1	Weidenschutzkorb A
1	Schwimmboje K
2	Vollstrahlrohr BV
1	Vollstrahlrohr CV
3	Mehrzweckstrahlrohr CM
1	Strahlrohr D-A
1	Sprühdüse 200
1	Sprühdüse 600
1	Zumischer A 1,5
1	Luftschaumrohr A 1,5
1	Schaumgießgestänge 1,5
1	Hochverschäumungsrohr HVR 20/100
2	Standrohr 2 B
1	Kübelspritze, kompl.
1	Handfeuerlöscher CO_2 6 H
2	Handfeuerlöscher CB 2 L
1	Hydranten-Entleerungspumpe
1	Tragkraftspritze 8/8, kompl.

Stück	Bezeichnung
1	Kasten für TS-Werkzeug
1	Segeltucheimer
1	Wasserstrahlpumpe C-B
4	Kanister für Schaum- oder Netzmittel
2	Auffahrbohle A
2	Warnflagge B
2	Scheinwerfergelenk
2	Arbeitsstellenscheinwerfer
2	Kabel, 25 m, für Scheinwerfer
5	Signaltaschenlampe (handelsüblich)
4	Handscheinwerfer
1	Benzin-Elektro-Aggregat Typ BeGT 0,63-2, kompl., 0,5 kW
1	Rücklichtlampe Typ RL 870
2	Glühlampe, 12 V, 100 W (Reserve)
2	Stativ L
4	Steckleiter, Teil B
1	Klappleiter
1	Schiebleiter, 3teilig
4	Saugschlauch A 1,6
2	Saugschlauch A 2,5
1	Zumischerschlauch A
20	Druckschlauch B 20
2	Druckschlauch B 5
15	Druckschlauch C 15
1	Druckschlauch D 5
2	Schlauchbrücke 2 B
5	Kupplungsschlüssel
2	Schlauchhalteriemen T
1	Schlauchhalteriemen F
4	Schlauchbinde B/C
1	Schlauchbindentasche
2	Schlauchhaspel T
1	Schlauchhaspel F
1	Kuppelscheibe B
2	Kuppelscheibe C
3	Schnallriemen für Kuppelscheibe
1	Schutzdecke F für LF
2	Rollschlauchriemen
2	Mulde
1	Haken
1	Schwerer Einreißhaken B
1	Schraubtülle mit Besen
1	Stiel für Arbeitsgeräte
1	Deckenabstoßeisen
1	Werkzeugkasten

Stück	Bezeichnung
1	Brechwerkzeug, kompl.
1	Brechstange 1200
2	Schachthaken
1	Starkstrom-Werkzeugkasten
1	Essenkehrgerät
2	Feuerwehraxt
1	Holzaxt, 1,6 kg
3	Spaten A 1080
1	Pionierspaten, kurz
3	Sandschaufel
1	Zugsäge 1200
1	Einmann-Kettensäge
1	Dunggabel, 4zinkig
1	Dunghaken, 3- oder 4zinkig
1	Kreuzschlaghammer, 4 kg
1	Kohlengabel, 300 mm breit
1	Kohlenschaufel, 300 mm breit
2	Schäkel A 3
1	Segeltuchbeutel für Druckschlauch D
2	Schutzbrille
8	Fangleine F 30
8	Schlauchhalter S
2	Arbeitsleine A 15 K
2	Abziehleine A 2 K
2	Schelle mit Abziehleine A 4 K
5	Bindestrick
1	Hanfseil, 24 x 15
1	Beutel für Bindestricke
8	Tragbeutel für Fangleine
4	Feuerwehrbeil, kompl.
1	Meldertasche, kompl.
2	Asbest-Schutzhaube
2	Asbest-Fausthandschuhe
2	Asbest-Schutzhose
2	Asbest-Schutzjacke
8	Feuerwehr-Schutzhandschuhe
1	Gummistiefel, kurz (Größe 43)
2	Gummistiefel, lang (Größe 43)
2	Gummihandschuhe, 30 cm (handelsüblich)
1	Kraftstoffkanister, 20 l (VK)
1	Kraftstoffkanister, 20 l (DK)
1	Büchse oder Plastikbeutel mit je 4 A-, B-, C- und 2 D-Dichtringen
1	Büchse mit Hydrantenfett

Kleinlöschfahrzeuge

Dieser Nachbau eines Kleinlöschfahrzeuges auf Basis eines Barkas V 901/2 Pritschenwagens des Baujahres 1959 wurde durch die AG »Feuerwehrhistorik« Riesa realisiert. (Foto: Autor)

Kleinlöschfahrzeug KLF-TS 8

Barkas V 901/2

Das kleinste Löschfahrzeug der Typenreihe war das KLF-TS 8 – Kleinlöschfahrzeug mit Tragkraftspritze. Im Mittelpunkt stand hier den Tragkraftspritzenanhänger zu motorisieren und Einsatzkräften Platz zu bieten. Die Nennförderleistung der Tragkraftspritze betrug 800 Liter pro Minute.

Für den Bau der ersten Kleinlöschfahrzeuge verwendete der VEB Feuerlöschgerätewerk Görlitz das aus dem VEB Barkas-Werke Karl-Marx-Stadt stammende Fahrgestell Barkas V 901/2, welches den Namen seines Vorgängers »Framo« (V 901) im Volksmund bis heute beibehielt. Zur Verwendung kam beim KLF die Pritschenversion mit Plane, bei der die Tragkraftspritze seitlich entnommen werden konnte. Das KLF-TS 8 konnte in geringem Umfang Einsatzkräfte und neben der TS weitere Ausrüstung wie C- und B-Druckschläuche transportieren.

In der Praxis stellte sich heraus, dass das Fahrgestell mit der schwachen Motorisierung für die zu bewältigen Aufgaben jedoch nicht geeignet war. Zudem waren die Ein- und Ausstiegsmöglichkeiten der auf der Pritsche untergebrachten Einsatzkräfte sowie das Beladen bzw. die Entnahme der Ausrüstung recht umständlich. So blieb es bei 12 gebauten Exemplaren. Als Standard-Kleintransporter fand der »Framo« dennoch bei einigen Wehren Verwendung.

Kleinlöschfahrzeug KLF-TS 8	
Indienststellung/Bauzeit	1957
Aufbau-Hersteller	VEB Feuerlöschgerätewerk Görlitz/DDR
Fahrgestell	Barkas V 901/2
Fahrgestell-Hersteller	VEB Barkas-Werke Karl-Marx-Stadt (Chemnitz)/DDR
Besatzung	1/4
Ausrüstung	Tragkraftspritze TS 8/8, 100 m C-Druckschläuche, 80 m B-Druckschläuche
Motorbezeichnung	AWE 310/4
Motor	R3-Zylinder-Zweitakt-Ottomotor, wassergekühlt
Bohrung x Hub	70 x 78 mm
Hubraum	900 cm³
Leistung bei U/min	21 kW (28 PS) bei 3600/min
Drehmoment bei U/min	71 Nm bei 2250/min
Getriebe	4+1-Gang-Schaltgetriebe, unsynchronisiert
Bremsen	hydraulische Allradbremse, mechanische Feststellbremse auf die Hinterräder wirkend
Radformel	4x2, Hinterachsantrieb
Bereifung	6,00-16
Kraftstoffvorrat	42 l (Tank)
Radstand	2800 mm
Länge x Breite x Höhe	4360 x 1600 x 2200 mm
Bodenfreiheit	200 mm
Gesamtgewicht	1900 kg
Höchstgeschwindigkeit	75 km/h

Kleinlöschfahrzeug KLF-TS 8

Barkas B 1000/ B 1000-1

Die zweite Generation an Kleinlöschfahrzeugen baute auf dem Kleintransporter B 1000 des VEB Barkas-Werke Karl-Marx-Stadt mit einer Tonne Nutzlast auf. Ziel war weiterhin die kostengünstige Gewährleistung des Brandschutzes in örtlichen Gemeinden und Betrieben. Hierfür stellte der VEB Feuerlöschgerätewerk Görlitz 1963 das auf dem Kastenwagen aufbauende KLF-TS 8 vor. Der Frontlenker löste somit das leistungsschwache Kleinlöschfahrzeug auf Basis des Barkas V 901/2 ab.

Der Kastenwagen wurde später durch den Mehrzweckkastenwagen mit Seitenscheiben ersetzt. Das für fünf Einsatzkräfte ausgelegte Kleinlöschfahrzeug war mit einer Tragkraftspritze 8/8, einer tragbaren C-Druckschlauchhaspel, C- und B-Druckschläuchen sowie diverser anderer feuerwehrtechnischer Ausrüstung bestückt. Die Beladung konnte zur besseren Entnahme heckseitig über ein Rollenrahmenfahrgestell ausgefahren werden. Zur Vervollständigung der Ausrüstung wurden mittels Dachträger vier Saugschläuche und eine B-Schlauchhaspel mit zehn B-Druckschläuchen auf einem Nachläufer mitgeführt. 1989 wurde der Nachläufer durch einen Mehrzweckanhänger ersetzt, in dem sich eine Schaumlöschausrüstung befand.

Anfangs noch von dem Dreizylinder-Zweitakt-Ottomotor des Typs AWE 312-016 mit 42 PS angetrieben, erhielt der B 1000 im Jahr 1972 das gedrosselte Aggregat AWE 353/1 mit 45 PS. 1990 wurde der Barkas B 1000-1 mit dem 1,3-Liter-Viertakt-Ottomotor BM 880 (VW-Lizenz) für den Bau der letzten KLF verwendet.

Kleinlöschfahrzeug KLF auf Basis des Barkas B 1000 Kastenmehrzweckwagens mit Schlauchhaspelanhänger SHA. (Fotos: Autor)

Kleinlöschfahrzeug KLF-TS 8			
Indienststellung/Bauzeit	1963-1990		
Aufbau-Hersteller	VEB Feuerlöschgerätewerk Görlitz/DDR		
Fahrgestell-Hersteller	VEB Barkas-Werke Karl-Marx-Stadt (Chemnitz)/DDR		
Fahrgestell Modelljahre	B 1000 1963-1971	B 1000 1972-1988	B 1000-1 1989/90
Besatzung	1/4		
Motorbezeichnung	AWE 312-016	AWE 353/1	BM 880 (VW)
Motor	R3-Zylinder-Zweitakt-Ottomotor		R4-Zyl.-4Takt-Otto
Kühlung	Wasser		
Bohrung x Hub	78 x 73,5 mm		72 x 75 mm
Hubraum	991 cm³		1272 cm³
Leistung bei /min	31 kW (42 PS) b. 4000/min	33 kW (45 PS) b. 4000/min	43 kW (58 PS) bi. 5500/min
Drehmoment bei U/min	96 Nm bei 2500/min	103 Nm bei 2500/min	96 Nm bei 3500/min
Radformel	4x2, Frontantrieb		
Radstand	2400 mm		
Länge x Breite x Höhe	4520 x 1860 x 2220 mm		
Bodenfreiheit	200 mm		
Gesamtgewicht	2240 kg		
Höchstgeschwindigkeit	100 km/h		

Links: Für dieses Kleinlöschfahrzeug KLF-TS 8-SHA wurde als Basis ein geschlossener Kastenwagen Barkas B 1000/KA genutzt. (Foto: Sammlung Andre Junghans)

Viertakt-Barkas B 1000-1/KM als KLF-TS 8.

Das heckseitig ausfahrbare Rollrahmenfahrgestell diente der besseren Entnahme der Ausrüstung. Zuvor musste der mitgeführte SHA abgehangen werden. Zu sehen sind (v.l.n.r.) die TS 8, die tragbare Schlauchhaspel und die Druckschläuche. (Foto: Autor)

Barkas B 1000 KM/KLF-TS 8-SHA, Baujahr 1972. Das KLF ist mit dem Schlauchhaspelanhänger (SHA) als Einheit unterwegs.

Die fahrbare Schlauchhaspel mit 10 B-Druckschläuchen wurde in der Regel als Anhängegeräte für das Kleinlöschfahrzeug KLF-TS 8 genutzt. Der SHA bestand aus einem Stahlrohrrahmen mit Deichsel und zwei heckseitigen, feststehenden Stützen.
Die Haspel war drehbar gelagert und konnte mittels einer an der Deichsel befindlichen Handbremse bei Abrollen der Druckschläuche abgebremst werden.

Schlauchhasel-Anhänger SHA	
Indienststellung/Bauzeit	ab 1965
Baumuster Aufbau-Hersteller	1965 VEB Feuerlöschgerätewerk Görlitz/DDR
Fahrgestell - Art - Anzahl der Achsen	HP 350.40/HFK Nachläufer, Rohrrahmen mit Drehstabfederachse 1
Bereifung	6,70-13 extra
Länge x Breite x Höhe Spurweite Bodenfreiheit Deichselhöhe Deichsellänge	1940 x 1560 x 1170 mm 1320 mm 250 mm 400 mm 1445 mm
Stützlast zul. Gesamtgewicht	50 kg 320 kg
zul. Höchstgeschw.	80 km/h
Feuerwehrtechnische Bestückung	
10 B-Druckschläuche, Kuppelscheibe mit Schnallriemen, Schlauchhalteriemen, Schlauchhaspel, Schutzdecke für Schlauchhaspel-Nachläufer	

Zum Schutz der Schläuche wurde der SHA mit einer Schutzdecke versehen.

Die Handbremse wurde im Zuge eines Neuerervorschlages auf die linke Seite verlegt. (Fotos: Autor)

Feuerwehrtechnische Bestückung (Baumuster 1978)

Stück	Bezeichnung
3	Druckluft-Atemgerät
1	Mundbeatmungsgerät
1	Kfz-Sanitätskasten
3	Fangleine, 30 m
3	Tragbeutel für Fangleine
1	Tragkraftspritze 8
1	TS 8-Werkzeugkasten
1	Schlauchhaspel, tragbar
1	Schlauchhaspel, fahrbar mit 10 B-Druckschläuchen, 20 m
4	B-Druckschlauch, 20 m
1	B-Druckschlauch, 5 m
7	C-Druckschlauch, 20 m
1	D-Druckschlauch, 5 m
1	BV-Strahlrohr
3	CM-Strahlrohr
1	D-Strahlrohr
1	Verteiler B-CBC bzw. 2 B-CBC
1	Standrohr 2 B

Stück	Bezeichnung
1	Schlüssel für Unterflurhydrant
1	Schlüssel für Überflurhydrant
3	Kupplungsschlüssel
4	A-Saugschlauch, 2,50 m
1	A-Saugkorb
1	Schutzkorb
1	Schwimmboje
3	Übergangsstück B-C
1	Übergangsstück A-B
3	Schlauchhalter
4	Schlauchbinde B-C
1	Schlauchbinden-Tragtasche
1	Schlauchhalteriemen T
1	Schlauchhalteriemen F
1	B-Kuppelscheibe
1	C-Kuppelscheibe
2	Schnallriemen für Kuppelscheibe
1	Kübelspritze 10
1	Handfeuerlöscher (Halon)

Stück	Bezeichnung
1	Segeltucheimer 10
4	Signaltaschenlampe
1	Handscheinwerfer
1	Rücklichtlampe oder Blinkleuchte
1	Feuerwehraxt
1	Zugsäge, 1200 mm
1	Spaten
1	Pionierspaten, kurz
1	Brechwerkzeug
1	Werkzeugtasche
1	Arbeitsleine, 15 m
1	Trichter mit Sieb
1	Büchse oder Plastbeutel mit je 4 A-, B-, C- und 2 D-Dichtungen
1	Schutzdecke für Schlauchhaspel-Nachläufer
1	Meldertasche
9	Paar Feuerwehr-Schutzhandschuhe

Vorausfahrzeuge

Vorausfahrzeug VF

Barkas B 1000

Foto: Sammlung Andre Junghans

Auf Grund zunehmender Verkehrsdichte in den Großstädten musste eine Lösung geschaffen werden, um den Zeitraum bis zur Brandbekämpfung zu verkürzen. Daher wurde im VEB Feuerlöschgerätewerk Görlitz 1979 das Vorausfahrzeug auf dem Barkas B 1000 aufgebaut. Die Aufgabe des VF bestand im sofortigen Transport von vier Einsatzkräften, bestehend aus Kraftfahrer, Wachabteilungsleiter und einem zweiköpfigen Angriffstrupp zum Brandort noch vor dem eigentlichen Löschzug. Somit konnten sich diese ersten Einsatzkräfte einen Überblick über die Lage vor Ort verschaffen, Personen retten, die Brandbekämpfung mit den gegebenen Mitteleinleiten und Vorbereitungen, wie die Herstellung der Löschwasserentnahme, für den nachfolgenden Löschzug treffen.

Vorausfahrzeug VF	
Indienststellung/Bauzeit	1979-1988
Aufbau-Hersteller	VEB Feuerlöschgerätewerk Görlitz/DDR
Fahrgestell	Barkas B 1000
Fahrgestell-Hersteller	VEB Barkas-Werke Karl-Marx-Stadt (Chemnitz)/DDR
Besatzung	1/3
Ausrüstung	100 Meter C-Druckschläuche, 60 Meter B-Druckschläuche, 3 DLA, Schutzanzüge, Wasserlöscher, Pulverlöscher
Motorbezeichnung	AWE 353/1
Motor	R3-Zylinder-Zweitakt-Ottomotor, wassergekühlt
Bohrung x Hub	78 x 73,5 mm
Hubraum	992 cm³
Leistung bei U/min	33 kW (45 PS) bei 4000/min
Radformel	4x2, Frontantrieb
Radstand	2400 mm
Länge x Breite x Höhe	4595 x 1860 x 2170 mm
Bodenfreiheit	200 mm
Gesamtgewicht	2240 kg
Höchstgeschwindigkeit	100 km/h

Das bis 1988 gebaute Vorausfahrzeug wurde unter anderem mit C-Druckschläuchen, B-Druckschläuchen, einer C-Schlauchhaspel, drei Druckluftatemgeräten, einem Mund-Beatmungsgerät, Schutzanzügen und diversen anderen Geräten und Werkzeugen bestückt.

Foto: Wilfried Klahre BF Dresden, Archiv IG Fw-Historik Dresden

Tanklöschfahrzeuge

Auf Grund des mitgeführten großen Wasservorrates und der entsprechenden feuerwehrtechnischen Ausrüstung bieten Tanklöschfahrzeuge den großen Vorteil der sofortigen ersten Brandbekämpfung bzw. des Schnellangriffs ohne externe Wasserversorgung wie Hydranten. Zudem dienen sie zur Wasserversorgung an Einsatzstellen.
Während kurz nach dem Ende des Zweiten Weltkriegs noch einige Fahrgestelle aus der Zeit bis 1945 mit neuen Aufbauten versehen oder vorhandene TLF generalüberholt wurden, entstanden aufgrund des Mangels dieser Typen in Jöhstadt und Luckenwalde auch Tanklöschfahrzeuge auf russischen Fahrgestellen. Aufträge gingen dabei von der sowjetischen Besatzungsmacht aus.
Bereits Ende der 1940er-Jahre verließen einige zu Tanklöschfahrzeugen umgebaute ZIS-150 das Feuerlöschgerätewerk in Luckenwalde für die Rote Armee.

Ein Unikat stellt das im Welzower Feuerwehrmuseum ausgestellte, in Eigenregie entstandene Tanklöschfahrzeug 15 des Baujahres 1962 dar. Grundlage bot hier das Fahrgestell eines sowjetischen ZIS-150. Das Fahrerhaus stammte von einem ehemaligen IFA-Horch H3A-Müllfahrzeug. Es besaß links und rechts je zwei gegenläufig öffnenden Türen. Im Fond befanden sich zwei Notsitzen, sodass in der Kabine insgesamt Platz für 4 Personen vorhanden war. Die Vorbaupumpe lieferte der VEB FLG Jöhstadt. Der Tank mit einem Fassungsvermögen von 2500 Litern Löschwasser entstand in Eigenregie. Bis 1990 lief das TLF 15 in Welzow. (Fotos: Autor)

Das TLF 15/51 auf ZIS 150 wurde im Jöhstadt aufgebaut. (Foto: Archiv Traditionshaus des FFV Lübben)

Tanklöschfahrzeug TLF 15

ZIS-150

Fahrgestelle des Typs ZIS-150 wurden von 1947 bis 1957 in den Stalinwerken Moskau produziert, gehörten mit verschiedenen Aufbauten zur Erstausstattung der bewaffneten Organe der SBZ und waren in den Anfangsjahren der DDR überall in Land- und Bauwirtschaft sowie der Industrie wiederzufinden. Die darauf aufbauenden TLF 15 aus Luckenwalde hatten handelsübliche Fahrerhäuser. Sie erhielten eine Vorbaupumpe mit einer Leistung von 1500 Litern pro Minute und den Aufbau mit Löschwassertank, Geräteräumen, Leiter und Platz für zusätzliche Einsatzkräfte. Ab 1951 wurde auch im Feuerlöschgerätewerk Jöhstadt die Produktion dieser TLF aufgenommen. Vorgaben waren die Mitführung von 2500 Liter Wasser mit tiefer Schwerpunktlage des Tankaufbaus, die Reduzierung der Löschgruppe auf 5 Einsatzkräfte und die Ausrüstung für einen ersten Löschangriff.

Die SDAG Wismut war einer der Hauptabnehmer. Dort wurde 1951 auch die erste Neukonstruktion der SBZ unter der Bezeichnung TLF 15/51 (51 = Entwicklungs-/Produktionsjahr) gebaut. Hierbei handelt es sich um einen ZIS-150 mit umgestaltetem Fahrerhaus, welches nun auch eine Mannschaftskabine für drei zusätzliche Einsatzkräfte bot. Neben der Vorbaupumpe erhielt das Fahrzeug nun einen neuen Aufbau mit 2500-Liter-Tank für Löschwasser, 125 Liter-Tank für Schaummittel, seitlich und am Heck angebrachten Schlauchhaspeln mit B- und C-Druckschläuchen sowie diversen Geräten. Der Tank kann über die Pumpe und vom Hydranten aus befüllt werden.

Diese zweistufige Pumpe verfügt über eine Nennförderleistung von 1500 Litern pro Minute. Über ein an der Pumpe angebrachtes Ventil steuert man den Bezug von Löschwasser entweder über den Tank, einen Hydranten oder über den Saugbetrieb.

Beim Hintereinanderschalten mehrerer Pumpen kann der Tank als Ausgleichsbehälter genutzt werden, wodurch ein ununterbrochener Förderbetrieb möglich ist. Bis 1953 verließ das TLF 15 auf ZIS-150 zahlreich das Werk in Jöhstadt.

Tanklöschfahrzeug TLF 15/51	
Indienststellung/Bauzeit	1951-1953
Aufbau-Hersteller	VEB Feuerlöschgerätewerk Jöhstadt/DDR
Fahrgestell	ZIS-150
Fahrgestell-Hersteller	Stalin-Werk Moskau/UdSSR
Besatzung	1/4
Ausrüstung/ Bemerkung	Pumpe FPV 15/8, 2500 l Löschwasser, 125 l Schaummittel, 180 m C-Druckschläuche, 320 m B-Druckschläuche, 2 SSG, B-Schlauchhaspel am Heck, 2 C-Schlauchhaspeln seitlich am Tank, 2 SSG
Motorbezeichnung	ZIS 120
Motor	R6-Zylinder-Viertakt-Ottomotor, wassergekühlt
Bohrung x Hub	101,6 x 114,3 mm
Hubraum	5550 cm³
Leistung bei U/min	66 kW (90 PS) bei 2600/min
Radformel	4x2, Hinterachsantrieb
Radstand	4000 mm
Länge x Breite x Höhe	7840 x 2400 x 2640 mm
Bodenfreiheit	265 mm
Gesamtgewicht	9100 kg
Höchstgeschwindigkeit	65 km/h

Tanklöschfahrzeug TLF 15

GAZ-51

Neben dem Fahrgestell ZIS 150 wurde auch das des russischen GAZ-51 für den Bau von Tanklöschfahrzeugen genutzt. Die Entwicklungsarbeiten zum GAZ-51 sind bereits bis auf das Jahr 1939 zurückzuführen. Aufgrund des Zweiten Weltkrieges begann die Produktion jedoch erst 1946 in den sowjetischen Gorki-Werken. Der GAZ-51 wurde schnell berühmt für seine Zuverlässigkeit, Wirtschaftlichkeit und die einfache Bedienung. Der Zweieinhalbtonner gehörte ebenfalls zu den ersten Lastkraftwagen, die in der SBZ eingesetzt. So auch als Tanklöschfahrzeug 15. Die Fertigstellung erfolgte in den Flader Löschgerätewerken Jöhstadt.

Im Auftrag der SDAG Wismut erfolgte 1947 der Bau des hier gezeigten Tanklöschfahrzeugs TLF 15. Das Tanklöschfahrzeug besitzt eine offene Bauweise mit Tanks für die Beförderung von 1500 Litern Löschwasser und 100 Litern Schaummittel. Zudem verfügt es über eine Vorbaupumpe 15/8. Dieses Fahrzeug war Bestandteil des Fuhrparks der damaligen Wismut-Feuerwehr und befindet sich heute in restauriertem Zustand im Besitz des Vereins der Feuerwehr-Oldtimer Schlema.

Tanklöschfahrzeug TLF 15	
Indienststellung/Bauzeit	1947
Aufbau-Hersteller	VEB Feuerlöschgerätewerk Jöhstadt (Flader)/ SBZ
Fahrgestell	GAZ-51
Fahrgestell-Hersteller	Automobilwerk Gorki (Nischni Nowgorod)/UdSSR
Besatzung	1/4
Ausrüstung	1500 Liter Löschwasser, 100 Liter Schaummittel, Vorbaupumpe 15/8
Motorbezeichnung	GAZ-51
Motor	R6-Zylinder-Viertakt-Ottomotor, wassergekühlt
Bohrung x Hub	82 x 110 mm
Hubraum	3486 cm³
Leistung bei U/min	51,5 kW (70 PS) bei 2800/min
Radformel	4x2, Hinterachsantrieb
Radstand	3300 mm
Länge x Breite x Höhe	6000 x 2200 x 2250 mm
Bodenfreiheit	245 mm
Gesamtgewicht	5450 kg
Höchstgeschwindigkeit	80 km/h

Das einzige noch existierende Tanklöschfahrzeug 15 auf GAZ-51 in Deutschland wird im Verein der Feuerwehr-Oldtimer Schlema als Traditionsfahrzeug gepflegt. (Foto: Willy Leipold)

Foto: Autor

Tanklöschfahrzeug TLF 15
IFA G 5

Ebenfalls in offener Bauweise fertigte das Feuerlöschgerätewerk Jöhstadt ab 1953 das TLF 15 auf dem einheimischen, geländegängigen Fahrgestell IFA G 5. Dieses Tanklöschfahrzeug wurde in erster Linie für die bewaffneten Organe und für die Feuerwehren im Braunkohletagebau produziert, wurde dann aber auch Städten und Freiwilligen Feuerwehren zugeführt. Das G5-Fahrgestell wurde wegen des Bedarfs an entsprechenden Fahrzeugen beim Militär im FEW Karl-Marx-Stadt entwickelt. Die Serienproduktion erfolgte ab 1952 im VEB Kraftfahrzeugwerk »Ernst Grube« Werdau. Vorgabe war die Baugleichheit mit dem ebenfalls dort produzierten IFA H 6. So wurden beide Lastwagen unter anderem vom gleichen Sechszylinder-Einheitsmotor des Typs Horch EM 6-20 mit 120 PS angetrieben.

Das bis 1959 gebaute Tanklöschfahrzeug besaß eine Doppelkabine für fünf Einsatzkräfte. Der hintere offene Aufbau des Dreiachsers bestand aus einem auf einem Hilfsrahmen aufgesetzten 2500-Liter-Wassertank, in dem ein 200 Liter fassender, herausnehmbarer Behälter für Schaumbildner eingearbeitet war. Beiderseits des Wassertanks waren Hochdruckschlauchhaspeln und tragbare C-Schlauchhaspeln angebracht. Heckseitig befand sich eine fahrbare Haspel mit 160 Metern B-Schlauch. An der Front des TLF

Tanklöschfahrzeug TLF 15 (Baumuster 1959)	
Indienststellung/Bauzeit	1953-1959 (ab 1958: G 5/2)
Aufbau-Hersteller	VEB Feuerlöschgerätewerk Jöhstadt/DDR
Fahrgestell	IFA G 5 (ab 1958: IFA G 5/2)
Fahrgestell-Hersteller	VEB Kraftfahrzeugwerk »Ernst Grube« Werdau/DDR
Besatzung	1/4
Pumpe und Löschmittelvorrat	
Pumpe	Feuerlösch-Kreiselpumpe FPV 15/8
Löschwasser	2500 l
Schaummittel	200 l
Fahrzeug	
Motorbezeichnung	EM 6-20
Motor	R6-Zylinder-Viertakt-Dieselmotor, wassergekühlt
Bohrung x Hub	115 x 145 mm (ab 1958: 120 x 145 mm)
Hubraum	9036 cm³ (ab 1957/58: 9840 cm³)
Leistung bei U/min	88,3 kW (120 PS) bei 2000/min (ab 1957/58: 150 PS bei 2000/min)
Drehmoment bei U/min	471 Nm bei 1000/min (ab 1957/58: 528 Nm bei 1100/min)
Getriebe	5+1-Gang-Wechselgetriebe, 2. bis 5. Gang synchronisiert, Verteilergetriebe mit Geländegang
Bremsen	pneumatische Allradbremse, mechanische Hand bremseauf die Hinterräder der Zwischenachse wirkend
Radformel	6x6, Allradantrieb (Frontantrieb abschaltbar)
Bereifung	8,25-20 eHD Gelände, vorn einfachbereift, Zwischenachse und Hinterachse zwillingsbereift
Radstand	3800 + 1250 mm
Wendekreis	19,0 m
Länge x Breite x Höhe	8800 x 2500 x 2650/ mit Wendstrahlrohr: 3250 mm
Bodenfreiheit	255 mm
Kraftstoffvorrat	150 l (Tank) + 20 l (Reservekanister)
Gesamtgewicht	13.000 kg
Höchstgeschwindigkeit	60 km/h (ab 1958: 72 km/h)
Steigvermögen	Straße 27,5 %, Gelände 35 %
Kraftstoffverbrauch	30,8 l/100 km

Dieses im matten Olivgrün gehaltene TLF 15 auf IFA G 5 befindet sich heute im Bestand des Feuerwehrmuseums Eisenhüttenstadt und wurde den Einsatzfahrzeugen der NVA-Feuerwehren nachempfunden. (Foto: Andreas Berger-Winkler)

15 wurde eine Feuerlösch-Kreiselpumpe mit einer Leistung 1500 Litern pro Minute angebracht, die mit den beiden Hochdruckhaspeln verbunden war. Die Pumpe verfügte über einen Vormischer für den Schaumangriff. Auf dem Dach der Mannschaftskabine befand sich das Wendestrahlrohr.

1957 erfolgte eine Überarbeitung des Fahrgestells. Der intern genannte G 5/2 leistete nun 150 PS. Aufgrund von Problemen mussten die ersten Motoren jedoch noch gedrosselt werden. Die Produktion des TLF 15 endete 1959. Eine Ablösung durch den geplanten G 5/3 konnte angesichts wirtschaftspolitischer Entscheidungen nicht realisiert werden.

Feuerwehrtechnische Bestückung (Baumuster 1959)

Stück	Bezeichnung	Stück	Bezeichnung	Stück	Bezeichnung
1	Sanitätskasten, klein	1	Handfeuerlöscher CB 2 L	1	Kuppelscheibe B
1	Krankentrage B	1	Tiefsauger kompl.	2	Kuppelscheibe C
1	Schlüssel für Unterflurhydrant	1	Arbeitsstellenscheinwerfer	3	Schnallriemen für Kuppelscheiben
1	Schlüssel für Überflurhydrant	4	Signaltaschenlampe (handelsüblich)	1	Schwerer Einreißhaken B
1	Übergangsstück C-D	2	Handscheinwerfer	1	Schraubtülle mit Besen
2	Übergangsstück B-C	2	Steckleiter Teil B	1	Stiel für Arbeitsgeräte
1	Übergangsstück A-B	4	Saugschlauch A 2,5	1	Brechstange 1200
1	Verteiler B	1	Zumischerschlauch A	2	Feuerwehraxt
1	Sammelstück A	8	Druckschlauch B 20	1	Spaten A 1080
1	Saugkorb A	10	Druckschlauch C 15	2	Sandschaufel
2	Vollstrahlrohr BV	2	Druckschlauch S 30	1	Zugsäge 1200
2	Vollstrahlrohr CV	4	Kupplungsschlüssel	1	Dunggabel, 4zinkig
2	Mehrzweckstrahlrohr CM	2	Schlauchhalteriemen T	6	Fangleine F 30
1	Zumischer A 1,5	1	Schlauchhalteriemen F	6	Schlauchhalter S
2	Luftschaumrohr A 1,5	4	Schlauchbinde B/C	2	Arbeitsleine A 15 K
1	Standrohr 2 B	1	Schlauchbindentasche	6	Tragbeutel für Fangleine
1	Kübelspritze kompl.	2	Schlauchhaspel T	1	Kraftstoffkanister 20 l (DK)
1	Handfeuerlöscher SL 10 Hi	1	Schlauchhaspel F		

Tanklöschfahrzeug TLF 15

IFA-Horch H3A

Das TLF 15 führt insgesamt 150 m C- und 45 m B-Druckschläuche mit. (Bild: Prospekt »Feuerlöschgeräte« Jöhstadt – Sammlung Autor)

Neben den Tanklöschfahrzeugen auf IFA G 5 fertigte der VEB Feuerlöschgerätewerk Jöhstadt ab 1955 auch TLF 15 auf IFA-Horch H3A. Ein für Tests entsprechendes Muster wurde vorab in Görlitz gebaut. Ziel war es hier, unter Einhaltung der Normen und Vorschriften die Herstellungskosten zu minimieren. Für Berufs- und Freiwillige Feuerwehren entstand so das TLF 15 auf H3A in halboffener Bauweise.

Auf Grund des kurzen Radstandes von 3250 Millimeter konnte beim TLF 15 eine gute Manövrierfähigkeit erzielt werden. Das Fahrerhaus mit der Mannschaftskabine bot Platz für fünf Einsatzkräfte. Der Aufbau bestand aus einem Tank für 2000 Liter Löschwasser, vier Behältern zu je 20 Liter Schaummittel sowie eine offen am Heck angebrachte Feuerlöschpumpe, eine Schnellangriffseinrichtung und zwei tragbare Haspeln mit durch Planen geschützte Schläuche. Seitlich des Tanks lagen die Geräteräume und auf dem Aufbau fanden zwei Steckleiterteile Platz. Das TLF war einzeln oder im Zusammenwirken mit anderen Löschfahrzeugen einsetzbar.
Wie beim G 5 endet auch hier die Serienproduktion des TLF 15 auf H3A im Jahr 1959.

Tanklöschfahrzeug TLF 15 (Baumuster 1953)	
Indienststellung/Bauzeit	1955-1959
Aufbau-Hersteller Fahrgestell Fahrgestell-Hersteller	VEB Feuerlöschgerätewerk Jöhstadt/DDR IFA-Horch H3A VEB Horch Kraftfahrzeug- und Motorenwerke Zwickau/ DDR
Besatzung	1/4
	Pumpe und Löschmittelvorrat
Pumpe Löschwasser Schaummittel	Feuerlösch-Kreiselpumpe FPH 15/8, 2000 l Löschwasser, 4 x 20 l Schaummittel,
	Fahrzeug
Motorbezeichnung Motor Bohrung x Hub Hubraum Leistung bei U/min Drehmoment bei U/min	EM 4-20 R4-Zylinder-Viertakt-Dieselmotor, wassergekühlt 115 x 145 mm 6024 cm³ 59 kW (80 PS) bei 2000/min 310 Nm bei 1500/min
Getriebe	5+1-Gang-Wechselgetriebe mit schwerem Nebenabtrieb
Bremsen	hydraulische Vierradbremse, mechanische Handbremse auf die Hinterräder wirkend
Radformel	4x2, Hinterachsantrieb
Bereifung	8,25 eHD, vorn einfach, hinten zwilling
Radstand Wendekreis Länge x Breite x Höhe Bodenfreiheit	3250 mm 15,0 m 6200 x 2320 x 2600 mm 204 mm
Kraftstoffvorrat	100 l (Tank) + 20 l (Reservekanister)
Gesamtgewicht	7540 kg
Höchstgeschwindigkeit	60 km/h
Kraftstoffverbrauch	17,5 l/100 km

TLF 15 des Baujahres 1956. Links und rechts neben der heckseitig eingebauten Pumpe wurde werkseitig je eine Schlauchhaspel mit 75 m C-Druckschlauch mitgeliefert. Die Feuerlöschpumpe war zweistufig ausgeführt und besaß einen A-Saugstutzen sowie vier Druckausgänge. Die Pumpe wurde mittels Gelenkwelle über den Nebenabtrieb des Getriebes vom Fahrmotor aus angetrieben. Oberhalb der Pumpe wurde eine Hochdruckhaspel mit 30 m Hochdruckschlauch und C-Strahlrohr mitgeführt. (Foto: Autor)

Aus dem Prospekt »Feuerlöschgeräte« Jöhstadt. (Sammlung Autor)

Feuerwehrtechnische Bestückung (Baumuster 1953)

Stück	Bezeichnung	Stück	Bezeichnung	Stück	Bezeichnung
1	Sanitätskasten, klein	1	Kübelspritze, kompl.	3	Schlauchbinde B/C
1	Zahnstangenwinde, 5 Mp	1	Handfeuerlöscher SL 10 Hi	1	Schlauchbindentasche
1	Unterleghölzer für Hebezeuge (Satz)	1	Handfeuerlöscher CB 2 L	2	Schlauchhaspel T
1	Schlüssel für Unterflurhydrant	1	Auffülltrichter mit B-Kupplung	2	Kuppelscheibe C
1	Schlüssel für Überflurhydrant	1	Segeltucheimer	2	Schnallriemen für Kuppelscheibe
1	Brunnenlotmaß, kompl.	4	Kanister für Schaum- oder Netzmittel	1	Werkzeugtasche, kompl.
2	Übergangsstück B-C	2	Auffahrbohle A	1	Feuerwehraxt
1	Übergangsstück A-B	1	Arbeitsstellenscheinwerfer	1	Spaten A 1080
1	Verteiler B	4	Signaltaschenlampe (handelsüblich)	1	Pionierspaten, kurz
1	Krümmer A	2	Handscheinwerfer	1	Zugsäge 1200
1	Sammelstück A	1	Rücklichtlampe	1	Fangleine F 30
1	Saugkorb A	2	Steckleiter, Teil B	1	Schlauchhalter S
1	Weidenschutzkorb A	6	Saugschlauch A 1,6	2	Arbeitsleine A 15 K
1	Schwimmboje K	1	Zumischerschlauch A	1	Tragbeutel für Fangleine
1	Vollstrahlrohr BV	2	Druckschlauch B 20	1	Asbest-Fausthandschuhe
1	Vollstrahlrohr CV	1	Druckschlauch B 5	1	Gummistiefel, lang
1	Mehrzweckstrahlrohr CM	10	Druckschlauch C 15	4	Kochgeschirr
1	Zumischer A 1,5	1	Druckschlauch S 30	4	Eßbesteck
1	Luftschaumrohr A 1,5	5	Kupplungsschlüssel	1	Kraftstoffkanister, 20 l (DK)
1	Standrohr 2 B	2	Schlauchhalteriemen T		

Tanklöschfahrzeug TLF 16

IFA S 4000-1

In Ablösung des TLF 15 auf H3A begann 1959 in Jöhstadt die Fertigung des TLF 16, der zweiten Generation an Tanklöschfahrzeugen, auf dem Fahrgestell IFA S 4000-1 aus dem VEB Automobilwerk Zwickau bzw. ab 1960 aus dem VEB Kraftfahrzeugwerk »Ernst Grube« Werdau. Zu den wichtigsten Neuerungen zählten der geschlossene Aufbau und die vom Fahrmotor angetriebene Feuerlöschkreiselpumpe mit einer Nennförderleistung von 1600 Litern pro Minute bei 8 bar Nennförderdruck.

Das TLF 16 führte insgesamt 135 m C- und 85 m B-Druckschläuche mit sich. (Fotos: Autor)

Das TLF 16 wies zwei Aufbausektionen auf. Die Einheit aus Fahrerhaus und Mannschaftskabine war für eine Staffel von sechs Einsatzkräften vorgesehen. Der zweite Abschnitt umfasste den Geräteraum, der erstmals alle Geräte, Pumpen und die Schnellangriffseinrichtung vor der Witterung schützte, sowie den Wassertank.Dieser 2000 Liter fassende zylindrische Behälter verfügte über einem Spezialinnenanstrich, sodass ein Transport von Trinkwasser für Menschen und Tiere nach Havarien und Katastrophen möglich war. Der Tank wurde mittels nicht absperrbarer Abzweigung des Auspuffrohres über ein Luftpolster beheizt. Im Heck befand sich die über Doppeltür erreichbare zweistufige Feuerlöschkreiselpumpe FPH 16/8. Die weitere feuerwehrtechnische Ausrüstung war zweckentsprechend im Fahrzeug angeordnet. Das TLF 16 auf S 4000-1 wurde vor Verlegung der Produktion zum VEB Feuerlöschgerätewerk Luckenwalde bis 1965 in Jöhstadt produziert.

Tanklöschfahrzeug TLF 16 (Baumuster 1967)	
Indienststellung/Bauzeit	1959-1967
Aufbau-Hersteller	1959-65: VEB FLG Jöhstadt/DDR 1965-67: VEB FLG Luckenwalde/DDR
Fahrgestell	IFA S 4000-1 SW 5 b
Fahrgestell-Hersteller	1959-1960: VEB Automobilwerk Zwickau/DDR 1960-1967: VEB Kraftfahrzeugwerk »Ernst Grube« Werdau/DDR
Besatzung	1/5
	Pumpe und Löschmittelvorrat
Pumpe	Feuerlösch-Kreiselpumpe FPH 16/8
Löschwasser	2000 l
Schaummittel	4 x 20 l
	Fahrzeug
Motorbezeichnung	EM 4-22
Motor	R4-Zylinder-Viertakt-Dieselmotor, wassergekühlt
Bohrung x Hub	115 x 145 mm
Hubraum	6024 cm³
Leistung bei U/min	66 kW (90 PS) bei 2200/min
Drehmoment bei U/min	340 Nm bei 1250/min
Getriebe	5+1-Gang-Wechselgetriebe, mit schwerem Nebenabtrieb, 2. bis 5. Gang zwangssynchronisiert
Bremsen	hydraulische Vierradbremse, mechnische Handbremse auf die Hinterräder wirkend
Radformel	4x2, Hinterachsantrieb
Bereifung	8,25 eHD, vorn einfach, hinten zwilling
Radstand	3550 mm
Länge x Breite x Höhe	6500 x 2360 x 2700 mm
Bodenfreiheit	240 mm
Kraftstoffvorrat	100 l (Tank) + 20 l (Reservekanister)
Gesamtgewicht	8100 kg
Höchstgeschwindigkeit	75 km/h
Steigvermögen	32 %
Kraftstoffverbrauch	17,5 l/100 km

Feuerwehrtechnische Bestückung (Baumuster 1967)

Stück	Bezeichnung
3	Druckluft-Atemgerät
6	Druckluftflasche, 4 l (Reserve)
1	Sanitätskasten, klein
2	Steckleiterteil
2	Fangleine, 30 m
2	Tragbeutel für Fangleinen
1	Schlauchhaspel, tragbar
4	B-Druckschlauch, 20 m
1	B-Druckschlauch, 5 m
9	C-Druckschlauch, 15 m oder
8	C-Druckschlauch, 20 m
1	D-Druckschlauch, 5 m
1	Druckschlauch S, 30 m
1	BV-Strahlrohr
1	CV-Strahlrohr
2	CM-Strahlrohr
1	D-Strahlrohr
1	Luftschaumrohr A 1,5 oder Schwerschaumrohr T 3/13
1	Verteiler B-CBC
1	Standrohr 2 B
1	Hydrantendeckel-Auftaugerät
1	Schlüssel für Unterflurhydrant
1	Schlüssel für Überflurhydrant
5	Kupplungsschlüssel

Stück	Bezeichnung
6	A-Saugschlauch, 1,60 m
1	A-Saugkorb
1	Schutzkorb
1	Schwimmboje
1	Sammelstück A-2 B
1	A-Krümmer
2	Übergangsstück B-C
1	Übergangsstück A B
1	regelbarer Zumischer T 1,5
1	Zumischerschlauch
4	Kanister für Schaumbildner, 20 l
1	Hydranten-Entleerungspumpe
1	Wasserstrahlpumpe C-B
2	Schlauchhalter
6	Schlauchbinde B-C
1	Schlauchbinden-Tragtasche
1	Schlauchhalteriemen T
1	C-Kuppelscheibe
1	Schnallriemen für Kuppelscheibe
1	Brunnenlotmaß
1	Kübelspritze 10
1	Handfeuerlöscher (Schaum)
1	Handfeuerlöscher (Halon)
1	B-Auffülltrichter
1	Segeltucheimer 10

Stück	Bezeichnung
1	Warnflagge A
1	Warnflagge B
5	Signaltaschenlampe
2	Handscheinwerfer
1	Arbeitsstellenscheinwerfer
1	Scheinwerfergelenk
1	Glühlampe, 12 V, 100 W (Reserve)
1	Rücklichtlampe oder Blinkleuchte
1	Feuerwehraxt
1	Zugsäge, 1200 mm
1	Spaten
1	Pionierspaten, kurz
1	Zahnstangenwinde, 50 kN
1	Satz Unterleghölzer für Hebezeuge
2	Auffahrbohle
2	Schachthaken
1	Werkzeugtasche
2	Arbeitsleine, 15 m
1	Meldertasche
1	Paar Asbest-Fausthandschuhe
5	Paar Feuerwehr-Schutzhandschuhe
1	Paar Gummistiefel, lang
5	Kochgeschirr
5	Eßbesteck

Tanklöschfahrzeuge TLF 16 und TLF 16-GMK

IFA W 50 LA/TLF

Mit der Produktion des TLF 16 auf dem Fahrgestell IFA W 50 LA wurde 1969 das Tanklöschfahrzeug auf S 4000-1 abgelöst. Neben der modernen Frontlenkerbauweise verfügte das aus dem VEB IFA-Automobilwerk Ludwigsfelde stammende Chassis nun auch über Allradantrieb und somit über eine höhere Geländegängigkeit. Ab 1986 wurden Fahrzeuge für den Dienst bei der NVA und im Tagebau auch mit Niederdruckbereifung ausgerüstet.

Das TLF 16 verfügte über eine Doppelkabine mit Fahrerhaus und Mannschaftsraum. Es war ausgelegt für vier Einsatzkräfte, bot jedoch Platz für insgesamt sechs Personen. Das auf der Doppelkabine befindliche schwenkbare Wendestrahlrohr ermöglichte eine Brandbekämpfung während der Fahrt. Den zweiten Teil des Fahrzeuges kennzeichnete der geschlossene, in Gemischbauweise gefertigte Kofferaufbau mit den integrierten Tanks für 2000 Liter Löschwasser und 500 Liter Schaumbildner sowie der feuerwehrtechnischen Ausrüstung. Hierzu gehörten unter anderem eine Schnellangriffseinrichtung, drei Druckluftatemgeräte, eine

Hier TLF 16 in alter Gemischbauweise. Zum Zeitpunkt der Aufnahme war dieses Tanklöschfahrzeug in Blönsdorf, einem Ortsteil der Gemeinde Niedergörsdorf, stationiert. (Foto: Autor)

Foto: Autor

Tanklöschfahrzeug TLF 16	
Indienststellung/Bauzeit	1969-1985
Aufbau-Hersteller	VEB Feuerlöschgerätewerk Luckenwalde/DDR
Fahrgestell	IFA W 50 LA/TLF
Fahrgestell-Hersteller	VEB IFA-Automobilwerke Ludwigsfelde/DDR
Besatzung	1/5
Varianten	TLF 16 TLF 16 ND TLF 16-GMK TLF 16.01-GMK ND (1986/87)
	Pumpe und Löschmittelvorrat
Pumpe	Feuerlösch-Kreiselpumpe FPH 22/8
Löschwasser	2000 l
Schaummittel	500 l
	Fahrzeug
Motorbezeichnung	4 VD 14,5/12-1 SRW 4 VD 14,5/12-2 SRW (ab 1973)
Motor	R4-Zylinder-Viertakt-Dieselmotor, wassergekühlt
Bohrung x Hub	120 x 145 mm
Hubraum	6560 cm³
Leistung bei U/min	92 kW (125 PS) bei 2300/min
Drehmoment bei U/min	422 Nm bei 1350/min
Getriebe	5+1-Gang-Wechselgetriebe mit schwerem Nebenabtrieb, 2. bis 5. Gang zwangssynchronisiert, Vorder- und Hinterachse mit Differentialsperre
Bremsen	Vierrad-Zweikreis-Duo-Servo-Bremse mit Druckluftunterstützung, Handbremse wirkt bei vorhandener Druckluft auf Vorder- und Hinterräder, ohne Druckluft mechnisch nur auf die Hinterräder
Radformel	4x4, Allradantrieb
Bereifung	8,25-20 verstärkt, vorn einfach, hinten zwilling (je nach Einsatzgebiet auch vorn und hinten Niederdruckbereifung)
Radstand	3700 mm
Wendekreis	15,5 m
Länge x Breite x Höhe	7085 x 2500 x 3100 mm (Höhe mit ausgefahrenem Wendestrahlrohr 3500 mm)
Bodenfreiheit	300 mm
Wattiefe	1000 mm
Kraftstoffvorrat	100 l (Tank) + 20 l (Reservekanister)
zul. Achslast vorn/hinten	3400/6800 kg
Gesamtgewicht	10.300 kg
zul. Anhängelast	1500 kg (ungebremst) 3000/4500 kg (gebremst einachsig/ zweiachsig)
Höchstgeschwindigkeit	75 km/h
Kraftstoffverbrauch	ca. 22 l/100 km
Steigvermögen	64 %

Sanitätsausrüstung, diverse Druckschläuche, Schutzanzüge, Werkzeuge und Pumpen.
Nebenantriebe des Wechselgetriebes dienten als Kraftquelle für die Zumischpumpe des Schaumbildners und

Das TLF 16 wurde auch militärisch genutzt und für die NVA entsprechend hergerichtet. Für den Einsatz in unbefestigten Terrain wurde das bereits über Allradantrieb verfügende Tanklöschfahrzeug zusätzlich mit Niederdruckbereifung versehen. (Foto: Autor)

Auch zivile Tanklöschfahrzeuge auf IFA W 50 LA erhielten die Niederdruckbereifung bzw. wurden nachträglich damit ausgerüstet. Die bessere Traktion machte Einsätze in unwegsamem Gelände z.B. bei Bränden in Tagebauen oder in Wäldern möglich. Eine Spezialversion für schweres Gelände war das 1986/87 nur fünf Mal gebaute TLF 16.01 GMK mit ND und größerem Rollladen vorn links für die Aufnahme des ND Ersatzrades.

Der GanzMetallKoffer (GMK) besaß nach oben öffnende Aluminium-Rollläden für die Zugänge zu den Geräteräumen. Dadurch fielen die im Einsatz oft störenden Türflügel weg. (Fotos: Autor)

für die im Heck mitgeführte zweistufige Feuerlöschkreiselpumpe FPH 22/8, die 2200 Liter pro Minute leistete. Vorerst noch mit Pumpenvormischern bestückt erhielten die TLF 16 ab 1976 Zumischvorrichtungen mit gesonderten Schaummittelpumpen.

Ab 1985 wurde der Gemischaufbau durch einen Ganzmetallkoffer ersetzt. Beim TLF 16 GMK waren die Geräteräume

des Aufbaus über Aluminium-Rollläden erreichbar. Durch die Bauweise konnte die Bestückung gegenüber dem Vorgängermodell noch erweitert werden. Außerdem stand nun ein Wassertank mit 2200 Liter Volumen zur Verfügung. In dieser Entwicklungsstufe wurde das TLF 16 bis 1990 gebaut.

Das TLF 16 auf W 50 LA war in den 70er- und 80er-Jahren das Standard-Tanklöschfahrzeug der Feuerwehren in der DDR. Aufgrund der hohen Zuverlässigkeit dienen sie sogar heute noch aktiv in vielen Wehren Ostdeutschlands.

Feuerwehrtechnische Bestückung (Baumuster 1970)

Stück	Bezeichnung	Stück	Bezeichnung	Stück	Bezeichnung
3	Druckluft-Atemgerät	2	Verteiler 2 B-CBC	1	Warnflagge B
6	Druckluftflasche, 4 l (Reserve)	1	Standrohr 2 B	4	Signaltaschenlampe
1	Mundbeatmungsgerät	1	Hydranten-Deckelauftaugerät	2	Handscheinwerfer
1	Sanitätskasten, klein	1	Schlüssel für Unterflurhydrant	1	Arbeitsstellenscheinwerfer
1	Krankentrage	1	Schlüssel für Überflurhydrant	1	Scheinwerfergelenk
2	Steckleiterteil	3	Kupplungsschlüssel	1	Kabel, 25 m
3	Fangleine, 30 m	6	A-Saugschlauch, 1,60 m	1	Stativ L
3	Tragbeutel für Fangleine	1	C-Saugschlauch, 1,50 m	1	Glühlampe, 12 V, 100 W (Reserve)
1	Dynaphon	1	A-Saugkorb	1	Rücklichtlampe oder Blinkleuchte
1	Schlauchhaspel, tragbar	1	Schutzkorb	1	Feuerwehraxt
5	B-Druckschlauch, 40 m	1	Schwimmboje	1	Stiel für Arbeitsgeräte, aufschraubbar
2	B-Druckschlauch, 5 m	1	Sammelstück A-2 B	1	Axt
7	C-Druckschlauch, 15 m oder	1	A-Krümmer	1	Zugsäge, 1200 mm
6	C-Druckschlauch, 20 m	1	Übergangsstück C-D	2	Spaten
1	D-Druckschlauch, 5 m	2	Übergangsstück B-C	2	Sandschaufel
1	Druckschlauch S, 30 m	1	Ü9ergangsstück A-B	1	Brechwerkzeug
1	Beutel für D-Druckschlauch	1	Hydranten-Entleerungspumpe	2	Auffahrbohle
1	BV-Strahlrohr	1	Wasserstrahlpumpe C-B	2	Schachthaken
1	CV-Strahlrohr	3	Schlauchhalter	1	Werkzeugtasche
3	CM-Strahlrohr	4	Schlauchbinde B-C	1	Arbeitsleine, 15 m
1	D-Strahlrohr	1	Schlauchbinden-Tragtasche	1	Besen mit Schraubtülle
1	Wendestrahlrohr S 30	2	Rollschlauch-Tragriemen	1	Büchse oder Plastbeutel mit
2	Luftschaumrohr A 1,5 oder	1	Schlauchhalteriemen T		je 4 A-, B-, C- und 2 D-Dichtungen
	Schwerschaumrohr T 3/13	1	C-Kuppelscheibe	1	Meldertasche
1	Luftschaumrohr A 4,5 oder	1	Schnallriemen für Kuppelscheibe	2	Feuerwehrbeil
	Schwerschaumrohr T 8/11	1	D-Festkupplung	2	Paar Asbest-Fausthandschuhe
2	Schwerschaumrohr T 8/11 (seit 1980)	1	Brunnenlotmaß	2	Asbest-Schutzanzug oder
3	Mittelschaumrohr T 20/100	1	Kübelspritze 10		Wärmestrahlen-Schutzanzug
3	Mittelschaumrohr T 4/100 (seit 1981)	1	Handfeuerlöscher (Kohlendioxid)	4	Paar Feuerwehr-Schutzhandschuhe
2	Sprühdüse 200	1	Handfeuerlöscher (Halon)	1	Paar Gummistiefel, kurz
1	Sprühdüse 600	1	Segeltucheimer 10	1	Paar Gummistiefel, lang
1	Verteiler B-CBC oder	1	Warnflagge A	2	Paar Gummihandschuhe, 30 cm

Tanklöschfahrzeug TLF 24

ZIL-131

Die Ausweitung der wirtschaftlich wichtigen Tagebaue zur Förderung von Braunkohle in den 1960er-Jahren erforderte im Rahmen des Brandschutzes die Prüfung und Bereitstellung hochgeländetauglicher Tanklöschfahrzeuge. Nach Eignungstests verschiedener Fahrgestelle bewährte sich 1974 das sowjetische Tanklöschfahrzeug des Typs AZ-40 auf ZIL-131.

Das aus dem Moskauer Lichatschow-Werk stammende Fahrgestell, das zu diesem Zeitpunkt bereits in der NVA Verwendung fand, wurde mit einem Tanklösch-Aufbau in der Produktionsvereinigung »Brandschutzeinrichtungen« Priluksk versehen. Neben der Geländegängigkeit, die auf die Niederdruck-Einzelbereifung, die Reifendruckregelanlage und den permanenten Allradantrieb zurückzuführen war, überzeugte das als TLF 24 bei den Feuerwehren eingeführte Fahrzeug mit der Umrüstmöglichkeit nach DDR-Normen.

Bis 1984 wurden 74 Tanklöschfahrzeuge vorwiegend für Feuerwehren der Braunkohletagebaue importiert. Der Dreiachser konnte mit sieben Einsatzkräften selbständig oder im Zusammenwirken mit anderen Lösch- und Sonderfahrzeugen eingesetzt werden. Der Ganzstahlaufbau gliederte sich zum einen in Fahrerhaus mit durch Zwischenwand getrennter Mannschaftskabine sowie dem Koffer mit den Geräteräumen für Seitenbeladung. Ein Tank für 2450 l Löschwasser und ein Behälter für 150 l Schaummittel waren fest eingebaut. Die Feuerlöschkreiselpumpe mit einer Leistung von 2400 l/min war im Heck verbaut. Das sich auf dem Dach des Fahrerhauses montierte Wendestrahlrohr konnte 360° horizontal und -20° bis 90° vertikal geschwenkt werden. Die Bedienung des Wendestrahlrohrs erfolgte über eine Dachluke. Neben diversen Leitern wurden auf dem TLF 24 auch drei Schaumrohre und zwei A-Schläuche mitgeführt.

Tanklöschfahrzeug TLF 24	
Indienststellung/Bauzeit	1974-1984
Aufbauhersteller	Priluksker Produktionsvereinigung »Brandschutzeinrichtungen«/UdSSR
Fahrgestell	ZIL-131
Fahrgestellhersteller	Lichatschow-Werk Moskau/UdSSR
Besatzung	1/6
Pumpe und Löschmittel	
Pumpe	Feuerlösch-Kreiselpumpe PN 40 (FPH 24/8)
- Nennförderstrom	2400 l/min
- Nennförderhöhe	100 m
- Entlüftung	Abgas-Gasstrahler
Löschwasser	2450 Liter Löschwassermenge
Schaummittel	150 Liter Schaummittel
Zumischvorrichtung	regelbarer Pumpenvormischer
Wendestrahlrohr	
Typ	PLS-P 20
Schwenkbereich	360 ° horizontal -20...90 ° vertikal
Löschmittelauswurf	ca. 1200 l/min ca. 12 m³/min
Wurfweiten	ca. 52 m (Wasser) ca. 36 m (Schaum)

TLF 24 der Feuerwehr Luckau. Der hohe Verbrauch des Ottomotors veranlasste vereinzelte Feuerwehren zum Einbau eines wesentlich wirtschaftlicheren W50-Dieselmotors. (Fotos: Autor)

Fahrzeug	
Motorbezeichnung	ZIL-131
Motor	V8-Zylinder-Viertakt-Ottomotor, wassergekühlt
Bohrung x Hub	100 x 95 mm
Hubraum	5969 cm³
Leistung bei U/min	110 kW (150 PS) bei 3200/min
Drehmoment bei U/min	410 Nm bei 1800/min
Getriebe	5+1-Gang-Wechselgetriebe mit schwerem Nebenabtrieb, Verteilergetriebe, Geländegang
Bremsen	pneumatische Allradbremse, Handbremse auf eine Achse wirkend
Radformel	6x6, Allradantrieb (Frontantrieb abschaltbar)
Bereifung	12,00-20, Reifendruckregelanlage

Radstand	3375 + 1250 mm
Wendekreis	20,4 m
L x B x H	7560 x 2550 x 2950 mm
Bodenfreiheit	330 mm
Wattiefe	1400 mm
Höhe der Anhängekupplung	850 mm
Kraftstoffvorrat	170 l (Tank) + 2 x 20 l (Reservekanister)
zul. Achslast vorn/hinten	3250/3800+3800 kg
zul. Anhängelast	1500 kg (ungebremst) 4000 kg (gebremst)
Gesamtgewicht	10.800 kg
Höchstgeschwindigkeit	80 km/h
Dauergeschwindigkeit	60 km/h
Steigvermögen	58 %
Kraftstoffverbrauch	55 l/100 km

Das Fahrgestell des ZIL-131 erzielte mit Allradantrieb, Niederdruckbereifung und Reifendruckregelanlage eine hohe Geländegängigkeit. (Foto: Autor)

Feuerwehrtechnische Bestückung (Baumuster 1975)

Stück	Bezeichnung
2	Druckluft-Atemgerät
4	Druckluftflasche 4 l (Reserve)
1	Sanitätskasten, klein
1	Hakenleiter
1	Feuerwehr-Klappleiter
1	Schiebleiter zweiteilig, Metall
3	Fangleine 25 m bzw. 30 m
3	Tragbeutel für Fangleine
5	B-Druckschlauch 20 m
2	B-Druckschlauch 5 m
7	C-Druckschlauch 20 m
2	BV-Strahlrohre
3	CV-Strahlrohre
1	CM-Strahlrohr
1	Mittelschaumrohr GWP-600
1	Schwerschaumrohr SWP-4
1	Schaumrohr für Wendestrahlrohr
1	Wendestrahlrohr PLS-P 20

Stück	Bezeichnung
1	Sprühdüse 200
1	Sprühdüse 600
1	Verteiler B-CBC
1	Standrohr 2 B
1	Schlüssel für Unterflurhydrant
1	Schlüssel für Überflurhydrant
2	Kupplungsschlüssel
2	A-Saugschlauch 2,50 m
1	A-Saugkorb
1	Schutzkorb
1	Sammelstück A-2 B
1	A-Krümmer
1	Übergangsstück C-D
1	Übergangsstück B-C
1	Übergangsstück A-B
1	Wasserstrahlpumpe C-B
4	Schlauchbinde B-C
2	Handfeuerlöscher Halon

Stück	Bezeichnung
1	Warnflagge A
1	Warnflagge B
7	Signaltaschenlampe
2	Handscheinwerfer
2	Arbeitsstellenscheinwerfer
1	Scheinwerfergelenk
1	Stativ L
1	Kabel 25 m
1	Blinkleuchte
2	Spaten
2	Sandschaufel
1	Wagenheber 50 kN
1	Satz Unterleghölzer für Hebezeuge
1	Werkzeugkasten
1	Arbeitsleine 15 m
1	Feuerwehrbeil
7	Paar Feuerwehr-Schutzhandschuhe

TLF 32 im Bestand des Feuerwehrmuseums Welzow. (Fotos: Autor)

Tanklöschfahrzeug TLF 32

Tatra 138 PP 5

Mit der Erweiterung und dem Neubau von Industrie- und anderen Großanlagen in den Sechzigern stieg auch der Bedarf an leistungsfähigen Feuerwehrfahrzeugen. Ein Großteil der bei den Feuerwehren der DDR benötigten Großtanklöschfahrzeuge stammte angesichts des Spezialisierungsabkommens der RGW-Staaten aus tschechischer Produktion bzw. baute auf Tatra-Fahrgestellen auf.

Zu diesen Feuerwehrfahrzeugen gehörte auch das ab 1964 importierte Tanklöschfahrzeug 32 auf dem überaus geländetauglichen Fahrgestell Tatra 138 PP 5. Die Produktion des T138-Fahrgestells begann 1959 beim tschechischen Traditions-Unternehmen Tatra in Koprivnice. Zu den Konstruktionseigenschaften des allradgetriebenen Zwölftonners gehörten der Zentralrohrrahmen, die vordere Drehstabfederung und der luftgekühlte V8-Dieselmotor. Bis 1971 wurden etwa 45000 Exemplare in 35 Varianten produziert und auch in 40 Länder exportiert.
So auch das im tschechischen Werk Karosa aufgebaute TLF 32. Es besaß ein handelsübliches Fahrerhaus für drei Einsatzkräfte. Ein Nebenabtrieb des Motors trieb die hinter dem Fahrerhaus liegende zweistufige Feuerlöschkreiselpumpe an. Sie leistete 3200 Liter pro Minute. Auf der linken und der rechten Seite des Fahrzeuges waren je ein Bedienstand und eine Schnellangriffseinrichtung mit 20 Metern C-Druckschlauch und angeschlossenem Strahlrohr verbaut. Der Tank war zweigeteilt und fasste 6000 Liter

Löschwasser und 600 Liter Schaummittel. Auf dem vom Heck aus begehbaren Aufbaudach befanden sich neben zwei Wendestrahlrohren auch A-Saugschläuche und Steckleitern.

Tanklöschfahrzeug TLF 32 (Baumuster 1969)	
Indienststellung/Bauzeit	1964-1971
Aufbau-Hersteller	Karosa národní podnik/ČSSR
Fahrgestell	Tatra 138 PP 5
Fahrgestell-Hersteller	Tatra-Werke Koprivnice/ČSSR
Besatzung	1/2
Pumpe und Löschmittel	
Pumpe	zweistufige Feuerlösch-Kreiselpumpe FPM 32/8
Löschwasser	6000 l
Schaummittel	600 l
Fahrzeug	
Motorbezeichnung	T 928-12
Motor	V8-Zylinder-Viertakt-Dieselmotor, luftgekühlt
Bohrung x Hub	120 x 130 mm
Hubraum	11.762 cm³
Leistung bei U/min	132,5 kW (180 PS) bei 2000/min
Drehmoment bei U/min	706 Nm bei 1200/min
Getriebe	5-Gang-Wechselgetriebe mit einem zweistufigen Zusatzgetriebe und schwerem Nebenabtrieb, 1 Rückwärtsgang, über Vorwähleinrichtung elektropneumatisch betätigtes Zusatzgetriebe, Differentialsperre an allen 3 Achsen
Bremsen	pneumatische Sechsradbremse, mechanische Handbremse, Motorbremse
Radformel	6x6, Allradantrieb
Bereifung	11,00-20 eHD, vorn einfach, Zwischen- und Hinterachse zwilling
Radstand	4260 + 1320 mm
Wendekreis	18,0 m
Länge x Breite x Höhe	8550 x 2470 x 2750 mm
Bodenfreiheit	290 mm
Kraftstoffvorrat	120 l (Tank) + 2 x 20 l (Reservekanister)
Gesamtgewicht	17.480 kg (zulässig 22.500 kg)
Höchstgeschwindigkeit	70 km/h
Kraftstoffverbrauch	22 l/100 km

Dieses Tatra 138 TLF 32 Tanklöschfahrzeug war auf dem Flugplatz Altenburg-Nobitz stationiert. (Foto: Autor)

Feuerwehrtechnische Bestückung (Baumuster 1969)

Stück	Bezeichnung	Stück	Bezeichnung	Stück	Bezeichnung
1	Schlüssel für Unterflurhydrant	1	Standrohr 2 B	4	Schlauchbinde B/C
1	Schlüssel für Überflurhydrant	1	Arbeitsstellenscheinwerfer	1	Schlauchbindentasche
4	Übergangsstück B-C	2	Handscheinwerfer	1	schwerer Einreißhaken B
1	Sammelstück A	2	Signaltaschenlampe, handelsüblich	1	Brechstange 1200
1	Saugkorb A	2	Steckleiter, Teil B	1	Feuerwehraxt
2	Vollstrahlrohr BV	4	Saugschlauch A 2,5	2	Arbeitsleine A 15 K
2	Vollstrahlrohr CV	3	Druckschlauch B 20	1	Meldertasche (kompl.)
2	Vollstrahlrohr mit Nebeldüse	3	Druckschlauch B 5	2	Feuerwehr-Schutzhandschuhe
2	Luftschaumrohr 10 m³ (B)	4	Druckschlauch C 15	2	Kraftstoffkanister 20 l (DK)
2	Luftschaumrohr 5 m³ (C)	4	Kupplungsschlüssel		

Tanklöschfahrzeug TLF 32

Tatra 148 PP 5

Für die Ablösung des T 138 begann 1972 die Serienproduktion des für den militärischen Dienst und den schweren Baustelleneinsatz konzipierten Tatra 148.
Der T 148, der sich augenscheinlich nur durch die geänderte Motorhaube vom T 138 unterschied, erhielt ebenfalls den fast unveränderten TLF-32-Aufbau von Karosa. Abweichungen fand man bei den Wendestrahlrohren und den Schnellangriffseinrichtungen.

Die Einsatzmöglichkeiten unterschieden sich dadurch aber nicht wesentlich von denen des T 138. Das Fahrgestell erhielt neben wenigen konstruktiven Verbesserungen einen leistungsgesteigerten Motor.
Tanklöschfahrzeuge auf Tatra 148 wurde zwischen 1974 und 1980 importiert und bei den Berufsfeuerwehren der Bezirksstädte, bei Betriebsfeuerwehren sowie einigen wenigen Freiwilligen Feuerwehren in den Dienst gestellt.

Tanklöschfahrzeug TLF 32	
Indienststellung/Bauzeit	1972-1982
Aufbau-Hersteller	Karosa národní podnik/ČSSR
Fahrgestell	Tatra 148 PP 5
Fahrgestell-Hersteller	Tatra-Werke Koprivnice/ČSSR
Besatzung	1/2
	Pumpe und Löschmittelvorrat
Pumpe	Feuerlösch-Kreiselpumpe FPM 32/8
Löschwasser	6000 Liter
Schaummittel	600 Liter
	Fahrzeug
Motorbezeichnung	T 2-928-12
Motor	V8-Zylinder-Viertakt-Dieselmotor, luftgekühlt
Bohrung x Hub	120 x 140 mm
Hubraum	12.667 cm^3
Leistung bei U/min	156 kW (212 PS) bei 2000/min
Radformel	6x6, Allradantrieb
Radstand	4260 + 1320 mm
Länge x Breite x Höhe	8670 x 2500 x 2750 mm
Bodenfreiheit	290 mm
Gesamtgewicht	18.530 kg
Höchstgeschwindigkeit	70 km/h

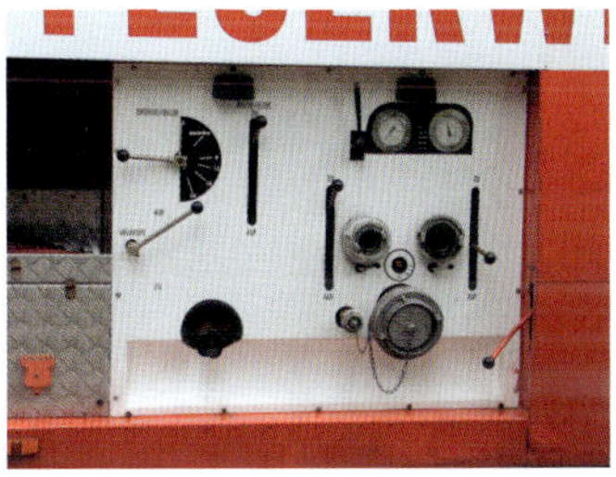

Das TLF 32 der Berufsfeuerwehr Hoyerswerda wurde bereits von der tschechischen Firma THT modernisiert. Es wurde 2017 von der Ortswehr Knappenrode übernommen und 2020 außer Dienst gestellt. (Fotos: Autor)

Feuerwehrtechnische Bestückung (Baumuster 1978)

Stück	Bezeichnung
2	Steckleiterteil
3	B-Druckschlauch, 20 m
3	B-Druckschlauch, 5 m
4	C-Druckschlauch, 15 m oder
4	C-Druckschlauch, 20-m
2	BV-Strahlrohr
2	CV-Strahlrohr
2	CM-Strahlrohr
2	Vollstrahlrohr mit Nebeldüse (bis 1976)
2	Wendesttahlrohr
2	Schwerschaumrohr P 12
2	Schwerschaumrohr P 6
1	Standrohr 2 B
1	Schlüssel für Unterflurhydrant
1	Schlüssel für Überflurhydrant
4	Kupplungsschlüssel
4	A-Saugschlauch, 2,50 m
1	A-Saugkorb
1	Sammelstück A-2 B
4	Übergangsstück B-C
4	Schlauchbinde B-C
1	Schlauchbinden-Tragtasche
2	Signaltaschenlampe
2	Handscheinwerter
1	Arbeitsstellenscheinwerfer
1	Feuerwehraxt
1	schwerer Einreißhaken
1	Brechstange, 1200 mm
2	Arbeitsleine, 15 m
1	Meldertasche
2	Asbest- oder Wärmestrahlen-Schutzanzug
2	Paar Feuerwehr-Schutzhandschuhe

Tanklöschfahrzeug TLF 32 (Jelcz 004)

Jelcz 315 MS

Wegen eines Außenhandelsdefizits der DDR gegenüber der Tschechoslowakei sollte unter anderem der Import von Tanklöschfahrzeugen reduziert werden. Deshalb wurde 1983 ein vom polnischen Außenhandelsunternehmen POL-MOT ausgestelltes TLF 32 von der Leitung der Leipziger Messe gekauft, das auf Importtauglichkeit geprüft werden sollte.

Die TLF 32 des Typs Jelcz 004 waren Großtanklöschfahrzeuge, die bereits seit Jahren bei der polnischen Feuerwehr Verwendung fanden. Die Entwicklung erfolgte schon 1971 durch die Kooperation zwischen Jelcz und dem Warschauer BF-Hauptkommando. Die Serienfertigung begann 1974 und endete erst 1991.
Die Tests für den Import in die DDR erfolgten bei dem Betriebsfeuerwehr-Kommando »Schwarze Pumpe«. In der Praxis konnte sich der Jelcz gegenüber dem TLF 32 auf Tatra-Fahrgestell auf Grund der einfachen Ausführung und der Fahreigenschaften nicht bewähren. So blieb dieses TLF 32 Jelcz 004 in der DDR ein Einzelstück.

Tanklöschfahrzeug TLF 32 (Jelcz 004)	
Indienststellung/Bauzeit	1983
Aufbau-Hersteller	JZS Jelcz/Laskowice/VR Polen
Fahrgestell	Jelzc 315 MS
Fahrgestell-Hersteller	JZS Jelcz/Laskowice/VR Polen
Besatzung	1/1
Ausrüstung	Pumpe FPM 32/8, 5600 l Löschwassermenge, 500 l Schaummittel, 140 m C-Druckschläuche, 120 m B-Druckschläuche
Motorbezeichnung	SW-680/105 mit Turboaufladung
Motor	R6-Zylinder-Viertakt-Dieselmotor, wassergekühlt
Bohrung x Hub	127 x 146 mm
Hubraum	11.095 cm³
Leistung bei U/min	179 kW (243 PS) bei 2200/min
Radformel	4x2
Radstand	4100 mm
Länge x Breite x Höhe	7600 x 2500 x 3460 mm
Bodenfreiheit	320 mm
Gesamtgewicht	15.690 kg
Höchstgeschwindigkeit	90 km/h

Das einzige TLF 32 der DDR auf Basis des Jelcz 315 befindet sich heute im Feuerwehrmuseum Welzow. (Foto: Archiv Traditionshaus des FFV Lübben)

Tanklöschfahrzeug TLF 32

Tatra 815 PR 2

Auf dem Fahrgestell des dreiachsigen Tatra 815 PR 2 mit 320 PS starkem V12-Dieselmotor baute Karosa das TLF 32, das ab 1985 auch in die DDR gelangte. Dieses schwere Tanklöschfahrzeug löste die TLF 32 auf den Haubern Tatra 138 und 148 ab und war für schnelle Brandbekämpfung bei extremen Geländebedingungen und Witterungen geeignet.

Der neue, ausschließlich bei größeren Feuerwehren von Industriebetrieben, Flughäfen und Städten eingesetzte Frontlenker besaß neben dem dreiteiligen Aufbau ein modernes Kippfahrerhaus mit Platz für drei Einsatzkräfte.
Der Aufbau gliederte sich in Geräteraum direkt hinter dem Fahrerhaus, dem Bereich der Tanks für 8200 Litern Löschwasser und zweimal 400 Liter Schaummittel sowie dem heckseitigen Teil mit der Pumpe FPH 32/8 und der Schnellangriffseinrichtung. Der Schaum-Wasser-Werfer befand sich auf dem Aufbaudach.
Das TLF 32 auf Tatra 815 war das modernste Löschfahrzeug im Dienste der DDR-Feuerwehren und wurde noch bis 1988 importiert. Wie schon die Tanklöschfahrzeuge 32 auf Tatra 138 und 148 so wurden auch die auf Tatra 815 der NVA zugeführt.

Tanklöschfahrzeug TLF 32	
Indienststellung/Bauzeit	1985-1988
Aufbauhersteller Fahrgestell Fahrgestellhersteller	Karosa národní podnik/ČSSR Tatra 815 PR 2 Tatra-Werke Koprivnice/ČSSR
Besatzung	1/2
Ausrüstung/ Bemerkung	Pumpe FPH 32/8, 8000 Liter Löschwasser, 800 Liter Schaummittel, 120 Meter C-Druckschläuche, 200 Meter B-Druckschläuche, 2 DLA
Motorbezeichnung Motor Bohrung x Hub Hubraum Leistung bei U/min Srehmoment bei U/min	T 3-930-30 V12-Zylinder-Viertakt-Dieselmotor, luftgekühlt 120 x 140 mm 19.000 cm³ 235 kW (320 PS) bei 2200/min 1130 Nm bei 1400/min
Radformel	6x6, Allradantrieb
Radstand Länge x Breite x Höhe Bodenfreiheit	3700 + 1320 mm 8510 x 2500 x 3350 mm 290 mm
Gesamtgewicht	24.000 kg
Höchstgeschwindigkeit	100 km/h

Foto: Autor

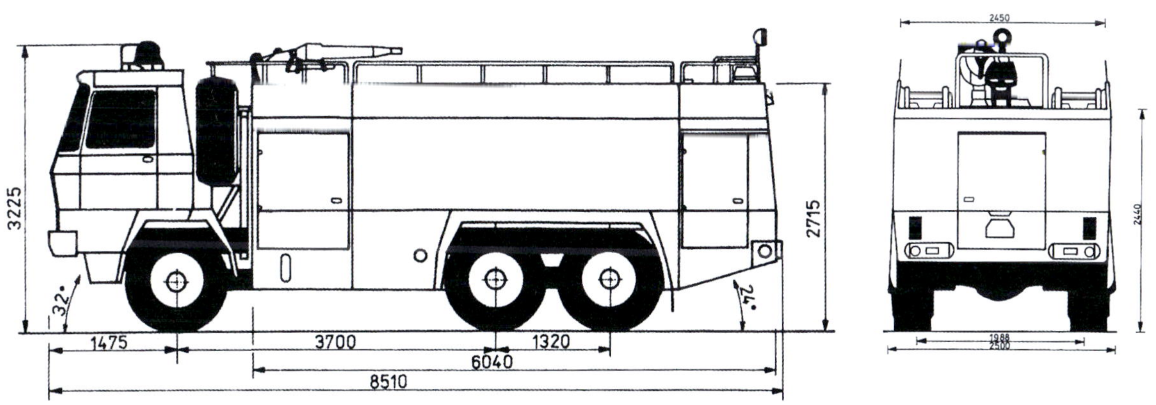

Flugfeldlöschfahrzeug FLF 25 V

Magirus-Deutz F Mercur 125 A

Auf Grund der Entwicklung und dem Bau von Großanlagen, Betrieben und der Industrie in der DDR stieg der Bedarf an Feuerwehrfahrzeugen aller Art. Probleme bereitete hier jedoch die Beschaffung von Sonderfahrzeugen, da die Feuerlöschgeräteproduktion der DDR auf den Grundbedarf ausgerichtet war. Da es in der DDR in den 1950/60er-Jahren an Mitteln und Kapazitäten für die Herstellung von Sonderfahrzeugen fehlte, musste man gezwungener Maßen auf den Import zurückgreifen.

Neben den Importen aus dem sozialistischen Ausland gelang es einige wenige westliche Sonderfahrzeuge im Rahmen von Kompensationsgesprächen zu ordern. Der erste Import aus dem Westen war das Flugfeldlöschfahrzeug FLF 25 V, das einzige seiner Art in der DDR.
Mit dem Aufbau des Flugplatzes Berlin-Schönefeld, der Aufnahme des internationalen Flugverkehrs und unter Berücksichtigung der Sicherheitsstandards der Internationalen Luftverkehrsorganisation (ICAO) war die Beschaffung dieses Flugfeldlöschfahrzeuges erforderlich. Da es diese Spezialtechnik nur im westlichen Ausland gab, erging der Auftrag an Magirus-Deutz in Ulm.

Aufgebaut auf einem allradgetriebenen Magirus-Deutz F Mercur 125 A stand es ab 1958 auf dem Flughafen Berlin-Schönefeld zur Verfügung. Fahrerhaus und Mannschaftskabine bildeten eine Einheit. Während das Fahrerhaus für zwei Einsatzkräfte ausgelegt war, ist der Mannschaftsraum für die Aufnahme eines Teils der Ausrüstung umgerüstet worden. Im Ganzstahlaufbau befanden sich der 2000 Liter Löschwassertank und der 250 Liter fassende Schaummittelbehälter. Außer der 2400 Liter pro Minute leistenden Feuerlöschkreiselpumpe führte das Fahrzeug 180 Kilogramm Kohlendioxid mit sich. Zur weiteren feuerwehrtechnischen Ausrüstung gehörten auch die beidseitig montierten Schnellangriffseinrichtungen. Das FLF 25 V diente noch bis 1971 und gelangte in den Bestand des Feuerwehrmuseums Eisenhüttenstadt, wo es ab 2009 restauriert wurde.

Flugfeld-Löschfahrzeug FLF 25 V	
Indienststellung/Bauzeit	1958
Aufbau-Hersteller	Magirus-Deutz Ulm/BRD
Fahrgestell	Magirus-Deutz F Merkur 125 A
Fahrgestell-Hersteller	Magirus-Deutz Ulm/BRD
Besatzung	1/1
	Löschmittel
Löschwasser	2000 l
Schaummittel	250 l
Kohlendioxid	180 kg
	Fahrzeug
Motorbezeichnung	F6L614
Motor	V6-Zylinder-Viertakt-Dieselmotor, luftgekühlt
Bohrung x Hub	140 x 110 mm
Hubraum	7983 cm³
Leistung bei U/min	92 kW (125 PS) bei 2300/min
Radformel	4x4, Allradantrieb
Radstand	3700 mm
Länge x Breite x Höhe	ca. 6300 x 2350 x 2800 mm
Gesamtgewicht	9000 kg
Höchstgeschwindigkeit	85 km/h

Foto: Sammlung Andre Junghans

Löschfahrzeug LF 16-Chemie

IFA S 4000-1

Die Bereitstellung spezieller Löschmittel für besondere Brandrisiken in Wirtschaft und Industrie erforderte den Bau oder Import entsprechender Sonderlöschfahrzeuge. Hierzu gehörten Schaum-, Pulver- und Kohlendioxid (CO_2)-Löschfahrzeuge.

Zu den Fahrzeugen mit Kohlendioxid-Löschanlage gehörte das in den Jahren 1960, 1965 und 1967 in neun Exemplaren gebaute LF 16-Chemie auf S 4000-1. Dieses Löschfahrzeug basierte auf dem LF 16-TS 8 und stammte ebenfalls aus dem VEB Feuerlöschgerätewerk Luckenwalde. Eine aus vier Kohlendioxidflaschen, einer Haspel mit 60 Metern Hochdruckschlauch und einem Expansionsrohr bestehende CO_2-Löschanlage ersetzte die Tragkraftspritze. Mittels Sammelleitung waren alle Flaschen mit der Schlauchhaspel verbunden. Rückschlagventile gewährleisteten den Betrieb der Anlage auch bei Teilfüllung der Flaschen.

Dieses für Betriebsfeuerwehren gebauten Sonderlöschfahrzeuge besaß einen 200 (bei Baujahr 1960) bzw. 300 Liter fassenden Tank für Schaummittel und an den Druckausgängen der Feuerlöschkreiselpumpe montierte Zumischern, die später durch Pumpenvormischer ersetzt wurden. Ferner führte das LF 16-Chemie 50 Liter Löschwasser zur Befüllung der Wasserringpumpe mit sich.

Löschfahrzeug LF 16-Chemie	
Indienststellung/Bauzeit	1960, 1965, 1967
Aufbau-Hersteller	VEB Feuerlöschgerätewerk Luckenwalde/DDR
Fahrgestell	IFA S 4000-1 SW 5
Fahrgestell-Hersteller	VEB Kraftfahrzeugwerk »Ernst Grube« Werdau/DDR
Besatzung	1/8
Pumpe und Löschmittel	
Pumpe	Feuerlösch-Kreiselpumpe FPH 16/8
Löschwasser	50 l
Schaummittel	200 l (300 l)
CO_2-Löschmittel	120 kg
Fahrzeug	
Motorbezeichnung	EM 4-22
Motor	R4-Zylinder-Viertakt-Dieselmotor, wassergekühlt
Bohrung x Hub	115 x 145 mm
Hubraum	6024 cm³
Leistung bei U/min	66 kW (90 PS) bei 2200/min
Radformel	4x2, Hinterachsantrieb
Radstand	3550 mm
Länge x Breite x Höhe	7400 x 2350 x 2850 mm
Bodenfreiheit	240 mm
Gesamtgewicht	8100 kg
Höchstgeschwindigkeit	75 km/h

DasLF 16-Chemie (auch LFC-16 genannt) des VEB Chemiehandel Halle. (Foto: Sammlung Andre Junghans)

Foto: Klaus Maack, Historische Feuerwehren und Landtechnik Halbendorf e.V.

Feuerwehrtechnische Bestückung (Baumuster 1965)

Stück	Bezeichnung	Stück	Bezeichnung	Stück	Bezeichnung
2	Hinweisschild »Befehlsstelle«	1	Handfeuerlöscher SL 10 Hi	1	Schwerer Einreißhaken B
3	Sauerstoff-Schutzgerät Medi 495, 1 Std.	1	Handfeuerlöscher CB 2 L	1	Schraubtülle mit Besen
3	Sauerstoffflasche, 1 l (Reserve)	1	Hydranten-Entleerungspumpe	1	Stiel für Arbeitsgeräte
3	Alkalipatrone (Reserve)	1	Auffülltrichter mit B-Kupplung	1	Werkzeugkasten
3	Werkzeugtasche für SSG	1	Segeltucheimer	1	Brechstange 1200
1	Sauerstoffflasche, 7 l	1	Wasserstrahlpumpe C-B	2	Schachthaken
1	Sanitätskasten, klein	2	Auffahrbohle A	1	Starkstrom-Werkzeugkasten
1	Krankentrage B	2	Warnflagge B	1	Essenkehrgerät
2	Schutzauflage für Krankentrage	1	Scheinwerfergelenk	2	Feuerwehraxt
4	Aufhänger für Krankentrage	1	Verlängerungsrohr für Scheinwerfer	1	Holzaxt, 1,6 kg
2	Krankendecke (handelsüblich)	1	Fackelkasten, kompl.	2	Spaten A 1080
1	Sprungtuch	1	Arbeitsstellenscheinwerfer	1	Pionierspaten, kurz
1	Sauerstoff-Inhalationsgerät Medi SIK 8202	1	Kabel, 2 5 m, für Scheinwerfer	2	Sandschaufel
1	Zahnstangenwinde, 5 Mp	9	Signaltaschenlampe (handelsüblich)	1	Zugsäge 1200
1	Unterleghölzer für Hebezeuge (Satz)	2	Handscheinwerfer	1	Dunggabel, 4zinkig
1	Schlüssel für Unterflurhydrant	1	Stativ L	1	Dunghaken, 3- oder 4zinkig
1	Schlüssel für Überflurhydrant	4	Steckleiter, Teil B	1	Kreuzschlaghammer, 4 kg
1	Brunnenlotmaß, kompl.	1	Klappleiter	1	Schäkel A 3
4	CO_2-Flasche, 30 kg	1	Schiebleiter, zweiteilig	1	Segeltuchbeutel für Druckschlauch D
1	Hochdruckschlauch für CO_2, 60 m	4	Saugschlauch A 1,6	6	Fangleine F 30
1	Expansionsrohr für CO_2	1	Saugschlauch A 2 ,5	6	Schlauchhalter S
1	Festkupplung D	1	Zumischerschlauch A	2	Arbeitsleine A 15 K
5	Übergangsstück B-C	20	Druckschlauch B 20	1	Abziehleine A 2 K
1	Übergangsstück A-B	2	Druckschlauch B 5	2	Schelle mit Abziehleine A 4 K
2	Verteiler B	11	Druckschlauch C 15	5	Bindestrick
1	Krümmer A	1	Druckschlauch D 5	1	Hanfseil, 24 x 15
1	Krümmer B	1	Druckschlauch S 30	1	Beutel für Bindestricke
1	Sammelstück A	2	Schlauchbrücke 2 B	6	Tragbeutel für Fangleine
1	Saugkorb A	5	Kupplungsschlüssel	1	Meldertasche, kompl.
1	Weidenschutzkorb A	2	Schlauchhalteriemen T	2	Asbest-Schutzhaube
1	Schwimmboje K	1	Schlauchhalteriemen F	2	Asbest-Fausthandschuhe
2	Vollstrahlrohr BV	8	Schlauchbinde B/C	9	Feuerwehr-Schutzhandschuhe
1	Vollstrahlrohr CV	1	Schlauchbindentasche	1	Gummistiefel, kurz (Größe 43)
3	Mehrzweckstrahlrohr CM	2	Schlauchhaspel T	1	Gummistiefel, lang (Größe 43)
1	Sprühdüse 600	1	Schlauchhaspel F	2	Gummihandschuhe, 30 cm (handelsüblich)
1	Zumischer A 1,5	1	Kuppelscheibe B	9	Kochgeschirr
1	Luftschaumrohr A 1,5	2	Kuppelscheibe C	9	Eßbesteck
1	Schaumgießgestänge 1,5	3	Schnallriemen für Kuppelscheibe	1	Kraftstoffkanister, 20 l (DK)
1	Standrohr 2 B	1	Rollschlauchriemen	1	Büchse oder Plastikbeutel mit je 4 A-, B-, C- und 2 D-Dichtringen
1	Kübelspritze, kompl.	2	Mulde		

Kohlendioxidlöschfahrzeug LF-CO_2

IFA S 4000-1

Neben dem LF 16-Chemie wurden für den Einsatz in Betrieben der chemischen Industrie und zur Brandbekämpfung von Schiffsladeräumen zwischen 1960 und 1967 im VEB FLG Luckenwalde 15 Sonderlöschfahrzeuge LF-CO_2 auf dem Fahrgestell S 4000-1 gebaut.

Ausgerüstet mit einer stationären CO_2-Feuerlöschanlage führte das LF-CO_2 in geschlossenem Geräteraum 20 Druckgasflaschen mit je 30 kg Kohlendioxid mit sich. Die auf Rollen gelagerten CO_2-Flaschen waren waagerecht übereinander in einem Profileisen-Gestell angeordnet. Zweimal sieben und einmal sechs Flaschen wurden durch Sammelrohre mit der Hauptleitung verbunden. Die Betriebsbereitschaft der Anlage bei teilweise leeren Flaschen wurde durch Rückschlagventile an den Flaschenanschlüssen der Sammelleitung gewährleistet. Die Zufuhr des Löschmittels erfolgte über die Hauptleitung mit vier Handabsperrventilen zu den vier Hochdruckschlauchhaspeln.
Zu jedem Hochdruckschlauch gehörte ein Expansionsrohr. Zur weiteren Ausrüstung des Fahrzeugs zählten auch Asbest- und Wärmestrahlen-Schutzanzüge.

Kohlendioxidlöschfahrzeug LF-CO_2	
Indienststellung/Bauzeit	1960,1963-1967
Aufbau-Hersteller	VEB Feuerlöschgerätewerk Luckenwalde/DDR
Fahrgestell	IFA S 4000-1 SW 8
Fahrgestell-Hersteller	VEB Kraftfahrzeugwerk »Ernst Grube« Werdau/DDR
Besatzung	1/2
Motorbezeichnung	EM 4-22
Motor	R4-Zylinder-Viertakt-Dieselmotor, wassergekühlt
Bohrung x Hub	115 x 145 mm
Hubraum	6024 cm^3
Leistung bei U/min	66 kW (90 PS) bei 2200/min
Radformel	4x2, Hinterachsantrieb
Radstand	3550 mm
Länge x Breite x Höhe	6800 x 2350 x 2500 mm
Bodenfreiheit	240 mm
Gesamtgewicht	8100 kg
Höchstgeschwindigkeit	75 km/h

Fotos: Autor

Feuerwehrtechnische Bestückung (Baumuster 1967)

Stück	Bezeichnung	Stück	Bezeichnung	Stück	Bezeichnung
4	Druckluft-Atemgerät	2	Hochdruckschlauch, 40 m	2	Auffahrbohle
4	Druckluftflasche, 4 l (Reserve)	2	Hochdruckschlauch, 25 m (Variante 1)	4	Asbest-Schutzanzug oder Wärmestrahlen-Schutzanzug
1	Kfz-Sanitätskasten	4 bzw. 6	Expansionsrohr für Kohlendioxid	2	Paar Asbest-Fausthandschuhe
2	Hochdruckschlauch, 60 m	20	Kohlendioxidflasche, 30 kg		

Kohlendioxidlöschfahrzeug LF-CO_2

Tatra 148 PPR

Zu den Sonderfahrzeugen der Feuerwehren in der chemischen Industrie zählte auch dieses in Eigenregie der Betriebsfeuerwehr-Abteilung des VEB Leuna-Werke Walter Ulbricht entstandene Einzelstück eines LF-CO_2. Basierend auf dem Fahrgestell Tatra 148 aus dem Jahr 1977 wurde das Kohlendioxid-Löschfahrzeug 1982 aufgebaut. 1200 Kilogramm CO_2 wurde in flüssigem Zustand in einem liegenden Gasdruckbehälter mitgeführt. Durch die Anwen-

Kohlendioxidlöschfahrzeug LF-CO_2 auf Tatra 148. (Foto: Autor)

dung dieses Löschverfahrens konnten Folgeschäden bei der Brandbekämpfung minimiert werden.

Neben den Schnellangriffseinrichtungen besaß das LF-CO2 eine Feuerlöschkreiselpumpe mit einer Leistung von 4800 L/min, eine Zumischvorrichtung zur Verschäumung und einen Schaum-Wasser-Werfer (Leistung 4800 L/min) auf dem Aufbaudach. Im Aufbau sind die Geräteräume durch Rollläden zu erreichen. Nach der Ausmusterung 1995 gelangte es in den Bestand eines Museums.

Kohlendioxidlöschfahrzeug LF-CO_2	
Indienststellung/Bauzeit	1982
Aufbau-Hersteller Fahrgestell Fahrgestell-Hersteller	VEB Leuna-Werke Walter Ulbricht mit Teilen von Rosenbauer AG, Linz/Österreich Tatra 148 PPR 6x6 Tatra-Werke Koprivnice/ČSSR
Besatzung	1/2
Ausrüstung/ Bemerkung	Pumpe FPH 48/8, 1200 kg flüssiges Kohlendioxid, 3000 kg Löschpulver, 100 m C-Druckschläuche, 100 m B-Druckschläuche
Motorbezeichnung Motor Bohrung x Hub Hubraum Leistung bei U/min	T 2-928-16 V8-Zylinder-Viertakt-Dieselmotor, luftgekühlt 120 x 140 mm 12.667 cm³ 156 kW (212 PS) bei 2000/min
Radformel	6x6, Allradantrieb
Radstand Länge x Breite x Höhe Bodenfreiheit	4260 + 1320 mm 8570 x 2500 x 3000 mm 290 mm
Gesamtgewicht:	20.600 kg
Höchstgeschwindigkeit:	70 km/h

Schaumlöschfahrzeug LF 8-LS 1/1

Robur LO 2002 A

Für die Brandbekämpfung in Lager- und Produktionshallen durch das Schaumlöschverfahren entstand im Jahr 1971 ein aus der Gemeinschaftsarbeit zwischen der Zentralwerkstatt der Feuerwehr Kromsdorf und dem VEB Feuerlöschgerätewerk Görlitz entwickeltes mobiles Hochexpansionsschaumgerät (HVG) auf einem Robur LO 1800 A. Aufgrund des sehr guten Ergebnisses begann 1977 die Serienproduktion des darauf basierenden Leichtschaumlöschfahrzeugs LF 8-LS 1/1 auf Robur LO 2002 A im VEB Feuerlöschgerätewerk Görlitz.

Das LF 8-LS 1/1 wurde hauptsächlich bei Betriebsfeuerwehren und auf Flugplätzen in den Dienst gestellt. Auf Flugfeldern konnten Schaumteppiche gelegt werden, um der Entzündungsgefahr bei durch Notlandungen entstehendem Funkenflug zu hemmen. Ferner konnte das Leichtschaumlöschfahrzeug bei Waldbränden zum Errichten von Schaumsperren eingesetzt werden.
Es konnte selbstständig oder im Zusammenwirken mit anderen Lösch- und Sonderfahrzeugen agieren. Hinter dem Fahrerhaus, in dem zwei Einsatzkräfte Platz fanden, grenzte der mit Jalousietüren versehene Spezialaufbau. Darin untergebracht waren der zentrale Bedienstand, das Reserverad, ein Dieselmotor, die Zumischpumpe und ein

Leichtschaumlöschfahrzeug LF 8-LS 1/1 (1978)	
Indienststellung/Bauzeit	1977, 1981, 1983, 1987/88
Aufbauhersteller Fahrgestell Fahrgestellhersteller	VEB Feuerlöschgerätewerk Görlitz/DDR Robur LO 2002 AKF VEB Robur-Werke Zittau/DDR
Besatzung	1/1
Pumpe Schaummittel	Feuerlösch-Kreiselpumpe FPV 8/8 2 x 350 l
Motorbezeichnung Motor Bohrung x Hub Hubraum Leistung bei U/min	LO 4/2 R4-Zylinder-Viertakt-Ottomotor, luftgekühlt 95 x 118 mm 3345 cm³ 55,2 kW (75 PS) bei 2800/min
Radformel	4x4, Allradantrieb
Radstand L x B x H Bodenfreiheit	3025 mm 6040 x 2370 x 3000 mm 265 mm
Gesamtgewicht	5500 kg
Höchstgeschwindigkeit:	80 km/h

Teil der feuerwehrtechnischen Ausrüstung. Heckseitig des Koffers befand sich eine Klappe, an der zwei gefaltete, 15 Meter lange Schlauchlutten von 1850 Millimeter Durchmesser befestigt waren. Der Schaum wurde durch das Zusammenspiel der Feuerlöschkreiselpumpe mit dem sta-

Fotos: Autor

tionären Motor vom Typ 4 KVD 8/8, dem Axialluftfilter, dem Düsenstock, dem Diffusor, der Zumischpumpe sowie den Schaumbildnerbehältern erzeugt. Mittels Drehzahlregulierung konnte eine 500- bis 1000-fache Verschäumung des Löschwassers erreicht werden. Die Luttenteile an der Heckklappe wurden für den Transport des Schaums verwendet.

Feuerwehrtechnische Bestückung (Baumuster 1978)

Stück	Bezeichnung	Stück	Bezeichnung	Stück	Bezeichnung
1	Kfz-Sanitätskasten	1	Schlüssel für Überflurhydrant	1	Axt
3	B-Druckschlauch, 20 m	3	Kupplungsschlüssel	1	Zugsäge, 1200 mm
2	B-Druckschlauch, 5 m	1	Sammelstück A-2 B	1	Kreuzhacke
1	CM-Strahlrohr	1	A-Krümmer	2	Pionierspaten, kurz
1	Schwerschaumrohr T 8/11	1	Übergangsstück C-D	1	Wagenwinde, 60 kN (~ 6 Mp)
2	Sprühdüse KD 7/20 (Ersatzdüsen für LS-Anlage)	1	Übergangsstück B-C	1	Satz Unterleghölzer für Hebezeuge
		1	Übergangsstück A-B	1	Ersatzteilkasten
1	Standrohr 2 B	2	Handfeuerlöscher (Pulver)	1	Kanister, 2 l Bremsöl
1	Schlüssel für Unterflurhydrant	1	Handscheinwerfer		

Schaumlöschfahrzeug SLF 8500

Tatra 138 P und 148 P

Durch das Wachstum der chemischen Industrie stiegen auch die Anforderungen an die entsprechende Löschtechnik, die von der DDR nicht selbst zur Verfügung gestellt werden konnte. Für den erforderlichen Brandschutz wurde ab 1965 das zu den Sonderfahrzeugen gehörende Schaumlöschfahrzeug 8500 auf dem allradgetriebenen Chassis Tatra 138 P importiert. Der Aufbau stammte von der österreichischen Firma Rosenbauer. Das SLF 8500 war mit einem Fahrerhaus für die Aufnahme von drei Einsatzkräften versehen. Der Aufbau bestand aus den Gerätekästen für Armaturen und Schläuche, den zwei Tanks zu je 3000 und 5500 Litern Fassungsvermögen und der zweistufigen Feuerlöschkreiselpumpe, die über einen Nebenabtrieb angetrieben wurde und eine Pumpenleistung von 3200 Litern pro Minute besaß.

Das SLF 8500 konnte mit 8500 Litern Schaummittel komplett betankt werden, wobei das benötigte Löschwasser aus externen Entnahmequellen wie Hydranten bezogen wurde, oder es ermöglichte die gleichzeitige Mitführung von Schaum und Wasser in je einem Tank. Während bis 1971 für das SLF 8500 der Tatra 138 P genutzt wurde,

Schaumlöschfahrzeug SLF 8500 (1965-1971)	
Aufbau-Hersteller	Rosenbauer AG Linz/Österreich
Fahrgestell	Tatra 138 P
Fahrgestell-Hersteller	Tatra-Werke Koprivnice/ČSSR
Besatzung	1/2
Ausrüstung	Pumpe FPH 32/8, 5000 Liter Löschwasser, 3500 Liter Schaummittel, 100 Meter C-Druckschläuche, 400 Meter B-Druckschläuche
Motorbezeichnung	T 928-12
Motor	V8-Zylinder-Viertakt-Dieselmotor, luftgekühlt
Bohrung x Hub	120 x 130 mm
Hubraum	11.762 cm³
Leistung bei U/min	132,5 kW (180 PS) bei 2000/min
Drehmoment bei U/min	706 Nm bei 1200/min
Radformel	6x6, Allradantrieb
Radstand	4260 + 1320 mm
Länge x Breite x Höhe	8950 x 2500 x 3500 mm
Bodenfreiheit	290 mm
Gesamtgewicht	22.540 kg
Höchstgeschwindigkeit	70 km/h

SLF 8500 auf Tatra 138 P. (Foto: Ronny Rabenow)

erhielt der Aufbau von Rosenbauer ab 1972 das Tatra 148 P-Chassis.

Vorerst gab es kaum wesentliche Veränderungen. Doch durch Verbesserungsmaßnahmen wurde das SLF 8500 dann mit einer Feuerlöschkreiselpumpe mit einer Leistung von 4800 Litern pro Minute ausgestattet, wovon oft auch die Bezeichnung TLF 48 abgeleitet wurde. Ferner wurde ein leistungsfähigerer Schaum-Wasser-Werfer für den Ausstoß von 2400 Litern pro Minute montiert.

Schaumlöschfahrzeug SLF 8500 (1973-1983)	
Aufbau-Hersteller	Rosenbauer AG Linz/Österreich
Fahrgestell	Tatra 148 P
Fahrgestell-Hersteller	Tatra-Werke Koprivnice/ČSSR
Besatzung	1/2
Ausrüstung	Pumpe FPH 48/8, 5000 Liter Löschwasser, 3500 Liter Schaummittel, 80 Meter C-Druckschläuche, 480 Meter B-Druckschläuche

Motorbezeichnung	T 2-928-16
Motor	V8-Zylinder-Viertakt-Dieselmotor, luftgekühlt
Bohrung x Hub	120 x 140 mm
Hubraum	12.667 cm³
Leistung bei U/min	156 kW (212 PS) bei 2000/min
Radformel	6x6, Allradantrieb
Radstand	4260 + 1320 mm
Länge x Breite x Höhe	9000 x 2500 x 3000 mm
Bodenfreiheit	290 mm
Gesamtgewicht	22.500 kg
Höchstgeschwindigkeit	70 km/h

Schaumlöschfahrzeug SLF 8500

Tatra 815 PR 2

Rosenbauer lieferte 1986 an das Chemiefaser-Werk Premnitz und an das PCK Schwedt je ein Schaumlöschfahrzeug 8500. Beide Fahrzeuge waren fast identisch.

Für den Aufbau verwendete die österreichische Firma das leistungsfähige und moderne Frontlenker-Fahrgestell Tatra 815 PR 2. Hinter dem Fahrerhaus für eine Besatzungsstärke von zwei Einsatzkräften befanden sich der Geräteraum, der Tank und die Pumpenanlage. Der aus zwei Kammern bestehende Tank (5500 und 300 Liter) fasste insgesamt 8500 Liter Löschmittel. Je nach Bedarf konnte er mit Schaummittel und Löschwasser befüllt werden. Die zweistufige Feuerlöschkreiselpumpe FPH 48/8 wurde im Heck verbaut und leistete bis zu 5000 Liter pro Minute. Mittels Pumpenvormischer wurde das Schaummittel dem Löschwasser automatisch beigemischt. Der Schaum-Wasser-Werfer befand sich auf dem Aufbaudach und erzielte eine Leistung von 1600 Litern pro Minute.

Schaumlöschfahrzeug SLF 8500	
Indienststellung/Bauzeit	1986
Aufbau-Hersteller	Rosenbauer AG, Linz/Österreich
Fahrgestell	Tatra 815 PR 2
Fahrgestell-Hersteller	Tatra-Werke Koprivnice/ČSSR
Besatzung	1/1
Ausrüstung	Pumpe FPH 48/8, Zumischvorrichtung, 5000 Liter Löschwasser, 3500 Liter Schaummittel, 3 Schaum-/Wasserwerfer, 80 Meter C-Druckschläuche, 480 Meter B-Druckschläuche
Motorbezeichnung	T 3-930-31
Motor	V12-Zylinder-Viertakt-Dieselmotor, luftgekühlt
Bohrung x Hub	120 x 140 mm
Hubraum	19.000 cm³
Leistung bei U/min	235 kW (320 PS) bei 2200/min
Radformel	6x6, Allradantrieb
Radstand	3700 + 1320 mm
Länge x Breite x Höhe	9020 x 2500 x 3050 mm
Bodenfreiheit	290 mm
Gesamtgewicht	22.000 kg
Höchstgeschwindigkeit	100 km/h

SLF 8500 des VEB PCK Schwedt/Oder. Foto: Andre Junghans

Neben der Auslieferung eines SLF 8500 auf Tatra 815 an den VEB PCK Schwedt/Oder erhielt die Betriebsfeuerwehr des VEB Chemiefaser Premnitz das hier abgebildete Schaumlöschfahrzeug. (Foto: Wolfgang Donat)

Schaumlöschfahrzeug SLF 18000

Tatra 813 8x8

1980 erhielt die Betriebsfeuerwehr des VEB Petrochemischen Kombinates in Schwedt/Oder ein Großtanklöschfahrzeug SLF 18000, welches mit einem speziellen Aufbau von Rosenbauer gefertigt wurde. Dieses Schaumlöschfahrzeug setzte auf dem Fahrgestell Tatra 813 8x8 auf. Fahrgestelle dieses Typs stellte das Werk in Koprivnice ab 1968 her. Die auf Zentralrohrrahmen aufgesetzten Lastkraftwagen verfügten über eine hervorragende Geländegängigkeit. Gegenüber den anderen Tatra-Modellen dieser Zeit setzte man hier auf die moderne Frontlenkerbauweise. Das vierachsige Fahrgestell diente vorzugshalber als Zugmittel für bis zu 100 Tonnen, war aber auch aufgrund der Nutzlast Basis für zahlreiche Spezialaufbauten.

So auch für das mit vier Einsatzkräften belegbare Schaumlöschfahrzeug, das mit einem Fassungsvermögen von 12.000 Litern Schaummitteln und zusätzlichen 6000 Litern Löschwasser das größte seiner Art in der DDR war. Die hinter dem Tank angebrachte Pumpe mit einer Leistung von 4800 Litern pro Minute besaß eine Zumischanlage. Das auf dem begehbaren Dach des Aufbaus positionierte Wasser-Schaum-Wendestrahlrohr war für eine Leistung von 3200 Liter pro Minute ausgelegt. Zudem befanden sich am Heck noch zwei tragbare Wasser-Schaum-Werfer und eine Schnellangriffseinrichtung.

Schaumlöschfahrzeug SLF 18000	
Indienststellung/Bauzeit	1980
Aufbau-Hersteller Fahrgestell Fahrgestell-Hersteller	Rosenbauer AG, Linz/Österreich Tatra 813 8x8 Tatra-Werke Koprivnice/ČSSR
Besatzung	1/3
Ausrüstung	Pumpe FPH 48/8, 6000 Liter Löschwasser, 12 000 Liter Schaummittel, 120 Meter C-Druckschläuche, 100 Meter B-Druckschläuche, 2 mobile Schaum-Wasserwerfer
Motorbezeichnung Motor Bohrung x Hub Hubraum Leistung bei U/min	T 930-31 V12-Zylinder-Viertakt-Dieselmotor, luftgekühlt 120 x 130 mm 17.640 cm³ 199 kW (270 PS) bei 2000/min
Radformel	8x8, Allradantrieb
Radstand Länge x Breite x Höhe Bodenfreiheit	1650 + 2700 + 1450 mm 10 500 x 2500 x 3450 mm 425 mm
Gesamtgewicht	36.000 kg
Höchstgeschwindigkeit	80 km/h

SLF 18000 auf Tatra 813 8x8. (Fotos: Andre Junghans)

Foto: Sammlung Andre Junghans

Schaummitteltransporter SMT 5500

Skoda 706 RTH AKV-E

Die Kategorie der Sonderfahrzeuge umfasste auch Sonderlöschmitteltransporter. Hierzu zählte der Schaummitteltransporter SMT 5500 des Betriebsfeuerwehr-Kommandos PCK Schwedt/Oder. Das Fahrzeug wurde 1971 aus einem Škoda 706 RTH AKV-E Straßensprengwagen gefertigt.

Die Vorstellung der Frontlenker-Baureihe Škoda 706 RT erfolgte bereits 1957 und mit der Einführung der Direkteinspritzung bei den Dieselmotoren begann 1958 auch die Produktion. Obwohl der 706 RT mit den unterschiedlichsten Aufbau-Varianten zum Straßenbild der DDR gehörte, spielte er bei der Feuerwehr keine große Rolle. Aufgrund spezieller Anforderungen einzelner Betriebe entstanden jedoch immer wieder Sonderfahrzeuge wie dieses in Eigenleistung.

Schaummittelträger SMT 5500	
Indienststellung/Bauzeit	1971
Aufbau-Hersteller	Eigenbau
Fahrgestell	Škoda 706 RTH AKV-E
Fahrgestell-Hersteller	Automobilwerk Liberec/ČSSR
Besatzung	1/1
Ausrüstung/ Bemerkung	5500 Liter Schaummittel, Schaummittelpumpe
Motorbezeichnung	706 RT
Motor	R6-Zylinder-Viertakt-Dieselmotor, wassergekühlt
Bohrung x Hub	125 x 160 mm
Hubraum	11.781 cm³
Leistung bei U/min	118 kW (160 PS) bei 1900/min
Drehmoment bei U/min	687 Nm bei 1200/min
Radformel	4x2, Hinterachsantrieb
Radstand	3650 mm
Länge x Breite x Höhe	6800 x 2450 2560 mm
Bodenfreiheit	240 mm
Gesamtgewicht	15.700 kg
Höchstgeschwindigkeit	70 km/h

Der SMT 5500 ist nach seiner Aussonderung in den Bestand des Feuerwehrmuseums Eisenhüttenstadt übergegangen. (Foto: Andreas Berger-Winkler)

Der vorher 7000 Liter fassende Tank wurde auf 5500 Liter verkleinert, sodass zwischen Fahrerhaus und Tank sowie am Heck Stauräume für Ausrüstung angebracht werden konnten. Auf dem begehbaren Aufbaudach befanden sich ein Schaum-Wasser-Werfer und transportable Wendestrahlrohre. Der Schaummittelträger besaß keine Feuerlöschpumpe und wurde als Zubringerfahrzeug genutzt.

Pulverlöschfahrzeug PLF 6000

Tatra 138 und 148

Pulverlöschfahrzeug PLF 6000	
Indienststellung/Bauzeit	1967, 1971
Aufbau-Hersteller Fahrgestell Fahrgestell-Hersteller	Rosenbauer AG, Linz/Österreich Tatra 138 P Tatra-Werke Koprivnice/ČSSR
Besatzung	1/2
Ausrüstung/ Bemerkung	Pumpe FPH 48/8, 6000 kg Löschpulver
Motorbezeichnung Motor Bohrung x Hub Hubraum Leistung bei U/min	T 928-12 V8-Zylinder-Viertakt-Dieselmotor, luftgekühlt 120 x 130 mm 11.762 cm³ 141 kW (192 PS)
Radformel	6x6, Allradantrieb
Radstand Länge x Breite x Höhe Bodenfreiheit	4260 + 1320 mm 9000 x 2500 x 3500 mm 290 mm
Gesamtgewicht	22.540 kg
Höchstgeschwindigkeit	70 km/h

Pulverlöschfahrzeug PLF 6000	
Indienststellung/Bauzeit	1974
Aufbau-Hersteller Fahrgestell Fahrgestell-Hersteller	Rosenbauer AG, Linz/Österreich Tatra 148 Tatra-Werke Koprivnice/ČSSR
Besatzung	1/2
Ausrüstung/ Bemerkung	Pumpe FPH 48/8, 6000 kg Löschpulver, 2 mobile Schaum-Wasser-Werfer
Motorbezeichnung Motor Bohrung x Hub Hubraum Leistung bei U/min Drehmoment bei U/min	T 2-928-16 V8-Zylinder-Viertakt-Dieselmotor, luftgekühlt 120 x 140 mm 12.667 cm³ 156 kW (212 PS) bei 2000/min 815 Nm bei 1200...1400/min
Radformel	6x6, Allradantrieb
Radstand Länge x Breite x Höhe Bodenfreiheit	4260 + 1320 mm 9250 x 2500 x 3380 mm 290 mm
Gesamtgewicht	22.000 kg
Höchstgeschwindigkeit:	70 km/h

Foto: Autor

Der Einsatz von Pulverlöschmittel ist unter anderem in der chemischen Industrie von großer Bedeutung, da bestimmte Substanzen bei der Brandbekämpfung auf Wasser empfindlich reagieren würden.
Hierzu wurden für die Leuna-Werke und den VEB PCK Schwedt/Oder zwei Pulverlöschfahrzeuge des Typs PLF 6000 auf Tatra 138 P geordert. Der von Rosenbauer/ Linz stammende Aufbau bestand aus zwei Löschanlagen mit je 3000 Kilogramm Pulverlöschmittel. Die beiden Pulverlöschanlagen konnten separat in Betrieb genommen werden.
Das mittels Expansionsschockeinrichtung verflüssigte Pulver wurde beim Löschangriff über dem auf dem Dach des Aufbaus befindlichen Werfer ausgestoßen.
Diese beiden Fahrzeuge waren nicht identisch, glichen sich jedoch in Aufbau und Funktion. Bei der Betriebsfeuerwehr des VEB Kombinat Buna wurde 1971 zusätzlich ein von den Firmen Bachert und Total aufgebauter PLF 6000 auf Tatra 138 PP 5 eingeführt.
1974 folgten nochmals zwei PLF 6000, jedoch auf dem leistungsfähigeren Chassis Tatra 148. Sie wurden an das PCK »Otto Grotewohl« Böhlen und an das Stickstoffwerk Piesteritz bei Wittenberg geliefert.

Das PLF 6000 auf Tatra 138 PP 5 des ehemaligen VEB Kombinat Buna mit dem Aufbau von Bachert und Total. (Foto: Ronny Rabenow)

ULF 4500/3000

Tatra 138 PP und 148 PPR

In den Jahren 1971, 1973 und 1980 lieferte die österreichische Firma Rosenbauer insgesamt vier Universallöschfahrzeuge an die Volkseigenen Betriebe Chemiekombinat Bitterfeld, Mineralölwerk Lützkendorf, Hydrierwerk Zeitz und Synthesewerk Schwarzheide. Während die ersten beiden ULF 4500/3000 auf Tatra 138 PP aufsetzten, nutzte man für die weiteren Aufbauten T-148-PPR-Fahrgestelle. Der Vorteil dieser ULF 4500/3000 lag in der Vereinigung von Wasser-, Schaum- und Pulverlöschfahrzeug.

Der hinter dem dreisitzigen Fahrerhaus befindliche Aufbau des ULF gestaltete sich wie folgt. Im vorderen Teil befand sich die Pulverlöschanlage PLA 3000 von Minimax. Dahinter folgte der zweiteilige Löschmitteltank mit 2000 Litern Wasser und 2500 Liter Schaummittel. Statt des Löschwassers konnten aber auch insgesamt 4500 Liter Schaummittel mitgeführt werden. Im Heck des ULF war eine Feuerlöschkreiselpumpe 48/8 verbaut.
Ein auf dem Aufbaudach befindlicher Wasser-Schaum-Werfer leistete 2400 Liter pro Minute und konnte über zwei Leitern am Heck erreicht werden. Die Universallöschfahrzeuge verfügten zudem über zwei Schnellangriffseinrichtungen, die beidseitig am hinteren Teil des Aufbaus angebracht waren. Das ULF in Schwarzheide besaß außerdem einen Pulverwerfer.

Universallöschfahrzeug ULF 4500/3000 (T 138)	
Indienststellung/Bauzeit	1971
Aufbau-Hersteller	Rosenbauer AG, Linz/Österreich
Fahrgestell	Tatra 138 PP
Fahrgestell-Hersteller	Tatra-Werke Koprivnice/ČSSR
Besatzung	1/2
Ausrüstung/ Bemerkung	Pumpe FPH 48/8, 4500 l Schaummittel, 3000 kg Löschpulver, 100 m C-Druckschläuche, 100 m B-Druckschläuche
Motorbezeichnung	T 928-12
Motor	V8-Zylinder-Viertakt-Dieselmotor, luftgekühlt
Bohrung x Hub	120 x 130 mm
Hubraum	11.762 cm³
Leistung bei U/min	132,5 kW (180 PS) bei 2000/min
Radformel	6x6, Allradantrieb
Radstand	4260 I 1320 mm
Länge x Breite x Höhe	8980 x 2500 x 3400 mm
Bodenfreiheit	290 mm
Gesamtgewicht	22.540 kg
Höchstgeschwindigkeit	70 km/h

Das Universallöschfahrzeug ULF 4500/3000 auf Tatra 148 PPR 6x6 wurde 1980 an den VEB Synthesewerk Schwarzheide übergeben und ist in die Werksfeuerwehr von BASF übergegangen. Der 3000 kg fassende Pulvertank befindet sich im vorderen Teil des Aufbaus. (Foto: Autor)

2006 hat das tschechische Unternehmen für Brandschutztechnik THT den Rosenbauer-Aufbau des Fahrzeuges komplett überholt. (Fotos: Autor)

Wasser-, Schaum- und Pulver-Werfer.

Bedienung der Pulverlöschanlage Minimax PLA 3000.

Universallöschfahrzeug ULF 4500/3000 (T 148)	
Indienststellung/Bauzeit	1973, 1980
Aufbau-Hersteller Fahrgestell Fahrgestell-Hersteller	Rosenbauer AG, Linz/Österreich Tatra 148 PPR Tatra-Werke Koprivnice/ČSSR
Besatzung	1/2
Ausrüstung/ Bemerkung	Pumpe FPH 48/8, 4500 l Schaummittel, 3000 kg Löschpulver, 100 m C-Druckschläuche, 100 m B-Druckschläuche
Motorbezeichnung Motor Bohrung x Hub Hubraum Leistung bei U/min	T 2-928 V8-Zylinder-Viertakt-Dieselmotor, luftgekühlt 120 x 140 mm 12.667 cm³ 170 kW (232 PS) bei 2000/min
Radformel	6x6, Allradantrieb
Radstand Länge x Breite x Höhe Bodenfreiheit	4260 + 1320 mm 9000 x 2500 x 3400 mm 290 mm
Gesamtgewicht	22.540 kg
Höchstgeschwindigkeit	70 km/h

Abgaslöschfahrzeug AGLF

IFA W 50 LA/ADK

Eine Besonderheit bei den Fahrzeugen der Feuerwehr war das Abgaslöschfahrzeug. Hierbei handelt es sich um ein Löschfahrzeug, das mittels Turbinenabgasstrahls und zugeführtem Wasser eine Aerosole erzeugte. Das Verfahren wurde beim Institut der Feuerwehr in Heyrothsberge entwickelt und bei Erdöl- und Erdgasbrände infolge von Havarien eingesetzt.

Während das AGLF von 1980 auf dem Fahrgestell W 50 L/DL aufsetzte und bereits 1986 ausgemustert wurde, erhielt das zweite 1984 gebaute Fahrzeug ein serienmäßiges Chassis eines IFA W 50 LA/ADK Autodrehkranes mit Allradantrieb und Stützen, die der Schubkraft der Turbine entgegenwirkten. Das 1984er Modell entstand in Eigenregie beim Betriebsfeuerwehrkommando »Schwarze Pumpe«. Die Flugzeugturbine setzte hier auf dem Drehkranz auf und war im rückwärtigen Bereich horizontal um 90° nach recht und links sowie vertikal von -15° bis +90° schwenkbar. Zwischen dem zweisitzigen Fahrerhaus und der Turbine befand sich der Treibstofftank mit dem Kerosin. Zudem erhielt das AGLF ein Begleitfahrzeug mit zusätzlichem Treibstoff für die Turbine.
Bis zum Jahr 2000 war das Fahrzeug in dieser Form im Einsatz. Danach wurde ein MAN-Fahrgestell für den AGLF-Aufbau genutzt.

Abgaslöschfahrzeug AGLF	
Indienststellung/Bauzeit	1984
Aufbau-Hersteller	Eigenbau Betriebsfeuerwehrkommando »Schwarze Pumpe«/DDR
Fahrgestell	IFA W 50 L/ADK
Fahrgestell-Hersteller	VEB IFA-Automobilwerke Ludwigsfelde/DDR
Besatzung	1/1
Ausrüstung/ Bemerkung	Strahltriebwerk Typ Klimov WK1 F
Motorbezeichnung	4 VD 14,5/12-2 SRW
Motor	R4-Zylinder-Viertakt-Dieselmotor, wassergekühlt
Bohrung x Hub	120 x 145 mm
Hubraum	6560 cm^3
Leistung bei U/min	92 kW (125 PS) bei 2300/min
Radformel	4x2, Hinterachsantrieb
Radstand	3200 mm
Länge x Breite x Höhe	6480 x 2500 x 2850 mm
Bodenfreiheit	300 mm
Gesamtgewicht	10.200 kg
Höchstgeschwindigkeit	70 km/h

Dieses Abgaslöschfahrzeug auf dem Fahrgestell eines W 50 ADK war ein 1982 bis 1984 realisierter Eigenbau des Betriebsfeuerwehrkommandos »Schwarze Pumpe«. (Foto: Andre Junghans)

Foto: Andre Junghans

Der AGLF-Aufbau fand später Platz auf einem MAN-Allradfahrgestell des Typs 17.232 FA. (Fotos: Autor)

Feuerwehrtechnische Bestückung ausgewählter Lösch- und Sonderlöschfahrzeuge

Gerät	KLF-TS 8 (Barkas B 1000)	LF-Lkw-TS 8-STA (Robur Garant 30 K)	LF-Lkw-TS 8-STA (Robur LO 1800 A)	LF 8-TS 8-STA (Robur LO 2002 A)	LF 16-TS 8 (IFA S 4000-1)	LF 16-TS 8 (IFA W 50 L)	LF 16-Chemie (IFA S 4000-1)	LF-CO2 (IFA S 4000-1)	LF 8-LS 1/1 (Robur LO 2002 A)
Druckluft-Atemgerät	3	2	2	6	3	6	3	4	-
Druckluftflasche, 4 l (Reserve)	-	2	2	12	1	12	6	4	-
Mundbeatmungsgerät	1	1	1	2	-	1	-	-	-
Sauerstoff-Inhalationsgerät	-	1	1	1	1	1	1	-	-
Kfz-Sanitätskasten	1	-	-	-	-	-	-	1	1
Sanitätskasten, klein	-	1	1	1	1	1	1	-	-
Krankentrage	-	1	1	1	1	1	1	-	-
Aufhänger für Krankentrage	-	4	4	4	4	2	4	-	-
Schutzauflage für Krankentrage	-	-	-	1	2	2	2	-	-
Rettungshülle zur Krankentrage	-	1	1	1	-	1	-	-	-
Krankendecke	-	2	2	2	2	2	2	-	-
Schutzhülle für Krankendecke	-	1	1	1	1	1	1	-	-
Hakenleiter	-	-	-	-	1	-	-	-	-
Ausleger, zulässige Hubmasse 10 kN (ca. 1 Mp)	-	-	-	1 GW	-	-	-	-	-
Steckleiterteile	-	2	2	2	4	4	4	-	-
Feuerwehr-Klappleiter	-	-	-	-	1	1	1	-	-
Schiebleiter, dreiteilig	-	-	-	-	1	1	1	-	-
Sprungtuch oder Sprungpolster 12	-	-	-	-	1	1	1	-	-
Fangleine, 30 m	3	3	6	6	6	7	6	-	-
Tragbeutel für Fangleinen	3	3	6	6	6	7	6	-	-
Dynaphon	-	-	-	-	-	1	-	-	-
Tragkraftspritze 8	1	1	1	1	1	1	-	-	-
TS 8-Werkzeugkasten	1	1	1	1	1	1	-	-	-
Schutzverkleidung für TS 8	-	-	1	1	-	-	-	-	-
Schlauchhaspel, tragbar	1	1	1	1	2	2	2	-	-
Schlauchhaspel, fahrbar	1	-	-	-	1	1	1	-	-
B-Druckschlauch, 20m	14	27	27	34	20	20	20	-	3
B-Druckschlauch, 5 m	1	1	1	1	2	2	2	-	2
C-Druckschlauch, 20 m	7	-	-	6	-	(13)	(9)	-	-
C-Druckschlauch, 15 m	-	9	9	-	11	15	11	-	-
C-Druckschlauch, 10 m	-	-	-	2 TLF	-	2	-	-	-
D-Druckschlauch, 6 m	1	1	1	1	1	1	1	-	-
Druckschlauch S, 30 m	-	-	-				1	-	-
Schlauchpalette mit je 5 B-Druckschläuchen, 20 m	-	-	-	6 SW	-	-	-	-	-
BV-Strahlrohr	1	2	2	2	2	2 (3)	2	-	-

Gerät	KLF-TS 8 (Barkas B 1000)	LF-Lkw-TS 8-STA (Robur Garant 30 K)	LF-Lkw-TS 8-STA (Robur LO 1800 A)	LF 8-TS 8-STA (Robur LO 2002 A)	LF 16-TS 8 (IFA S 4000-1)	LF 16-TS 8 (IFA W 50 L)	LF 16-Chemie (IFA S 4000-1)	LF-CO2 (IFA S 4000-1)	LF 8-LS 1/1 (Robur LO 2002 A)
CV-Strahlrohr	-	2	1	1	1	1	1	-	-
CM-Strahlrohr	3	1	2	1	3	3	3	-	1
D-Strahlrohr	1	1	1	1	1	1	1	-	-
Schwerschaumrohr T 3/13 (LR A 1,5)	-	-	-	1	1	1	2	-	-
Schwerschaumrohr T 8/11	-	-	-	-	-	1 (2)	-	-	1
Mittelschaumrohr T 20/100	-	-	-	1	-	1 (3)	-	-	-
Schaumgießgestänge 1,5	-	-	-	-	1	1	1	-	-
Sprühdüse 200	-	-	-	-	1	1 (3)	-	-	-
Sprühdüse 600	-	1	1	-	1	1 (3)	1	-	2
Kohlendioxidflasche, 30 kg	-	-	-	-	-	-	4	20	-
Hochdruckschlauch, 25 m	-	-	-	-	-	-	-	2	-
Hochdruckschlauch, 40 m	-	-	-	-	-	-	-	2	-
Hochdruckschlauch, 60 m	-	-	-	-	-	-	1	2	-
Expansionsrohr für Kohlendioxid	-	-	-	-	-	-	1	4 (6)	-
Verteiler B-CBC	1	1	1	1	2	2	2	-	-
Verteiler 2 B-CBC	(2)	1	1	(2)	-	(2)	-	-	-
Kugelabsperrorgan B-C, gerade	-	-	-	1 TLF	-	-	-	-	-
Standrohr 2 B	1	1	1	1	1	2	1	-	1
Hydrantendeckel-Auftaugerät	-	-	-	-	1	1	-	-	-
Schlüssel für Unterflurhydrant	1	1	1	1	1	2	1	-	1
Schlüssel für Überflurhydrant	1	1	1	1	1	2	1	-	1
Kupplungsschlüssel	3	4	4	5	5	5	5	-	3
Schlauchbrücke 1 B-2 C	-	2	2	2	-	-	-	-	-
Schlauchbrücke 2 B	-	-	-	-	2	2	2	-	-
A-Saugschlauch, 1,60 m	-	2	6	6	4	4	4	-	-
A-Saugschlauch, 2,50 m	4	2	-	-	1	2	1	-	-
C-Saugschlauch, 1,50 m	-	-	-	2 TLF	-	1	-	-	-
A-Saugkorb	1	1	1	1	1	2	1	-	-
Schutzkorb	1	1	1	1	1	2	1	-	-
Schwimmboje	1	1	1	1	1	2	1	-	-
Sammelstück A-2 B	-	-	-	-	1	1	1	-	1
A-Krümmer	-	-	-	1	1	1	1	-	1
B-Krümmer	-	-	-	-	1	1	1	-	-
Übergangsstück C-D	-	-	-	1	-	1	-	-	1
Übergangsstück B-C	3	2	2	2	5	6	5	-	1
Übergangsstück A-B	1	1	1	1	1	2	1	-	1
regelbarer Zumischer T 1,5	-	-	-	1	1	1	1	-	-
Zumischerschlauch D	-	-	-	1	1	1	1	-	-
Kanister für Schaumbildner, 20 l (35 l)	-	-	-	4 (4)	4	4	-	-	-
Hydranten-Entleerungspumpe	-	-	1	-	1	1	1	-	-

Gerät	KLF-TS 8 (Barkas B 1000)	LF-Lkw-TS 8-STA (Robur Garant 30 K)	LF-Lkw-TS 8-STA (Robur LO 1800 A)	LF 8-TS 8-STA (Robur LO 2002 A)	LF 16-TS 8 (IFA S 4000-1)	LF 16- TS 8 (IFA W 50 L)	LF 16-Chemie (IFA S 4000-1)	LF-CO2 (IFA S 4000-1)	LF 8-LS 1/1 (Robur LO 2002 A)
Wasserstrahlpumpe C-B	-	-	-	-	1	1	1	-	-
Schlauchhalter	3	3	6	6	6	7	6	-	-
Schlauchbinde B-C	4	4	8	4	8	4	8	-	-
Schlauchbinden-Tragtasche	1	1	1	1	1	1	1	-	-
Rollschlauch-Tragriemen	-	1	1	1	1	2	1	-	-
Schlauchhalteriemen T	1	1	1	1	2	2	2	-	-
Schlauchhalteriemen F	1	-	-	-	1	1	1	-	-
B-Kuppelscheibe	1	-	-	-	1	1	1	-	-
C-Kuppelscheibe	1	1	1	1	2	2	2	-	-
Schnallriemen für Kuppelscheibe	2	1	1	1	3	3	3	-	-
D-Festkupplung	-	-	-	-	1	1	1	-	-
Brunnenlotmaß	-	1	1	1	1	1	1	-	-
Kübelspritze 10	1	1	1	1	1	1	1	-	-
Handfeuerlöscher (Wasser)	-	1	1	1	-	-	-	-	-
Handfeuerlöscher (Schaum)	-	-	-	-	1	-	1	-	-
Handfeuerlöscher (Halon)	1	1	1	1	1	2	1	-	-
Handfeuerlöscher (Pulver)	-	-	-	-	-	-	-	-	1
Handfeuerlöscher (Kohlendioxid)	-	-	-	-	-	1	-	-	-
B-Auffülltrichter	-	-	-	-	1	-	1	-	-
Löschwasserbehälter 9	-	-	-	1 TLF	-	-	-	-	-
Segeltucheimer 10	1	1	1	1	1	1	1	-	-
Hinweisschild »Befehlsstelle«	-	2	2	2	2	2	2	-	-
Warnflagge A	-	1	1	1	1	1	1	-	-
Warnflagge B	-	1	1	1	1	1	1	-	-
Fackelkasten	-	-	-	-	1	-	1	-	-
Wachsfackel	-	10	10	-	-	-	-	-	-
Fackelstock	-	2	2	-	-	-	-	-	-
Signaltaschenlampe	4	10	10	10	9	9	9	-	-
Handscheinwerfer	1	2	2	2	2	4	2	-	1
Benzin-Elektro-Aggregat, 0,5 kW	-	-	1	1	1	1	-	-	-
Vorschaltwiderstand	-	-	1	1	1	1	-	-	-
Arbeitsstellenscheinwerfer	-	1	2	2	2	2	1	-	-
Scheinwerfergelenk	-	1	1	2	2	2	1	-	-
Verlängerungsrohr für Scheinwerfer	-	1	1	1	1	-	1	-	-
Kabel, 25m	-	1	2	2	2	2	1	-	-
Stativ L	-	1	2	1	2	2	1	-	-
Glühlampe, 12 V, 100 W (Reserve)	-	1	1	1	1	2	1	-	-
Rücklichtlampe oder Blinkleuchte	1	1	1	1	1	1	-	-	-
Feuerwehraxt	1	1	1	1	2	2	2	-	-
Deckenabstoßeisen	-	-	-	-	1	1	-	-	-

Gerät	KLF-TS 8 (Barkas B 1000)	LF-Lkw-TS 8-STA (Robur Garant 30 K)	LF-Lkw-TS 8-STA (Robur LO 1800 A)	LF 8-TS 8-STA (Robur LO 2002 A)	LF 16-TS 8 (IFA S 4000-1)	LF 16-TS 8 (IFA W 50 L)	LF 16-Chemie (IFA S 4000-1)	LF-CO2 (IFA S 4000-1)	LF 8-LS 1/1 (Robur LO 2002 A)
leichter Einreißhaken, aufschraubbar	-	-	-	1	-	-	-	-	-
schwerer Einreißhaken	-	-	-	-	1	1	1	-	-
Stiel für Arbeitsgeräte	-	1	1	1	1	1	1	-	-
Axt	-	1	1	1	1	1	1	-	-
Zugsäge, 1200 mm	1	1	1	1	1	1	-	1	-
Einmann-Kettensäge	-	-	-	1 GW	-	1	-	-	-
Sauerstoff-Schneidgerät	-	-	-	1 GW	-	-	-	-	-
Kreuzhacke	-	-	1	1	-	-	-	-	1
Kreuzschlaghammer	-	-	-	-	1	1	1	-	-
Spaten	1	2	2	2	2	3	2	-	-
Pionierspaten, lang	-	-	1	2	-	-	-	-	-
Pionierspaten, kurz	1	1	2	-	1	1	1	-	2
Sandschaufel	-	2	2	2	2	3	2	-	-
Dunggabel, 4zinkig	-	1	1	1	1	1	1	-	-
Dunghacke, 3- oder 4zinkig	-	-	-	-	1	1	1	-	-
Kohlengabel	-	-	-	-	1	1	-	-	-
Kohlenschaufel	-	-	-	-	-	1	-	-	-
Mulde	-	2	2	2	2	2	2	-	-
Brechwerkzeug	1	1	-	-	1	1	1	-	-
Brechstange, 1200 mm	-	1	1	1	1	1	1	-	-
Drahtseil, 10 m (4 t)	-	-	-	1 GW	-	-	-	-	-
Hebelzuggerät, 15 kN	-	-	-	1 GW	-	-	-	-	-
Zahnstangenwinde, 50 kN	-	-	-	1 GW	1	1	1	-	-
Zahnstangenwinde, 30 kN	-	1	1	-	-	-	-	-	-
hydraulischer Heber 80 kN	-	-	-	2 GW	-	-	-	-	-
Wagenwinde, 60 kN	-	-	-	1	-	-	-	-	1
Tierhebegerät, 10 kN	-	-	-	1 GW	-	-	-	-	-
Unterleghölzer für Hebezeuge, Satz	-	1	1	1	1	1	1	-	1
Auffahrbohle	-	2	2	2	2	2	2	2	-
Schachthaken	-	2	2	2	2	2	2	-	-
Werkzeugtasche	1	1	-	-	-	-	-	-	-
Werkzeugkasten	-	-	1	1	1	1	1	-	-
Starkstrom-Werkzeugkasten	-	1	1	1	1	1	1	-	-
Essenkehrgerät	-	-	-	-	1	1	1	-	-
Arbeitsleine, 15 m	1	2	2	1	2	2	2	-	-
Abziehleine, 2 m	-	-	-	-	1	2	1	-	-
Schelle mit Abziehleine, 4 m	-	-	-	-	2	2	2	-	-
Bindestrick	-	10	10	5	5	5	5	-	-
Beutel für Bindestricke	-	2	2	1	1	1	1	-	-
Hanfseil, 24 mm Ø, 15 m	-	1	1	1	1	1	1	-	-

Gerät	KLF-TS 8 (Barkas B 1000)	LF-Lkw-TS 8-STA (Robur Garant 30 K)	LF-Lkw-TS 8-STA (Robur LO 1800 A)	LF 8-TS 8-STA (Robur LO 2002 A)	LF 16-TS 8 (IFA S 4000-1)	LF 16- TS 8 (IFA W 50 L)	LF 16-Chemie (IFA S 4000-1)	LF-CO2 (IFA S 4000-1)	LF 8-LS 1/1 (Robur LO 2002 A)
Schäkel A3	-	-	-	1	1	1	1	-	-
Trichter mit Sieb	1	1	1	1	-	-	-	-	-
Besen mit Schraubtülle	-	1	1	1	1	1	1	-	-
Büchse oder Plastbeutel mit je 4 A-, B-, C- und 2 D-Dichtungen	1	1	1	1	1	1	1	-	-
Schutzdecke für Schlauchhaspel-Nachläufer	1	-	-	-	-	-	-	-	-
Schutzdecke für fahrbare Schlauchhaspel	-	-	-	-	1	1	-	-	-
Meldertasche	1	1	1	1	1	1	1	-	-
Feuerwehrbeil	-	-	-	5	-	4	-	-	-
schwerer Gasschutzanzug	-	-	-	-	-	-	2	-	-
Schutzbrille	-	-	-	-	-	2	-	-	-
Asbest-Schutzhaube	-	-	2	2	2	-	2	-	-
Asbest -Fausthandschuhe	-	1	2	2	2	2	2	2	-
Asbest-Schutzanzug oder Wärmestrahlen-Schutzanzug	-	-	-	-	-	2	-	2	-
Feuerwehr-Schutzhandschuhe	9	9	10	10	9	8	9	-	-
Gummistiefel, kurz	-	1	1	1	1	1	1	-	-
Gummistiefel, lang	-	1	1	1	1	2	1	-	-
Gummihandschuhe, 30 cm	-	-	-	-	2	2	2	-	-
Kochgeschirr	-	8	10	-	9	-	-	-	-
Eßbesteck	-	8	10	-	9	-	-	-	-

Hubrettungsfahrzeuge

Drehleiter DL 30

IFA N 7

Drehleitern dienen bei der Feuerwehr vorwiegend der Rettung von Personen, dem äußeren Löschangriff und speziellen Hilfeleistungen in Höhen.
Die Feuerwehr der DDR setzte anfangs vorwiegend Drehleiterfahrzeuge der Baujahre bis 1945 oder Drehleiteraufbauten dieser Zeit auf neuen Fahrgestellen ein. Da diese Drehleitern nicht mehr dem Stand der Technik entsprachen, Ersatzteile fehlten, störanfällig waren und einen hohen Wartungsaufwand besaßen, erging Mitte der 1950er-Jahre der Auftrag an die DDR-Feuerlöschgeräteindustrie zur eigenen Drehleiterfertigung. Nicht zuletzt auch wegen fehlender Devisen solche Sonderfahrzeuge aus dem westlichen Ausland zu importieren. Geeignete Fahrgestelle tschechoslowakischer Fertigung im Rahmen der RGW-Spezialisierung standen ebenfalls nicht zur Verfügung. Die Verantwortung der DDR-Drehleiterproduktion, die serienmäßig erst ab 1963 erfolgte, übernahm fortan der VEB Feuerlöschgerätewerk Luckenwalde.

Der erste Versuch, eine eigene Produktion von Drehleiterfahrzeugen einzuführen, begann schon mit der Entwicklung eines Funktionsmusters im Jahr 1957. Ein eigens dafür im Werdauer VEB IFA-Kraftfahrzeugwerk »Ernst Grube« hergestelltes Niederrahmenfahrgestell N 7, das auf dem bewährten H6-Fahrgestell basierte, wurde dafür nach Luckenwalde geliefert. Dort wurde dieses N7-Chassis mit einem Fahrerhaus und einer Kunststoff-Fahrgestellverkleidung versehen. Die Hydraulik für das Aufrichten, Ausziehen und Drehen der 30-Meter-Leiter war jedoch unzureichend. Eine Serienfertigung war auch wegen zu wenigen Einheitsbauteilen nicht effektiv genug. Somit wurde die Entwicklung eingestellt. Erst 1961 wurde die DL in Borkheide unter Verwendung eines 30-m-Metz-Drehturms mit Vorkriegsleiter einsatzbereit gemacht. Danach kam sie mit kurzem Aufenthalt in Ost-Berlin zum Kommando Feuerwehr nach Karl-Marx-Stadt (heute: Chemnitz), wo bei einer Übung der Leitersatz Schaden nahm. Nach einem Austausch gegen einen älteren 30-m-Metz-Leiterpark in Borkheide ist die DL noch bis Ende der 1960er-Jahre in Karl-Marx-Stadt im Einsatz.

Wegen des verschlissenen Leiterparks und mit der Übernahme neuer Drehleitern auf S 4000-1 und W 50 sollte die DL nun verschrottet werden. Zur gleichen Zeit fiel bei einer Drehleiter der BF des Chemiewerks Böhlen jedoch das Fahrgestell eines 1936er Mercedes-Benz aus. Dessen Metz-Leiterpark mit 36+2 Metern Steighöhe fand nun auf dem N7-Fahrgestell Platz. In Böhlen blieb N7-Drehleiter als DL 36 bis zu ihrer Verschrottung im Jahr 1977.

Drehleiter DL 30	
Indienststellung/Bauzeit	1961
Aufbau-Hersteller	VEB Feuerlöschgerätewerk Luckenwalde/DDR
Fahrgestell	IFA N 7 (Niederrahmenfahrgestell)
Fahrgestell-Hersteller	VEB IFA-Kraftfahrzeugw. »Ernst Grube« Werdau/DDR
Besatzung	1/5
	Drehleiter und Absützung
max. Steighöhe	30 m
Anzahl der Leiterteile	4
Abstützung	mechanisch durch senkrechte Spindeln
	Fahrzeug
Motorbezeichnung	EMbW 6-20
Motor	R6-Zylinder-Viertakt-Dieselmotor, wassergekühlt
Hubraum	9036 cm³
Leistung bei U/min	110 kW (150 PS) bei 2000/min
Getriebe	5/1 Gänge
Radformel	4x2, Hinterradantrieb
Radstand	5000 mm
Länge x Breite x Höhe	9240 x 2500 x 2980 mm
Gesamtgewicht	13.600 kg
Höchstgeschwindigkeit	72 km/h

Foto: Kraftfahrzeugarchiv Christian Suhr

Drehleiter DL 52

Krupp »Tiger« L 8 Tg 5

Eine Besonderheit war der Kauf einer Drehleiter mit einer Steighöhe von 52 Metern, denn mit der Errichtung von Hochhäusern in der Stalinallee Anfang der 1950er-Jahre benötigte man in Ost-Berlin eine den Voraussetzungen gewachsene Drehleiter. Da es in der DDR keine Kapazitäten zur Entwicklung und Produktionen einer solchen Drehleiter gab, erging 1956 der Auftrag zur Fertigung einer DL 52 an die westdeutsche Fa. Metz GmbH in Karlsruhe.

Trotz des westlichen Embargos im Handel gelang es der DDR über ein Drittland dieses Sonderfahrzeug zu ordern. Die DL 52 war seinerzeit die größte Drehleiter Deutschlands. Die in nur 90 Sekunden ausziehbare sechsteilige Leiter fand auf einem Krupp »Tiger« L 8 Tg 5 Platz. Unterhalb des Leitersatzes war ein Fahrstuhl mit Sicherheitsmechanismus für die Beförderung von maximal zwei Personen angebracht. Fallspindel-Abstützungen verhinderten das Kippen des Fahrzeuges. Aufgrund eines Schadens wurde die Drehleiter 1961 auf 45 Meter Steighöhe begrenzt. Nach dem Verkauf an die BEWAG-Ost 1979 wurde das Fahrzeug für Wartungsarbeiten an außerordentlich hoch hängenden Straßenlaternen des Alexanderplatzes in Berlin genutzt. Heute befindet sich die Drehleiter in einer Nutzfahrzeug-Sammlung.

Drehleiter DL 52	
Indienststellung/Bauzeit	1956-1967
Aufbau-Hersteller	Metz GmbH Karlsruhe/BRD
Fahrgestell	Krupp »Tiger« L 8 Tg 5
Fahrgestell-Hersteller	Friedrich Krupp Motoren und Kraftwagenfabriken GmbH, Essen/BRD
Besatzung	1/4
	Drehleiter und Abstützung
max. Steighöhe	52 m
Anzahl der Leiterteile	6
Abstützung	mechanisch, Spindel, seitlich ausstellbar
Korb	Zweimannfahrkorb, unter der Leiter
	Fahrzeug
Motorbezeichnung	D 573
Motor	5-Zylinder-Zweitakt-Dieselmotor
Bohrung x Hub	115 x 140 mm
Hubraum	7260 cm³
Leistung	136 kW (185 PS)
Radformel	4x2
Radstand	5650 mm
Länge x Breite x Höhe	11.050 x 2500 x 3690 mm
Bodenfreiheit	keine Angabe
Gesamtgewicht	16 000 kg
Höchstgeschwindigkeit	60 km/h

Drehleiter DL 52 auf Krupp »Tiger« L 8 Tg 5. (Foto: Stephan Kutsch)

Fehlende Feuerwehrdrehleitern führten in den 1960er-Jahren zur Generalüberholung alter Drehleitern für den Aufbau auf neuen Fahrgestellen. So auch bei dieser DL 22, die von der Freiwilligen Feuerwehr Teterow erhalten wird. (Foto: Wolfgang Donat)

Drehleiter DL 22

IFA S 4000-1 T

Aufgrund der geringfügigen Auslastung von Drehleitern gegenüber den anderen Feuerwehrfahrzeugen war deren Anschaffung auch nicht so gewichtig. Wie bereits erwähnt, ließ sich die Nachfrage vorerst auch durch den Aufbau von bis 1945 hergestellten Leitern auf neuen Fahrgestellen regulieren. Eine dieser so entstandenen Drehleitern war die DL 22 auf dem gekürzten Niederrahmenfahrgestell S 4000-1 T des VEB Kraftfahrzeugwerk »Ernst Grube« Werdau. Beim Leiteraufbau handelte es sich um eine von Magirus stammende generalüberholte Drehleiter des Typs 124 K, die auch als Kran mit einer maximalen Traglast von 3 t im abgestützten Zustand eingesetzt werden konnte.

Ungefähr sieben Drehleitern wurden so auf dem S 4000-1 T von 1962 bis 1964 in der Zentralwerkstatt der Feuerwehr Borkheide fertig gestellt.

(Foto: Andre Junghans)

Drehleiter DL 22	
Indienststellung	1962-1964 (Umrüstung)
Baujahr des Aufbaus	DL aus Teterow: 1942 (ansonsten 1940-1943)
Aufbau-Hersteller	DL aus Teterow: Magirus Ulm/Deutsches Reich
Umrüstbetrieb	Feuerwehr-Zentralwerkstatt Borkheide/DDR
Fahrgestell	IFA S 4000-1 T SW 7 Niederrahmen
Fahrgestell-Hersteller	VEB Kraftfahrzeugwerk »Ernst Grube« Werdau/DDR
Besatzung	1/1
Drehleiter und Abstützung	
Ausrüstung/ Bemerkung	Leiteraufbau der DL aus Teterow: Magirus Typ 124 K,
max. Steighöhe	22 m
Fahrzeug	
Motorbezeichnung	EM 4-22
Motor	R4-Zylinder-Viertakt-Dieselmotor, wassergekühlt
Bohrung x Hub	115 x 145 mm
Hubraum	6024 cm³
Leistung bei U/min	66 kW (90 PS) bei 2000/min
Radformel	4x2, Hinterachsantrieb
Radstand	3900 mm
Länge x Breite x Höhe	7400 x 2300 x 2700 mm
Bodenfreiheit	240 mm
Gesamtgewicht	8000 kg
Höchstgeschwindigkeit	75 km/h

Drehleiter DL 18 und DL 16

Robur LO 2500

Auf der Leipziger Messe 1963 wurde eine neu konstruierte DL 18 mit Elektroautomatik vorgestellt, welche für die Verwendung bei der Feuerwehr getestet wurde. Der Aufbau basierte auf der für Montage-, Instandhaltungs- und Reparaturarbeiten an hoch liegenden, schwer zugänglichen Objekten konzipierten Drehleiter mit einer Steighöhe von 16 Metern. Sie wurde bei der Firma E. Mühle Söhne KG, dem späteren VEB Spezialfahrzeugbau Löbau, entwickelt und gefertigt.

Das Drehgestell der DL 18 wurde auf dem Fahrgestell Robur LO 2500, der zivilen Variante des geländegängigen Lkws LO 1800 A, aufgebaut. Zum Aufrichten und Ausziehen des dreiteiligen Leiterparks befanden sich Getriebemotoren im Drehgestell, die von einem 5 kW leistenden Drehstromgenerator angetrieben wurden. Die Steuerung der Leiter erfolgte über eine Schalttafel, die mittels 6 Meter langem Kabel mit einer Fernbedienung verbunden werden konnte. Die DL 18 bewährte sich jedoch in der Praxis nicht. Daher wurde eine Einführung dieser Drehleiter bei den Wehren nicht in Erwägung gezogen. Dennoch fanden einige wenige Drehleitern DL 16 auf Robur-Fahrgestellen den Weg zur Feuerwehr.

Drehleiter DL 18	
Indienststellung/Bauzeit	1963
Aufbauhersteller	Fa. E. Mühle und Söhne KG Löbau/DDR
Fahrgestell	Robur LO 2500
Fahrgestellhersteller	VEB Robur-Werke Zittau/DDR
Besatzung	1/2
	Drehleiter und Abstützung
max. Steighöhe	18 m
Anzahl der Leiterteile	3
Abstützung	mechanisch, Spindel, senkrecht
	Fahrzeug
Motorbezeichnung	LO 4/1 (Typ 34)
Motor	R4-Zylinder-Viertakt-Ottomotor, luftgekühlt
Bohrung x Hub	95 x 118 mm
Hubraum	3345 cm³
Leistung bei U/min	52 kW (70 PS) bei 2800/min
Radformel	4x2, Hinterachsantrieb
Radstand	3025 mm
Länge x Breite x Höhe	7200 x 2500 x 3000 mm
Bodenfreiheit	250 mm
Gesamtgewicht	5200 kg
Höchstgeschwindigkeit	85 km/h

Das Foto zeigt die DL 16 auf Robur LO 2500, konzipiert für Montage- und Wartungsarbeiten. Basierend auf dieser DL 16 entstand die 1963 auf der Leipziger Messe ausgestellte Drehleiter mit einer Steighöhe von 18 Metern. (Foto: Kraftfahrzeugarchiv Christian Suhr)

Drehleiter DL 25 h

IFA S 4000-1

Mit der DL 25 auf dem Fahrgestell S 4000-1 begann 1963 die Serienfertigung von Drehleitern in der DDR. Inklusive des Prototyps von 1962 wurden insgesamt 62 Exemplare der DL 25 h (h = hydraulisch) auf S 4000-1 bis 1969 gebaut, von denen einige auch in den Export gelangten. Der Einsatz dieser Drehleitern erfolgte in den Berufsfeuerwehren der Großstädte, in den Freiwilligen Feuerwehren der Bezirks- und Kreisstädte sowie bei Wehren in Großbetrieben.

Der Aufbau des im VEB Feuerlöschgerätewerk Luckenwalde produzierten Leiterwagens bestand aus dem Fahrerhaus, in dem zwei Einsatzkräfte Platz fanden, der dahinterliegenden, auf dem Fahrgestell aufgesetzten Plattform mit zwei Gerätekästen und dem offenen, 360° schwenkbaren Leiteraufbau. Der Leiterpark bestand aus vier Stahlleichtprofil-Leiterteilen. Eine Hilfsleiter an der Unterleiter und eine Korrekturleiter an der Oberleiter komplettierten den Aufbau. Die maximale Steighöhe betrug 25 Meter bei einem Aufrichtewinkel von 75°. Freistehend erreichte die Leiter eine Ausladung von 8,7 Metern.
Um dem Kippen im Leiterbetrieb entgegenzuwirken, waren je Seite zwei händisch zu bedienende Stützspindeln angebracht. Außerdem verfügte das Fahrgestell über eine Achsverriegelung. Das Aufrichten, Ausziehen und Drehen erfolgte hydraulisch. Am oberen Leiterteil konnte ein Wendestrahlrohr montiert werden.
Im Hinblick auf die Einführung der DL 30 erhielt der Leiterpark im Laufe der Produktion konstruktive Veränderungen.

Die 1963 eingeführte DL 25 h löste die noch aus Vorkriegsbeständen vorhandenen Drehleitern DL 22 ab. (Foto: Autor)

Drehleiter DL 25 h (Baumuster 1965)	
Indienststellung/Bauzeit	1962/63-1969
Aufbau-Hersteller	VEB Feuerlöschgerätewerk Luckenwalde/DDR
Fahrgestell	IFA S 4000-1 SW 6
Fahrgestell-Hersteller	VEB Kraftfahrzeugwerk »Ernst Grube« Werdau/DDR
Besatzung	1/1
Drehleiter	
Anzahl Leiterteile	4
Länge - Hilfsleiter	1,50 m (am Leiterfuß)
Länge - Korrekturleiter	1,50 m (an der Leiterspitze)
max. Steighöhe	25 m bei 75° Aufrichtewinkel
max. Ausladung	8,7 m bei 60° Neigung (freistehend) bzw. 10,2 m bei 60° Neigung (angelehnt)
Schwenkbereich	360°
Fahrzeug	
Motorbezeichnung	EM 4-22
Motor	R4-Zylinder-Viertakt-Dieselmotor, wassergekühlt
Bohrung x Hub	115 x 145 mm
Hubraum	6024 cm³
Leistung bei U/min	66 kW (90 PS) bei 2200/min
Drehmoment bei U/min	343 Nm bei 1300/min
Getriebe	5-Gang-Wechselgetriebe mit schwerem Nebenabtrieb, 2. bis 5. Gang zwangssynchronisiert, 1 Rückwärtsgang
Bremsen	hydraulische Vierradbremse, Handbremse auf die Hinterräder wirkend
Radformel	4x2, Hinterachsantrieb
Bereifung	8,25-20 eD, vorn einfach, hinten zwilling
Radstand	3550 mm
kleinster Wendekreis	15,25 m
Länge x Breite x Höhe	7700 x 2350 x 3050 mm
Bodenfreiheit	240 mm
Wattiefe	850 mm
Kraftstoffvorrat	100 l (Tank) 20 l (Reservekanister)
Gesamtgewicht	8100 kg
Höchstgeschwindigkeit	75 km/h
Steigvermögen	32 %
Kraftstoffverbrauch	17,5 l/100 km
Fahrbereich	550 km (inkl. Kraftstoffreserve)

Bedienungsstand der Drehleiter. (Foto: Autor)

Die DL 25 h der AG Feuerwehrhistorik Riesa. (Foto: Autor)

Feuerwehrtechnische Bestückung (Baumuster 1965)

Stück	Bezeichnung
1	Feuerwehr-Klappleiter
2	Fangleine (30 m)
2	Tragbeutel für Fangleinen
1	CM-Strahlrohr
4	C-Druckschlauch (15 m bzw. 20 m)
1	Wendestrahlrohr
1	Standrohr 2 B
1	Schlüssel für Unterflurhydrant
1	Schlüssel für Überflurhydrant
1	Übergangsstück B-C
2	Schlauchhalter
1	Kübelspritze 10
1	Handfeuerlöscher (Schaum)
1	Handfeuerlöscher (Halon)
2	Warnflagge B
2	Signaltaschenlampe (handelsüblich)
1	Handscheinwerfer
1	Arbeitsstellenscheinwerfer
1	Rücklichtlampe oder Blinkleuchte
1	Feuerwehraxt
1	Deckenabstoßeisen
1	Stiel für Arbeitsgeräte (aufschraubbar)
1	Spaten, 1 Pionierspaten (kurz)
1	Zahnstangenwinde (50 kN)
1	Satz Unterleghölzer für Hebezeuge
1	Auffahrbohle
1	Meldertasche
1	Bandmaß
2	Bordschwell-Holz
1	Höhenmaß
1	Sicherheitsgurt
2	Paar Feuerwehr-Schutzhandschuhe

Drehleiter DL 30 / DL 30 K

IFA W 50 L/DL

In den Jahren 1968 bis 1990 wurde im VEB Feuerlöschgerätewerk Luckenwalde die DL 30 produziert. Die Entwicklung ergab sich aus den DDR-Vorgaben für Bautechnischen Brandschutz TGL 10 685 Blatt 4, wonach das Anleitern bei Bauwerken mit einer Höhe von 14 bis 28 Metern an mindestens einer Längsseite zu gewährleisten ist. Die Drehleiter erhielt das Frontlenker-Fahrgestell W 50 L mit langem Radstand und löste somit die DL 25 auf S 4000-1 ab. Sechs Einsatzkräfte fanden im Fahrerhaus und der Mannschaftskabine Platz.

Foto: Autor

In der hinter dem Fahrerhaus befindlichen Plattform waren zwei Geräteräume für feuerwehrtechnische Ausrüstung integriert. Auf der Plattform wurde der hydraulisch betriebene Leiteraufbau montiert. Der auf dem Drehturm mit Aufrichtrahmen aufgesetzte Leitersatz bestand aus vier Leitern und besaß zudem eine Hilfs- und eine Korrekturleiter. Die DL 30 konnte auch mit einer Tragfähigkeit bis zu einer Tonne als Kran genutzt werden. Im Laufe der Produktion wurden immer wieder konstruktive Veränderungen bzw. Verbesserungen durchgeführt. So erhielt die Drehleiter – vorerst noch mit Fallspindeln ausgerüstet – ab 1974 hydraulische Stützen. Unter der Bezeichnung DL 30 K bekam die Drehleiter Anfang der 1980er einen an der Leiterspitze einhängbaren Einmann-Arbeits- und Rettungskorb. Ein großer Teil der gebauten Drehleitern ging in den Export.

Foto: Autor

Drehleiter DL 30 (Baumuster 1979)

Indienststellung/Bauzeit	1968-1990
Aufbau-Hersteller	VEB Feuerlöschgerätewerk Luckenwalde/DDR
Fahrgestell	IFA W 50 L/DL
Fahrgestell-Hersteller	VEB IFA-Automobilwerke Ludwigsfelde/DDR
Besatzung	1/5
Drehleiter	
Anzahl Leiterteile	4
Länge - Hilfsleiter	1,50 m (am Leiterfuß)
Länge - Korrekturleiter	1,50 m (an der Leiterspitze)
max. Steighöhe	30 m bei 75° Aufrichtewinkel
max. Ausladung	12,0 m bei 60° Neigung (freistehend) bzw. 15,0 m bei 60° Neigung (angelehnt)
Schwenkbereich	360°
Hubmasse	1000 kg bei 60° Aufrichtwinkel und nicht angezogenem Leitersatz (behelfsmäßig)
Option	Rettungskorb (DL 30 K)
Fahrzeug	
Motorbezeichnung	4 VD 14,5/12-1 SRW, 4 VD 14,5/12-2 SRW (ab 1973)
Motor	R4-Zylinder-Viertakt-Dieselmotor, wassergekühlt
Bohrung x Hub	120 x 145 mm
Hubraum	6560 cm³
Leistung bei U/min	92 kW (125 PS) bei 2300/min
Drehmoment bei U/min	430 Nm bei 1350/min
Getriebe	5-Gang-Wechselgetriebe mit schwerem Nebenabtrieb, 2. bis 5. Gang zwangssynchronisiert, 1 Rückwärtsgang, Hinterachse mit Differential
Bremsen	Vierradbremse, 2-Kreis-Duo-Servo-Bremse mit Druckluftunterstützung, Handbremse wirkt bei vorhandener Druckluft auf die Vorder- und Hinterräder, ohne Druckluft mechanisch nur auf die Hinterräder
Radformel	4x2, Hinterachsantrieb
Bereifung	8,25-20 verstärkt, vorn einfach, hinten zwilling
Radstand	3700 mm
Wendekreis	15,50 m
Länge x Breite x Höhe	8900 x 2500 x 3720 mm
Bodenfreiheit	300 mm
Wattiefe	850 mm
Kraftstoffvorrat	100 l (Tank) 20 l (Reservekanister)
Gesamtgewicht	10.050 kg
Höchstgeschwindigkeit	80 km/h
Steigvermögen	32 %
Kraftstoffverbrauch	ca. 17 l/100 km
Fahrbereich	550 km

Feuerwehrtechnische Bestückung (Baumuster 1979)

Stück	Bezeichnung
1	Krankentrage
1	Sanitätskasten (klein)
1	Feuerwehr-Klappleiter
2	Fangleine (30 m)
2	Tragbeutel für Fangleine
1	Dynaphon
4	C-Druckschlauch (15 m bzw. 20 m)
1	CM-Strahlrohr
1	Wendestrahlrohr
1	Standrohr 2 B
1	Schlüssel für Unterflurhydrant
1	Schlüssel für Überflurhydrant
2	Kupplungsschlüssel
1	Übergangsstück B-C
2	Schlauchhalter
1	Kübelspritze 10
2	Handfeuerlöscher (Halon)
2	Warnflagge B
2	Signaltaschenlampe
2	Handscheinwerfer
1	Arbeitsstellenscheinwerfer
1	Kupplungsstecker
1	Scheinwerfergelenk
2	Kabel (25 m)
1	Stativ L
1	Glühlampe 12 V 100 W (Reserve)
1	Rücklichtlampe oder Blinkleuchte
1	Feuerwehraxt
1	Deckenabstoßeisen
1	Einreißhaken
1	Stiel für Arbeitsgeräte (aufschraubbar)
1	Spaten, 1 Pionierspaten (kurz)
1	Tierhebegerät
2	Schäkel A 3
1	Besen mit Schraubtülle
1	Meldertasche
2	Feuerwehrbeil
1	Höhenmaß
1	Ladeband 5 m (vulkanisiert)
1	Hebeband 2 m (vulkanisiert)
2	Halteleine (30 m)
2	Trommel für Halteleinen
2	Schutztasche für Trommel
1	Handpumpenhebel
1	Kurbel für Drehgetriebe
1	Satz Unterleghölzer
1	Bandmaß
1	Sicherheitsgurt
2	Paar Feuerwehr-Schutzhandschuhe

Foto: Autor

Drehleiter DL 30/01

IFA W 50 L/DL

Eine weitere Entwicklungsstufe der Drehleiter führte zur Einführung der DL 30/01, die bis 1989 in nur 20 Exemplaren in Luckenwalde gebaut wurde. Im Gegensatz zur DL 30 bzw. DL 30 K wurde die neue, bereits 1986 vorgestellte Drehleiter mit einem zweisitzigen Fahrerhaus versehen.

Aufgrund der Platz- und Gewichtsersparnis konnte die DL 30/01 mit einem Geräteraum hinter dem Fahrerhaus bestückt werden. In diesem Laderaum wurden unter anderem das Sprungpolster SPP 40000, die entsprechenden Geräte zum Aufblasen des Polsters und ein Elektroaggregat mitgeführt. In den seitlich integrierten Kästen der Plattform konnte weitere Ausrüstung wie Schaummittelrohre, Trennschleifer, Kettensäge und Beleuchtungsmittel verstaut werden. Am Drehturm war seitlich die Bedienungseinheit mit Sitz und Pult für die Steuerung der Leiter angebracht. Einzugseile ermöglichten nun auch das waagerechte Ein- und Ausziehen der vierteiligen Leiter.
Der Einmann-Korb befand sich in Transportstellung vor dem Fahrerhaus. Er schränkte die Sicht des Fahrers ein, konnte aber bei Bedarf schnell in die Leiter eingehängt werden. Wegen der Unfallverhütungsvorschriften wurde die Verwendung der Körbe 1990 untersagt.

Drehleiter DL 30/01	
Indienststellung/Bauzeit	1986-1990
Aufbau-Hersteller	VEB Feuerlöschgerätewerk Luckenwalde/DDR
Fahrgestell	IFA W 50 L/DL
Fahrgestell-Hersteller	VEB IFA-Automobilwerke Ludwigsfelde/DDR
Besatzung	1/1
Ausrüstung/ Bemerkung	Drehleiter mit max. Steighöhe 30 Meter, 20 Meter B-Druckschläuche, 1 Elektro-Aggregat 4,0 kVA, 1 Leichtschaumgenerator LSG 4/400 T, Sprungpolster SPP 40000
Motorbezeichnung	4 VD 14,5/12-2 SRW
Motor	R4-Zylinder-Viertakt Dieselmotor, wassergekühlt
Bohrung x Hub	120 x 145 mm
Hubraum	6560 cm³
Leistung bei U/min	92 kW (125 PS) bei 2300/min
Radformel	4x2, Hinterachsantrieb
Radstand	3700 mm
Länge x Breite x Höhe	8900 x 2500 x 3200 mm
Bodenfreiheit	300 mm
Gesamtgewicht	10.200 kg
Höchstgeschwindigkeit	75 km/h

Hubsteiger MPT 27

Tatra 148 PP 5 VM

Zu den Hubrettungsfahrzeugen gehörte auch der einzige ab 1977 beim Betriebsfeuerwehr-Kommando »Schwarze Pumpe« eingesetzte Gelenkmast MPT 27 auf einem Fahrgestell Tatra 148 PP 5 VM.
Der aus der Tschechoslowakei stammende Hubsteiger besaß einen elektrohydraulisch bewegbaren Gelenkmast und war mit einer Steigleitung sowie einem Wasser-Schaum-Werfer am Arbeitskorb ausgerüstet. Die Steuerung der Auslegerarme konnte sowohl vom Bedienpult auf der Fahrzeugplattform als auch von der Arbeitsbühne erfolgen.

Den sicheren Stand ermöglichten vier hydraulisch teleskopierbare Abstützungen. Der Hubsteiger konnte zudem bis 15° Quer- und 10° Längsneigung eingesetzt werden.
Zur Kennzeichnung als Sonderfahrzeug der Feuerwehr wurde der MPT 27 mit zwei Rundumleuchten ausgestattet.
Zu erwähnen sei, dass 1987 weiterhin ein finnischer Hubsteiger des Typs Bronto Skylift auf Mercedes-Benz dem PCK Schwedt/ Oder zugeführt wurde.

	Hubsteiger MPT 27
Indienststellung/Bauzeit	1977
Aufbau-Hersteller	Slovacke stroijrny, Uhersky Brod/ČSSR
Fahrgestell	Tatra 148 PP 5 VM
Fahrgestell-Hersteller	Tatra-Werke Koprivnice/ČSSR
Besatzung	1/2
Bemerkung	maximale Arbeitshöhe 27 m, maximale Ausladung 16 m, maximale Tragfähigkeit 300 kg Schwenkbereich 360 °
Motorbezeichnung	T 2-928-16
Motor	V8-Zylinder-Viertakt-Dieselmotor, luftgekühlt
Bohrung x Hub	120 x 140 mm
Hubraum	12 667 cm³
Leistung bei U/min	156 kW (212 PS) bei 2000/min
Getriebe	10 + 2 Untersetzungsstufen
Bremsen	Zweikreis-Bremse
Radformel	6x6, Allradantrieb
Radstand	4260 + 1320 mm
Wendekreis	21,0 m
Länge x Breite x Höhe	11 960 x 2500 x 3450 mm
Bodenfreiheit	290 mm
Gesamtgewicht	20.965 kg
Höchstgeschwindigkeit	70 km/h

Ein Hubsteiger MPT 27 auf Tatra 148 PP 5 VM.
(Foto: Sammlung Andre Junghans)

Schlauchkraftfahrzeuge

Schlauchkraftwagen SKW 12

IFA-Horch H3A

Schlauchkraftwagen dienen dem Transport größerer Mengen an Schläuchen zur Wasserversorgung über weite Wegstrecken. Während Anfang der 1950er-Jahre noch Fahrgestelle der Zeit vor 1945 mit entsprechenden Aufbauten versehen wurden, begann die Serienproduktion genormter Schlauchkraftwagen erst 1953 unter Verwendung des Fahrgestells H3A im VEB Feuerlöschgerätewerk Luckenwalde.

Vorerst noch als S 3 (= Schlauchwagen der 3-Tonnen-Klasse) bezeichnet, erhielt der Schlauchkraftwagen 12 seine neue Bezeichnung im Bezug auf die im geschlossenen Geräteaufbau mitgeführten B-Druckschläuche, deren Gesamtlänge 1200 Meter betrug und die teilweise während langsamer Fahrt verlegt werden konnten. Zur weiteren Ausrüstung gehörten 19 C-Druckschläuche á 15 Meter, sechs auf dem Aufbaudach befindliche A-Saugschläuche zu je 1,60 Meter und 200 Liter Schaummittel. Bis 1957 wurde der zweisitzige SKW 12 vorrangig für Feuerwehren größerer Städte oder Betriebsfeuerwehren gefertigt.

In der Zeit zwischen 1963 und 1993 stand dieser Schlauchkraftwagen 12 des Baujahres 1955 im Dienst der FF Luckenwalde. Seither gehört er zum Bestand des Feuerwehrmuseums Welzow. (Foto: Autor)

Schlauchkraftwagen SKW 12	
Indienststellung/Bauzeit	1953-1957
Aufbau-Hersteller	VEB Feuerlöschgerätewerk Luckenwalde/DDR
Fahrgestell	IFA-Horch H3A
Fahrgestell-Hersteller	VEB Horch Kraftfahrzeug- und Motorenwerke Zwickau/DDR
Besatzung	1/1
Löschmittelvorrat	
Schaummittel	8 x 25 Liter
Fahrzeug	
Motorbezeichnung	EM 4-20
Motor	R4-Zylinder-Viertakt-Dieselmotor, wassergekühlt
Bohrung x Hub	115 x 145 mm
Hubraum	6024 cm³
Leistung bei U/min	59 kW (80 PS) bei 2000/min
Drehmoment bei U/min	310 Nm bei 1500/min
Getriebe	5+1-Gang-Wechselgetriebe
Bremsen	hydraulische Vierradbremse, mechanische Handbremse auf die Hinterräder wirkend
Radformel	4x2, Hinterachsantrieb
Bereifung	8,25-20 eHD, vorn einfach, hinten zwilling
Radstand	3250 mm
Wendekreis	15,0 m
Länge x Breite x Höhe	7070 x 2200 x 2700 mm
Bodenfreiheit	220 mm
Kraftstoffvorrat	100 l (Tank) + 20 l (Reservekanister)
Gesamtgewicht	7270 kg
Höchstgeschwindigkeit	60 km/h
Kraftstoffverbrauch	17,5 l/100 km

Der Schlauchwagen der FF Calau. Das Verlegen der Schläuche während der langsamen Fahrt ersparte wertvolle Zeit und Arbeitskraft. Das Ausfahren des Schlauches kann von zwei Personen überwacht werden. Dafür sind heckseitig ein durchgehender Auftritt und eine Haltstange angebracht worden. Die Kommunikation zum Fahrerhaus erfolgte über eine Signalanlage. (Foto: Autor)

Der SKW 12 war mit 285 Metern C- und 1200 Metern B-Druckschläuchen ausgerüstet. Er diente als mobiles Schlauchlager und versorgte Löschfahrzeuge und/oder Pumpenaggregate an Brand- und Katastrophenstellen mit Schlauchmaterial. Der SKW konnte bedingt auch selbständig genutzt werden. Vorwiegend wurde er aber in Zusammenwirken mit Lösch- und anderen Sonderfahrzeugen eingesetzt. (Foto: Autor)

Feuerwehrtechnische Bestückung (Baumuster 1953)

Stück	Bezeichnung	Stück	Bezeichnung	Stück	Bezeichnung
1	Sanitätskasten, klein	1	Luftschaumrohr A 4,5	1	Schlauchbindentasche
1	Zahnstangenwinde, 5 Mp	1	Standrohr 2 B	1	Schlauchhaspel F
1	Unterleghölzer für Hebezeuge (Satz)	1	Kübelspritze, kompl.	1	Kuppelscheibe B
1	Dreibock	1	Handfeuerlöscher SL 10 Hi	1	Schnallriemen für Kuppelscheibe
1	Ortscheid	1	Handfeuerlöscher CB 2 L	1	Brechstange 1200
2	Aufrichtegurt	1	Wasserstrahlpumpe C-B	1	Feuerwehraxt
1	Gurtnadel	2	Kanister für Schaum-oder Netzmittel	2	Spaten A 1080
1	Flaschenzug, 1 Mp	8	Auffahrbohle A	2	Sandschaufel
1	Schlüssel für Unterflurhydrant	1	Fackelkasten, kompl.	2	Schäkel A 3
1	Schlüssel für Überflurhydrant	1	Arbeitsstellenscheinwerfer	2	Fangleine F 30
1	Brunnenlotmaß, kompl.	1	Kabel, 25 m, für Scheinwerfer	2	Schlauchhalter S
6	Übergangsstück B-C	2	Handscheinwerfer	4	Arbeitsleine A 15 K
2	Übergangsstück A-B	1	Rücklichtlampe Typ RL 870	1	Hanfseil, 24 x 15
2	Verteiler B	1	Stativ L	2	Tragebeutel für Fangleine
2	Saugkorb A	1	Klappleiter	2	Feuerwehr-Schutzhandschuhe
2	Weidenschutzkorb A	6	Saugschlauch A 1,6	2	Gummistiefel, kurz (Größe 43)
2	Schwimmboje K	1	Zumischerschlauch A	1	Gummistiefel, lang (Größe 43)
3	Vollstrahlrohr BV	60	Druckschlauch B 20	1	Kochgeschirr
2	Vollstrahlrohr CV	19	Druckschlauch C 15	1	Eßbesteck
1	Mehrzweckstrahlrohr CM	6	Schlauchbrücke 2 B	1	Kraftstoffkanister, 20 l (DK)
1	Sprühdüse 200	10	Kupplungsschlüssel	1	Büchse mit Dichtringen für A-, B-, C-und D-Kupplungen
1	Sprühdüse 600	1	Schlauchhalteriemen F		
1	Zumischer A 4,5	20	Schlauchbinde B/C		

Schlauchkraftwagen SKW 14-TS 8

IFA S 4000-1

Foto: Autor

Mit dem Auslaufen der Produktion des H3A und der angelaufenen Serienfertigung des S 4000 bzw. des Folgemodells S 4000-1 konnte der SKW 12 durch den 1958 eingeführten Schlauchkraftwagen SKW 14-TS 8 – anfangs wegen des Baubeginns noch als SKW 58 bezeichnet – abgelöst werden. Ein größerer Radstand von 3550 Millimetern und eine höhere Nutzlast ermöglichten die Verbesserung des Aufbaus und eine höhere Bestückung. Hinter dem Standard-Fahrerhaus, welches zwei Einsatzkräften Platz bot und mit einer Funkanlage ausgestattet war, befand sich der Aufbau mit der feuerwehrtechnischen Ausstattung.

Beim Schlauchkraftwagen 14 konnte nun eine Tragkraftspritze 8/8 zur Wasserförderung mitgeführt werden. Sie fand Platz in einem Raum auf der linken Fahrzeugseite und konnte über ein ausklappbares Ladegestell eingeschoben und entnommen werden. Es bestand die Möglichkeit, statt der TS 8/8 auch ein Leichtschaugerät 4/400 oder eine Lenzpumpe 20 unterzubringen. Für die Beförderung von Geräten und Druckschläuchen anstelle der Tragkraftspritze konnte

Schlauchkraftwagen SKW 14-TS 8 (1960)

Indienststellung/Bauzeit	1958-1960, 1964-1967
Aufbau-Hersteller	VEB Feuerlöschgerätewerk Luckenwalde/DDR
Fahrgestell	IFA S 4000-1 SW 8
Fahrgestell-Hersteller	1958-1960: VEB Automobilwerk Zwickau/DDR; 1960-1967: VEB Kraftfahrzeugwerk »Ernst Grube« Werdau/ DDR
Besatzung	1/1
	Pumpen und Löschmittelvorrat
Tragkraftspritze	TS 8
Schaummittel	4 x 20 Liter
	Fahrzeug
Motorbezeichnung	EM 4-22
Motor	R4-Zylinder-Viertakt-Dieselmotor, wassergekühlt
Bohrung x Hub	115 x 145 mm
Hubraum	6024 cm³
Leistung bei U/min	66 kW (90 PS) bei 2200/min
Drehmoment bei U/min	343 Nm bei 1300/min
Getriebe	5+1-Gang-Wechselgetriebe, 2. bis 5. Gang zwangssynchronisiert
Bremsen	hydraulische Vierradbremse, mechanische Handbremse auf die Hinterräder wirkend
Radformel	4x2, Hinterachsantrieb
Bereifung	8,25 eHD, vorn einfach, hinten zwilling
Radstand	3550 mm
Wendekreis	15,25 m
Länge x Breite x Höhe	7400 x 2260 x 2700 mm
Bodenfreiheit	240 mm
Wattiefe	850 mm
Kraftstoffvorrat	100 l (Tank) + 20 l (Reservekanister)
Gesamtgewicht	8100 kg
Höchstgeschwindigkeit	75 km/h
Steigvermögen	32 %
Kraftstoffverbrauch	17,5 l/100 km
Fahrbereich	550 km

das Ladegestell auch ausgebaut werden. Zur weiteren Beladung gehörten unter anderem 1460 Meter B-Schlauch, die bei fehlender TS sogar auf etwa 1700 Meter aufgestockt werden konnten. Der Schlauch konnte ebenfalls bei langsamer Fahrt ausgelegt werden.

Der SKW 14-TS 8 war mit 135 Metern C- und 1460 Metern B-Druckschläuchen bestückt. (Foto: Autor)

Feuerwehrtechnische Bestückung (Baumuster 1960)

Stück	Bezeichnung
1	Sanitätskasten, klein
1	Feuerwehr-Klappleiter
2	Fangleine, 30 m
2	Tragbeutel für Fangleinen
1	Tragkraftspritze 8
1	Schlauchhaspel, fahrbar
73	B-Druckschlauch, 20 m
9	C-Druckschlauch, 15 m oder
8	C-Druckschlauch, 20 m
1	D-Druckschlauch, 5 m
2	BV-Strahlrohr
2	CV-Strahlrohr
2	CM-Strahlrohr
1	D-Strahlrohr
1	Luftschaumrohr A 4,5 oder
1	Schwerschaumrohr T 8/ 11
1	Sprühdüse 200
1	Sprühdüse 600
2	Verteiler B-CBC
1	Standrohr 2 B
1	Schlüssel für Unterflurhydrant
1	Schlüssel für Überflurhydrant
8	Kupplungsschlüssel
6	Schlauchbrücke 2 B
4	A-Saugschlauch, 2,50 m
1	A-Saugkorb

Stück	Bezeichnung
1	Schutzkorb
1	Schwimmboje
6	Übergangsstück B-C
2	Übergangsstück A-B
1	regelbarer Zumischer T 4,5
1	Zumischerschlauch
8	Kanister für Schaumbildner, 20 l oder
3	Behälter, 60 kg
1	Wasserstrahlpumpe C-B
2	Schlauchhalter
16	Schlauchbinde B-C
2	Schlauchbinden-Tragtasche
1	Schlauchhalteriemen F
1	B-Kuppelscheibe
1	Schnallriemen für Kuppelscheibe
1	Brunnenlotmaß
1	Kübelspritze 10
1	Handfeuerlöscher (Schaum)
1	Handfeuerlöscher (Halon)
2	Signaltaschenlampen
2	Handscheinwerfer
1	Arbeitsstellenscheinwerfer
1	Kabel, 25 m
1	Stativ L
1	Rücklichtlampe oder Blinkleuchte
1	Axt

Stück	Bezeichnung
1	Zugsäge, 12200 mm
2	Spaten
1	Pionierspaten, kurz
1	Brechstange, 1200 mm
1	Zahnstangenwinde, 50 kN
1	Flaschenzug, 10 kN
1	Tierhebegerät
1	Satz Unterleghölzer für Hebezeuge
2	Auffahrbohle
2	Arbeitsleine, 15 m
10	Bindestrick
2	Beutel für Bindestricke
1	Hanfseil, 24 mm 0, 15 m
1	Schäkel A 3
2	Feldtelefon
3	Kabeltrommel für Feldtelefon
1	Rückentrage, klappbar
2	Drahtverlegestange
1	Büchse oder Plastbeutel mit je 4 A-, B-, C- und D-Dichtungen
2	Paar Feuerwehr-Schutzhandschuhe
2	Paar Gummistiefel, kurz
1	Paar Gummistiefel, lang
2	Kochgeschirr
2	Eßbesteck

Bei der Werkfeuerwehr des Chemiekombinates Böhlen (heute VSU Werk Böhlen) war dieser Schlauchwagen noch bis 2000 im Einsatz. Danach wurde es an die Feuerwehrhistorik Riesa übergeben, in deren Museum dieses Fahrzeug nun einen Platz gefunden hat. (Foto: Autor)

Schlauchwagen SW 30/C

IFA W 50 L/KC

Mit der 1978 begonnenen Entwicklung des SW 30/C hielt das System des Wechselaufbaus auch bei den Feuerwehren Einzug. In den Jahren 1979 bis 1986 wurden rund 65 Schlauchwagen dieses Typs auf Basis des IFA W 50 L gefertigt. Die Aufbauten stammten aus dem VEB Rationalisierung der ÖVW Dessau.

Als Nachfolger des SKW 12 und SKW 14 zeichnete sich der SW 30/C durch einen Rollcontainer aus, der über Teleskopschienen mittels Seilzug vom Fahrzeug abgelassen und hinaufgezogen werden konnte. Vorteile lagen in der besseren Erreichbarkeit und daraus resultierenden einfacheren Beladung im abgesetzten Zustand sowie der einfache Wechsel des Containers. Zur Beladung gehörten 150 B-Druckschläuche zu je 20 Metern Länge, die zum großen Teil in Buchten eingelagert waren. 14 weitere B-Druckschläuche wurden als Reserve aufgerollt mitgeführt. Auch hier konnte der Schlauch während der Fahrt bei Schrittgeschwindigkeit verlegt werden. Der SW 30/C spiegelt die letzte Entwicklungsstufe bei den genormten Schlauchwagen der DDR wider.

Schlauchwagen SW 30/C	
Indienststellung/Bauzeit	1979-1986
Aufbau-Hersteller	VEB Rationalisierung der ÖVW Dessau/DDR
Fahrgestell	IFA W 50 L/KC
Fahrgestell-Hersteller	VEB IFA-Automobilwerke Ludwigsfelde/DDR
Besatzung	1/1
Ausrüstung	100 Meter C-Druckschläuche, 3300 Meter B-Druckschläuche
Motorbezeichnung	4 VD 14,5/12-2 SRW
Motor	R4-Zylinder-Viertakt-Dieselmotor, wassergekühlt
Bohrung x Hub	120 x 145 mm
Hubraum	6560 cm³
Leistung bei U/min	92 kW (125 PS) bei 2300/min
Radformel	4x2, Hinterachsantrieb
Radstand	3200 mm
Länge x Breite x Höhe	5750 x 2500 x 3000 mm
Bodenfreiheit	300 mm
Gesamtgewicht	10.570 kg
Höchstgeschwindigkeit	90 km/h

Blick in den Abrollcontainer. (Fotos: Autor)

Schlauchwagen der Stadt Markkleeberg mit abgesetzem Container.

SW 30/C der Freiwilligen Feuerwehr Mittenwalde OF Brusendorf. Das Wechsel-Laderfahrzeug war von 1983 bis 2003 bei der FF Königs Wusterhausen und danach bei der Ortswehr Niederlehme stationiert. Daraufhin kam es nach Brusendorf und wird seit 2016 vom Verein der IFA-Freunde Trebus gepflegt. (Fotos: Autor)

Rettungsgerätewagen RTGW

IFA-Horch H3A

Für den Einsatz bei großen Berufs- und Betriebsfeuerwehren stand ab 1953 dieser Rettungsgerätewagen zur Verfügung. Aufgebaut auf dem H3A diente er dem Transport bzw. der Bereitstellung einer Fülle an feuerwehrtechnischer Ausrüstung und Spezialgeräten.
Der Nutzen des Fahrzeuges erstreckt sich ferner von Bergung und Rettung von Personen und Tieren über Versehrtentransport bis hin zum Gasschutz.

Der geschlossene Aufbau bestand aus Fahrerhaus und dem Mannschafts- und Geräteraum. Der Großteil der Ausrüstung befand sich im Innern des Aufbaus. Die weitere Ausstattung war in von außen zugänglichen Geräteräumen untergebracht. Je nach Witterungsbedingung wurde der RTGW auf dem über die heckseitige Leiter erreichbaren Aufbaudach mit Schlauchboot oder Eisschlitten bestückt.

Rettungsgerätewagen RTGW	
Indienststellung/Bauzeit	1953-1958
Aufbau-Hersteller	VEB Feuerlöschgerätewerk Luckenwalde/DDR
Fahrgestell	IFA-Horch H3A
Fahrgestell-Hersteller	VEB Horch Kraftfahrzeug- und Motorenwerke Zwickau/ DDR
Besatzung	1/5
Ausrüstung	5 SSG, 1 Schlauchboot, 2 Sauerstoffschneidegeräte
Motorbezeichnung	EM 4-20
Motor	R4-Zylinder-Viertakt-Dieselmotor, wassergekühlt
Bohrung x Hub	115 x 145 mm
Hubraum	6024 cm³
Leistung bei U/min	59 kW (80 PS) bei 2000/min
Radformel	4x2, Hinterachsantrieb
Radstand	3250 mm
Länge x Breite x Höhe	6500 x 2300 x 2870 mm
Bodenfreiheit	220 mm
Gesamtgewicht	7270 kg
Höchstgeschwindigkeit	60 km/h

RTGW mit Eisschlitten und Schlauchboot. (Foto: Autor)

Foto: Feuerwehr Potsdam

Rettungsgerätewagen auf Basis von IFA-Horch H3A und IFA S 4000-1 waren damals schon recht selten und heute umso rarer. Für diesen 1966 aufgebauten RTGW verwendete man ein 1959er H3A-Fahrgestell. Das Fahrzeug einer ehemaligen Betriebsfeuerwehr wird nun von der AG Feuerwehrhistorik Riesa gepflegt. Das Foto entstand beim Fahrzeugtreffen »Damals die Renner« in Schmannewitz 2016. (Foto: Autor)

Feuerwehrtechnische Bestückung (Baumuster 1954)

Stück	Bezeichnung	Stück	Bezeichnung	Stück	Bezeichnung
5	Sauerstoff-Schutzgerät Medi 495, 1 Stunde	1	Suchleine	1	Zweiteilige Stange
9	Sauerstoffflasche, 1 l (Reserve)	1	Traggestell für Suchleine	1	Deckenabstoßeisen
20	Alkalipatrone (Reserve)	1	Schlauchboot, 0,5 Mp, kompl.	1	Werkzeugkasten
5	Werkzeugtasche für SSG	1	Eisschlitten, kompl.	1	Brechstange 1200
2	Atemschlauch für SSG (Reserve)	1	Sprachrohr	1	Starkstrom-Werkzeugkasten
1	Sauerstoff-Handumfüllpumpe	2	Eisspitze	2	Feuerwehraxt
1	Sauerstoffflasche, 40 l	2	Schwimmweste	1	Spaten A 1080
1	Sanitätskasten, groß	1	Rettungsring	1	Zugsäge 1200
3	Krankentrage B	1	Leinenschießgerät, kompl.	6	Fangleine F 30
2	Schutzauflage für Krankentrage	1	Brunnenlotmaß, kompl.	6	Schlauchhalter S
8	Aufhänger für Krankentrage	1	Kübelspritze, kompl.	5	Bindestrick
4	Krankendecke (handelsüblich)	1	Handfeuerlöscher SL 10 Hi	1	Hanfseil, 24 x 15
1	Sauerstoff-Inhalationsgerät Medi SIK 8204	1	Handfeuerlöscher CB 2 L	1	Beutel für Bindestricke
1	Wiederbelebungsgerät Medi 496 (Pulmotor)	2	Auffahrbohle A	6	Tragbeutel für Fangleine
1	Zahnstangenwinde, 5 Mp	1	Scheinwerfergelenk	2	Asbest-Schutzhaube
1	Unterleghölzer für Hebezeuge (Satz)	1	Arbeitsstellenscheinwerfer	2	Asbest-Fausthandschuhe
1	Sauerstoff-Schneidgerät, tragbar, kompl.	1	Kabel, 25 m, für Scheinwerfer	2	Asbest-Schutzhose
1	Sauerstoff-Schneidgeräte, kompl.	6	Signaltaschenlampe (handelsüblich)	2	Asbest-Schutzjacke
1	Sauerstoffflasche, 40 l	6	Handscheinwerfer	6	Feuerwehr-Schutzhandschuhe
1	Azetylen-Flasche, 40 l	1	Rücklichtlampe Typ RL 870	2	Gummistiefel, kurz (Größe 43)
1	Schweißbrenner im Sonderkasten, kompl.	1	Stativ L	2	Gummistiefel, lang (Größe 43)
1	Rettungsschneidbrenner, 1500 mm	2	Steckleiter, Teil B	2	Kochgeschirr
3	Halter für stehende Gasflaschen	1	Klappleiter	2	Eßbesteck
1	Bergungsstange	1	Strickleiter, 10 m	1	Kraftstoffkanister, 20 l (DK)
1	Bergungshaken	1	Schraubtülle mit Besen	1	Büchse mit 2 kg Gasdichtmasse
1	Suchharke	1	Stiel für Arbeitsgeräte	1	Werkbank mit Schraubstock

Dieser in Potsdam als Tauchergerätewagen mit Rettungs- und Sicherungsboot auf dem RSBA eingesetzte RTGW stammte ehemals aus Brandenburg. (Foto: Feuerwehr Potsdam)

Rettungsgerätewagen RTGW

IFA S 4000-1

Wie schon der Rettungsgerätewagen auf H3A gehörte auch dieser RTGW auf S 4000-1 zu den Sonderfahrzeugen der Feuerwehr und wurde ab 1959 im VEB Feuerlöschgerätewerk Luckenwalde gefertigt. Durch den längeren Radstand als beim H3A konnte mehr Ausrüstung untergebracht werden. Die Rettungsgerätewagen wurden vorwiegend großen Feuerwehren zugeführt.

Der geschlossene Aufbau bestand aus Fahrerhaus und Mannschaftskabine für eine sechsköpfige Besatzung sowie dem Geräteteil mit einer Fülle an feuerwehrtechnischer Ausrüstung und Spezialgeräten. Auf dem über zwei heckseitige Leitern erreichbaren Aufbaudach wurden je nach Jahreszeit ein 0,5-t-Schlauchboot für die Wasser- oder ein Schlitten für die Eisrettung mitgeführt. Wiederbelebungs-, Sauerstoffschutz- und Tauchgeräte gehörten ebenso zur Bestückung wie verschiedene Leitern und Werkzeuge aller Art. Je nach Einsatz konnte der RTGW gemeinsam mit anderen Feuerwehrfahrzeugen oder auch allein eingesetzt werden.

Rettungsgerätewagen RTGW	
Indienststellung/Bauzeit	1959/60, 1962-1965
Aufbau-Hersteller	VEB Feuerlöschgerätewerk Luckenwalde
Fahrgestell	IFA S 4000-1 SW 2 b
Fahrgestell-Hersteller	1959-1960: VEB Automobilwerk Zwickau/DDR; 1960-1965: VEB Kraftfahrzeugwerk »Ernst Grube« Werdau/DDR
Besatzung	1/5
Motorbezeichnung	EM 4-22
Motor	R4-Zylinder-Viertakt-Dieselmotor, wassergekühlt
Bohrung x Hub	115 x 145 mm
Hubraum	6024 cm³
Leistung bei U/min	66 kW (90 PS) bei 2200/min
Drehmoment bei U/min	340 Nm bei 1250/min
Getriebe	5+1-Gang-Wechselgetriebe, 2. bis 5. Gang zwangssynchronisiert
Bremsen	hydarulische Vierradbremse, mechanisch Handbremse auf Hinterräder wirkend
Radformel	4x2, Hinterachsantrieb
Bereifung	8,25-20 eHD, vorn einfach, hinten zwilling
Radstand	3550 mm
Länge x Breite x Höhe	6800 x 2370 x 2930-3200 mm (Höhe je nach Ausrüstung)
Bodenfreiheit	240 mm
Kraftstoffvorrat	100 l (Tank) + 20 l (Reservekanister)
Gesamtgewicht	8100 kg
Höchstgeschwindigkeit	75 km/h
Steigvermögen	32 %
Kraftstoffverbrauch	17,5 l/100 km

Feuerwehrtechnische Bestückung (Baumuster 1959)

Stück	Bezeichnung
5	Sauerstoff-Schutzgerät Medi 495, 1 Stunde
10	Sauerstoffflasche, 1 l (Reserve)
10	Alkalipatrone (Reserve)
5	Werkzeugtasche für SSG
2	Atemschlauch für SSG (Reserve)
1	Sauerstoff-Handumfüllpumpe
1	Sauerstoffflasche, 40 l
2	Druckluft-Tauchgerät Medi TB 02, Hydromat
4	Druckluftflasche, 4 l (Reserve)
4	Schwimmflosse
2	Vollsichtbrille
1	Sanitätskasten, groß
2	Krankentrage B
2	Schutzauflage für Krankentrage
4	Aufhänger für Krankentrage
4	Krankendecke (handelsüblich)
1	Sauerstoff-Inhalationsgerät Medi SIK 8204
1	Wiederbelebungsgerät Medi 435 (Inhabad)
1	Wiederbelebungsgerät Medi 496 (Pulmotor)
2	Zahnstangenwinde, 5 Mp
2	Unterleghölzer für Hebezeuge (Satz)
1	Sauerstoff-Schneidgerät, tragbar, kompl.
1	Sauerstoff-Schneidgerät, kompl.
1	Sauerstoffflasche, 40 l
1	Azetylenflasche, 40 l
1	Schweißbrenner im Sonderkasten, kompl.
1	Rettungsschneidbrenner, 1 500 mm
3	Halter für stehende Gasflaschen
1	Bergungsstange
1	Bergungshaken
1	Suchharke
1	Suchleine
1	Traggestell für Suchleine
1	Schlauchboot, 0,5 Mp, kompl.
1	Eisschlitten, kompl.
1	Sprachrohr
2	Eisspitze
2	Schwimmweste
1	Rettungsring
1	Leinenschießgerät, kompl.
1	Brunnenlotmaß, kompl.
1	Kübelspritze, kompl.
1	Handfeuerlöscher SL 10 Hi
1	Handfeuerlöscher CB 2 L
2	Auffahrbohle A
2	Warnflagge B
2	Scheinwerfergelenk
2	Arbeitsstellenscheinwerfer
2	Kabel, 25 m, für Scheinwerfer
5	Signaltaschenlampe (handelsüblich)
6	Handscheinwerfer
1	Benzin-Elektro-Aggregat BeGT 0,63-2, 0,5 kW
1	Rücklichtlampe Typ RL 870
2	Stativ L
2	Steckleiter, Teil B
1	Klappleiter
1	Strickleiter, 10 m
1	Schraubtülle mit Besen
1	Stiel für Arbeitsgeräte
1	Zweiteilige Stange
1	Deckenabstoßeisen
1	Werkzeugkasten
1	Brechstange 1200
1	Starkstrom-Werkzeugkasten
2	Feuerwehraxt
1	Spaten A 1080
1	Zugsäge 1200
6	Fangleine F 30
6	Schlauchhalter S
5	Bindestrick
1	Hanfseil, 24 x 15
1	Beutel für Bindestricke
6	Tragbeutel für Fangleine
1	Meldertasche, kompl.
2	Asbest-Schutzhaube
2	Asbest-Fausthandschuhe
2	Asbest-Schutzhose
2	Asbest-Schutzjacke
6	Feuerwehr-Schutzhandschuhe
2	Gummistiefel, kurz (Größe 43)
2	Gummistiefel, lang (Größe 43)
2	Gummihandschuhe, 30 cm (handelsüblich)
2	Wathosen mit Stiefel (Größe 43)
2	Ammoniakanzug, kompl.
5	Kochgeschirr
5	Eßbesteck
1	Kraftstoffkanister, 20 l (DK)
1	Büchse mit 2 kg Gasdichtmasse
1	Werkbank mit Schraubstock

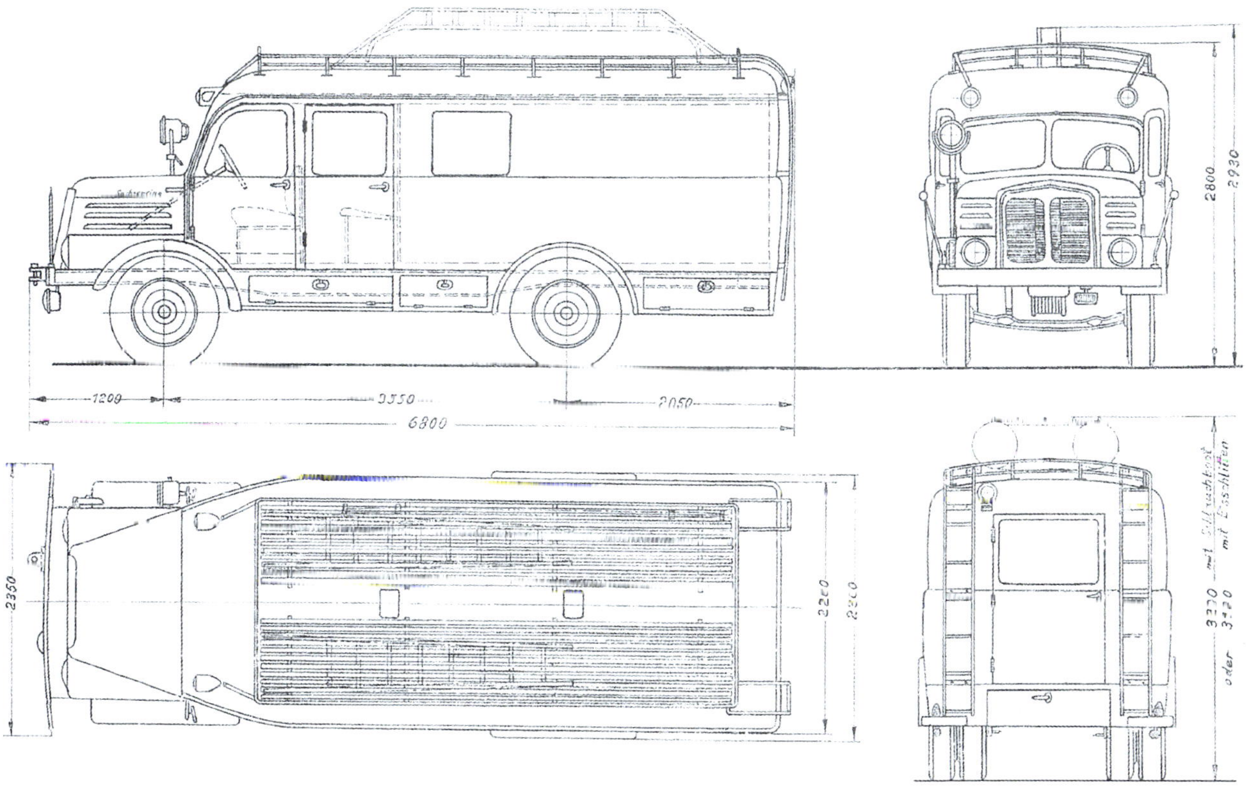

Foto: Autor

Rettungsgerätewagen RTGW	
Indienststellung/Bauzeit	1962
Aufbau-Hersteller	Fa. Deckwerth Wurzen/DDR
Fahrgestell	IFA G 5
Fahrgestell-Hersteller	VEB Kraftfahrzeugwerk »Ernst Grube« Werdau/DDR
Besatzung	1/2 (1/6)
Ausrüstung	2 Schlauchboote, 1 Elektroaggregat 3,0 kVA, 2 Motorkettensägen, Anschlagmittel, Beleuchtungssatz, Werkzeuge, 2 Steckleiterteile
Motorbezeichnung Motor Bohrung x Hub Hubraum Leistung bei U/min	EM 6-20 R6-Zylinder-Viertakt-Dieselmotor, wassergekühlt 115 x 145 mm 9036 cm³ 88,3 kW (120 PS) bei 2000/min
Radformel	6x6, Allradantrieb (Frontantrieb abschaltbar)
Radstand Länge x Breite x Höhe Bodenfreiheit	3800 + 1250 mm 7700 x 2450 x 3200 mm 255 mm
Gesamtgewicht	13.000 kg
Höchstgeschwindigkeit	60 km/h

Rettungsgerätewagen RTGW

IFA G 5

Bei der Firma Deckwerth in Wurzen wurde 1962 dieser Rettungsgerätewagen auf dem Fahrgestell eines IFA G 5 gebaut. Das mit einem geschlossenen Spezialkofferaufbau versehene Unikat wurde bei der FF Torgau in den Dienst gestellt. Konzipiert für Tauchereinsätze sowie Bergungs- und Rettungsarbeiten an der Elbe wurde der Koffer dieses RTGW mit den dementsprechenden Geräten und Aggregaten bestückt. Dazu gehörten unter anderem zwei Schlauchboote, ein Stromgenerator mit einer Leistung von 3,0 kW, schwere Bergegeräte, Beleuchtungsmittel und diverse andere Werkzeuge.

Während das handelsübliche Fahrerhaus drei Einsatzkräften Platz bot, konnten im Koffer vier weitere Personen mitgenommen werden.

Rettungsgerätewagen RTGW

IFA W 50 L/BTP/F

Foto: Autor

Eigentlich für die Post entwickelt, gelangte das Bautruppfahrzeug IFA W 50 L/BTP mit langem Fahrerhaus und kurzer Pritsche ab 1977 als Rettungsgerätewagen auch zur Feuerwehr. Die Einheit aus Fahrer- und Mannschaftskabine beherbergte 1/5 Einsatzkräfte, war aber für zehn Personen zugelassen.

Mit einer Vielzahl an feuerwehrtechnischer Ausrüstung und Spezialgeräten wurde dieser RTGW an Brand-, Unfall- und Schadenstellen eingesetzt. Neben diversen Leitern befand sich auf dem Dach des Ganzstahl-Fahrerhauses auch ein Schlauchboot, welches über einen ebenfalls mitgeführten Außenbordmotor vom Typ »Forelle« angetrieben werden konnte. Zur weiteren Ausrüstung gehörten unter anderem sechs C-Druckschläuche á 20 Meter, sechs Druckluft-Atemgeräte, ein Rettungsring, fünf Druckluft-Tauchergeräte, zwei Sauerstoffschneidgeräte und eine Motorkettensäge.

Rettungsgerätewagen RTGW (Baumuster 1977)

Indienststellung/Bauzeit	1977-1989
Aufbauhersteller	VEB Karosseriewerk Wilsdruff/DDR
Fahrgestell	IFA W 50 L/BTP/F
Fahrgestellhersteller	VEB IFA-Automobilwerke Ludwigsfelde/DDR
Besatzung	1/5
Motorbezeichnung	4 VD 14,5/12-2 SRW
Motor	R4-Zylinder-Viertakt-Dieselmotor, wassergekühlt
Bohrung x Hub	120 x 145 mm
Hubraum	6560 cm³
Leistung bei U/min	92 kW (125 PS) bei 2300/min
Drehmoment bei U/min	422 Nm bei 1350/min
Getriebe	5-Gang-Wechselgetriebe, 2. bis 5. Gang zwangssynchronisiert, 1 Rückwärtsgang, Hinterachse mit Differentialsperre
Bremsen	Vierradbremse, Zweikreis-Duo-Servo-Bremse mit Druckluftunterstützung, Handbremse wirkt bei vorhandener Druckluft auf Vorder- und Hinterräder (ohne Druckluft mechanisch nur auf die Hinterräder)
Radformel	4x2, Hinterachsantrieb
Bereifung	8,25-20 verstärkt, vorn einfach-/ hinten zwillingsbereift
Radstand kleinster	3200 mm
Wendekreis	15,50 m
Länge x Breite x Höhe	6370 x 2500 x 3100 mm
Bodenfreiheit	300 mm
Wattiefe	800 mm

Je nach Witterung wurde der RTGW mit einem Schlauchboot oder einem Eisschlitten bestückt. (Foto: Autor)

Kraftstoffvorrat	100 l (Tank) 20 l (Reservekanister)
Gesamtgewicht	10.200 kg
Höchstgeschwindigkeit	90 km/h
Steigvermögen	32 %
Kraftstoffverbrauch	ca. 17 l/100 km
Fahrbereich	500 km

Feuerwehrtechnische Bestückung (Baumuster 1977)

Stück	Bezeichnung
6	Druckluft-Atemgerät
12	Druckluftflasche 4 l (Reserve)
6	Schutzhüllen für Druckluft-Atemgerät
1	Mundbeatmungsgerät
1	Sauerstoff-Inhalationsgerät (4 Atemstellen)
1	Sanitätskasten, groß
2	Krankentrage
2	Krankentrageständer
2	Gummidecke
3	Ölpapierplane
2	Laken
2	Krankendecke
2	Stockleiterteil
1	Feuerwehr-Klappleiter
1	Strickleiter 25 m
1	Rettungsring
3	Schwimmweste
1	Schlauchboot 5 kN (optional 1 Eisschlitten)
1	Blasebalg
1	Außenbordmotor »Forelle«
1	Halterung für Außenbordmotor
4	Haltestab für Außenbordmotor
3	Paddel
2	Grundgewicht
1	Grundtau
1	Suchharke
1	Bergungsstange dreiteilig
1	Bergungshaken
1	Suchleine 30 m
1	Tragegestell für Suchleine

Stück	Bezeichnung
5	Druckluft-Tauchergerät
1	Gerätekasten für Taucherzubehör
5	Fangleine 30 m
5	Tragbeutel für Fangleinen
6	C-Druckschlauch 20 m
1	CM-Strahlrohr
1	Standrohr 2 B
1	Schlüssel für Unterflurhydrant
1	Schlüssel für Überflurhydrant
2	Kupplungsschlüssel
1	Übergangsstück B-C
5	Schlauchbinde B-C
1	Kübelspritze 10
1	Handfeuerlöscher Schaum
1	Handfeuerlöscher Halon
5	Signaltaschenlampe
6	Handscheinwerfer
1	Benzin-Elektro-Aggregat 0,5 kW
1	Vorschaltwiderstand 200 W
1	Batterieladekabel
2	Arbeitsstellenscheinwerfer
1	Scheinwerfergelenk
2	Kabel 25 m
2	Stativ L
1	Rücklichtlampe oder Blinkleuchte
2	Feuerwehraxt
1	Deckenabstoßeisen
1	Stiel für Arbeitsgeräte, aufschraubbar
1	Zugsäge 1200 mm
1	Bandmaß 20 m

Stück	Bezeichnung
1	Motorkettensäge
1	Sauerstoff-Schneidgerät, tragbar
1	Sauerstoff-Schneidgerät, im Kasten
1	Sonderkasten mit Schweißbrenner
1	Katastrophen-Schneidbrenner 1500 mm
1	Sauerstoffflasche 40 l
1	Azetylenflasche 40 l
1	Spaten, lang
1	Sandschaufel
1	Brechstange 1200 mm
2	Zahnstangenwinde 50 kN
1	Wagenwinde
2	Straßenbahnhebegerät
2	Hemmschuhe
8	Unterleghölzer
2	Auffahrbohle
1	Starkstrom-Werkzeugkasten
5	Bindestrick
1	Beutel für Bindestricke
1	Hanfseil, Durchmesser 24 mm, Länge 15 m
2	Schäkel A 3
1	Eispickel
1	Besen mit Schraubtülle
1	Gas-Schutzanzug
3	Taucheranzug
2	Asbest- oder Wärmestrahlen-Schutzanzug
2	Paar Gummihandschuhe
2	Wathose
2	Paar Gummistiefel, kurz
1	Paar Gummistiefel, lang

Gerätewagen-Taucher GW-T

IFA W 50 L/W und LA/W

Ab 1977 wurden die Feuerwehr-Kommandos der Bezirksstädte in der DDR mit Gerätewagen-Taucher auf Fahrgestellen IFA W 50 L/W und LA/W versorgt. Der Einsatz des GW-T erfolgte oft in Zusammenwirkung mit einem Rettungs- und Sicherungsboot, das mittels Anhänger RSBA zur Einsatzstelle befördert wurde.
Der auch als Aufenthaltsraum für die Taucher dienende Aufbau des GW-T stammte aus dem VEB Karosseriewerk Guben. Hierin wurden unter anderem eine Taucherdruckkammer, Tauchgeräte, ein Schlauchboot und weiteres speziell für den Taucheinsatz benötigtes Equipment mitgeführt. Das in Ost-Berlin eingesetzte Fahrzeug besaß neben dem Allradantrieb auch Niederdruckbereifung.

Der Gerätewagen-Taucher GW-T mit Rettungs- und Sicherungsboot auf RSBA im Verbund mit dem Rettungwagen RTW des Kommandos F der ehemaligen Bezirkshauptstadt des Landes Brandenburg Potsdam. (Fotos: Feuerwehr Potsdam)

Die Taucherdruckkammer wurde im RTW mitgeführt.

Gerätewagen-Taucher GW-T	
Indienststellung/Bauzeit	1977
Aufbauhersteller	VEB Karosseriewerk Guben/DDR
Fahrgestell	IFA W 50 L/W (IFA W 50 LA/W)
Fahrgestellhersteller	VEB IFA-Automobilwerke Ludwigsfelde/DDR
Besatzung	1/5
Ausrüstung	Taucherdruckkammer, Tauchgeräte, Schlauchboot
Motorbezeichnung	4 VD 14,5/12-2 SRW
Motor	R4-Zylinder-Viertakt-Dieselmotor, wassergekühlt
Bohrung x Hub	120 x 145 mm
Hubraum	6560 cm³
Leistung bei U/min	92 kW (125 PS) bei 2300/min
Radformel	4x2, Hinterachsantrieb (LA/W: 4x4, Allradantrieb)
Radstand	3200 mm
Länge x Breite x Höhe	6570 x 2500 x 3400 mm
Bodenfreiheit	340 mm
Gesamtgewicht	9800 kg
Höchstgeschwindigkeit	75 km/h

Gasschutzgerätewagen GSGW

IFA H 6

Für die Brandbekämpfung im Bergbau, in Industrieanlagen als auch bei Rettungsarbeiten und Hilfeleistungen bei Katastrophen reichte die Bestückung von Löschfahrzeugen in der Regel nicht aus. Eine ununterbrochene Versorgung mit Gasschutz-, Wiederbelebungs- und Inhalationsgeräten war hier oft von Nöten.

Daher wurden 1957 zwei Sonderfahrzeuge GSWG entwickelt. Sie entstanden durch die Kooperation der Feuerwehr-Hauptabteilung des MdI mit dem VEB FLG Luckenwalde. Die Auslieferung erfolgte an die Berufsfeuerwehr Leipzig und die Feuerwehr Ost-Berlin. Der für die feuerwehrtechnischen Belange aufgebaute Gasschutzgerätewagen diente als mobiles Nachschublager, Sauerstoffumfüllstation sowie Instandsetzungswerkstatt und wurde auch überregional eingesetzt.
Für die GSGW wurden Chassis des schweren Lastkraftwagens IFA H 6 aus dem VEB Kraftfahrzeugwerk »Ernst Grube«

Gasschutzgerätewagen GSGW	
Indienststellung/Bauzeit	1957
Aufbau-Hersteller	VEB Feuerlöschgerätewerk Luckenwalde/DDR
Fahrgestell	H6
Fahrgestell-Hersteller	VEB Kraftfahrzeugwerk »Ernst Grube« Werdau/DDR
Besatzung	1/2
Motorbezeichnung	EMaW 6-20
Motor	6-Zylinder-Viertakt-Dieselmotor, wassergekühlt
Bohrung x Hub	115 x 145 mm
Hubraum	9036 cm³
Leistung bei U/min	88 kW (120 PS) bei 2000/min
Drehmoment bei U/min	461 Nm bei 1000/min
Radformel	4x2, Hinterachsantrieb
Radstand	4500 mm
Länge x Breite x Höhe	9000 x 2500 x 3180 mm
Bodenfreiheit	300 mm
Kraftstoffvorrat	150 l (Tank)
Gesamtgewicht	13.150 kg
Höchstgeschwindigkeit	60 km/h

Foto: Krattfahrzeugarchiv Christian Suhr

Werdau verwendet. Das Fahrerhaus und der Kastenaufbau mit einer Gehhöhe von 1,80 Metern bildeten eine Einheit. Sie waren nur durch eine Querwand voneinander getrennt. Das Fahrerhaus war für drei Einsatzkräfte ausgelegt. Ein Transport von mehr Personen war mit dem GSGW nicht gestattet. Die Art des Aufbaus gestattete die seitliche Unterbringung von Geräten in Höhe des Fahrgestells. Der Zugang des Kastenaufbaus erfolgte durch die rechte vordere oder die heckseitige Tür. Der hintere Zugang war nur mittels einhängbarem, mehrstufigen Aufstieg möglich. Das Öffnen der vorderen Tür betätigte automatisch einen ausklappbaren Tritt. So konnte man den Aufbau ungehindert begehen. Neben anderen auf dem Dach mitgeführten Geräten lagerte auch ein markisenartiges Verdeck, das am Heck eingehangen werden konnte und Schutz vor Sonne und Regen bot. Vor dem Fahrzeug aufstellbare Bänke wurden für die Bereitstellung bzw. Ablage der Geräte genutzt. Mithilfe der Ausstattung und den Sauerstoff-Umfüllpumpen konnte die Funktionstüchtigkeit der gebrauchten Geräte für den weiteren Einsatz sichergestellt werden. Im Innern des Geräteraumes befanden sich eine Werkbank und eine Waschanlage, die der Reparatur, der Desinfizierung und Reinigung von Atemschutzausrüstungen und -geräte dienten.

Für den benötigten Starkstrom zum Betrieb der elektrischen Sauerstoff Umfüllpumpe, der Heizung, der Beleuchtungsausrüstung, des Warmluftgebläses und anderer Geräte sorgte ein Elektroaggregat, das auf einem einach-

Elektrische Sauerstoffumfüllpumpe an der Querwand zum Fahrerhaus. (Fotos: »Kleine Fachbücherei der Feuerwehr: Der Gasschutz«, 1961)

Der GSGW war mit Elektro-Aggregate-Anhänger eine Zeit lang unabhängig von Fremdeinspeisung.

Blick auf die Waschanlage (links) und die Werkbank mit Schraubstock (rechts).

sigen Anhänger mitgeführt wurde. Die Starkstromanlage konnte aber auch über Fremdeinspeisung versorgt werden, wenn es die örtlichen Gegebenheiten ermöglichten. Die Anschlüsse der Strakstromanlage befanden sich auf der linken Außenseite. Die SSG, die Alkalipatronen und die Sauerstoffflasche lagerten – durch Halterungen gesichert – in Regalen links und rechts im Aufbau. Leider existieren beide Fahrzeuge nicht mehr.

Feuerwehrtechnische Bestückung

Stück	Bezeichnung	Stück	Bezeichnung	Stück	Bezeichnung
		15	elektrische Grubenhandlampe	1 bis 3	C-Druckschlauch
	im Innenraum des Aufbaus:	2	Inhalationsgerät für je 4 Personen	1	Kübelspritze kompl.
		2	Pulmotor	1	Schaumlöscher 10 l
1	Sauerstoff-Umfüllpumpe	2	Gasspürgerät	1	Tetralöscher 2 l
1	Sauerstoff-Umfüllpumpe, elektrisch	1	Sanitätskasten	1	Zahnstangenwinde 5 t
1	Werkbank	5	Bergmannshelm	1	Windenhölzer (Satz)
1	Waschanlage mit 2 Waschtischen	4	Krankendecke	2	Spaten, lang
1	Wasserbehälter 120 l	div.	Meß-/Prüfgeräte, Ersatzteile und Werkzeuge	1	Spaten, kurz
20	kompl. Bergbaugasschutzgerät für 2 Std.			1	Schrotsäge
15	kompl. Sauerstoffschutzgerät für 1 Std.		in den seitlichen Laderäumen, auf dem Dach	1	Klappleiter
60	Alkalipatrone für 2-Stunden-Geräte		und im Fahrerhaus:	div.	Werkzeug, Zubehör und Ersatzteile
100	Alkalipatrone für 1-Stunden-Geräte				für das Fahrgestell
30	Sauerstoff-Flasche für 2-Stunden-Geräte	2	Krankentrage		
15	Sauerstoff-Flasche für 1-Stunden-Geräte	1	Standrohr mit B-C-Übergangsstück		im mitgeführten Anhänger
32	Spezialmaske für den Bergbau	1	Schlüssel für Unterflurhydrant		
10	Filterselbstretter	1	Schlüssel für Überflurhydrant	1	Elektro-Aggregat 3,0 kVA

Atemschutzeinsatzwagen AEW

IFA S 4000-1

Im VEB Feuerlöschgerätewerk Luckenwalde wurden in den Jahren 1962 und 1964 genau 15 Atemschutzeinsatzwagen für die Berufsfeuerwehren der damaligen Bezirksstädte gebaut. Sie dienten der Bereitstellung von Atemschutzgeräten über einen längeren Zeitraum und Instandsetzung derer direkt am Einsatzort bei Bränden, Unfällen und Katastrophen. Der AEW baute auf dem S 4000-1 auf und verfügte über das handelsübliche Fahrerhaus mit Platz für drei Personen. Dahinter setzte der Spezialkoffer auf.

Der Kofferaufbau besaß eine Einstiegstür, Fenster und neben der Inneneinrichtung mit Kästen und Regalen auch von außen zugängliche Geräteräume. Für die Prüfung, Instandsetzung und Wiederherstellung der Einsatzbereitschaft gebrauchter Atemschutzgeräte stand eine Werkstatt mit einer Fülle an Werkzeugen, Ersatzteilen und Geräten zur Verfügung. Zur Ausrüstung gehörten unter anderem Sauerstoffschutzgeräte, Sauerstoffflaschen, ein Elektro-Aggregat und ein Hochdruckluftverdichter.

Atemschutzeinsatzwagen AEW	
Indienststellung/Bauzeit	1962, 1964
Aufbau-Hersteller	VEB Feuerlöschgerätewerk Luckenwalde/DDR
Fahrgestell	IFA S 4000-1 SW 2 b
Fahrgestell-Hersteller	VEB Kraftfahrzeugwerk »Ernst Grube« Werdau/DDR
Besatzung	1/2
Motorbezeichnung	EM 4-22
Motor	R4-Zylinder-Viertakt-Dieselmotor, wassergekühlt
Bohrung x Hub	115 x 145 mm
Hubraum	6024 cm³
Leistung bei U/min	66 kW (90 PS) bei 2200/min
Drehmoment bei U/min	343 Nm bei 1250/min
Getriebe	5-Gang-Wechselgetriebe, 2. bis 5. Gang zwangssynchronisiert, 1 Rückwärtsgang
Bremsen	hydraulische Vierradbremse, mechanische Handbremse auf die Hinterräder wirkend
Radformel	4x2, Hinterachsantrieb
Bereifung	8,25-20 eHD, vorn einfach, hinten zwilling
Radstand	3550 mm
Wendekreis	15,25 m
Länge x Breite x Höhe	6650 x 2260 x 3100 mm
Bodenfreiheit	240 mm
Kraftstoffvorrat	100 l (Tank) +40 l (in zwei 20-l-Reservekanistern)
Gesamtgewicht	8100 kg
Höchstgeschwindigkeit	75 km/h
Kraftstoffverbrauch	17,5 l/100 km
Steigvermögen	32 %

Foto: Wolfgang Donat

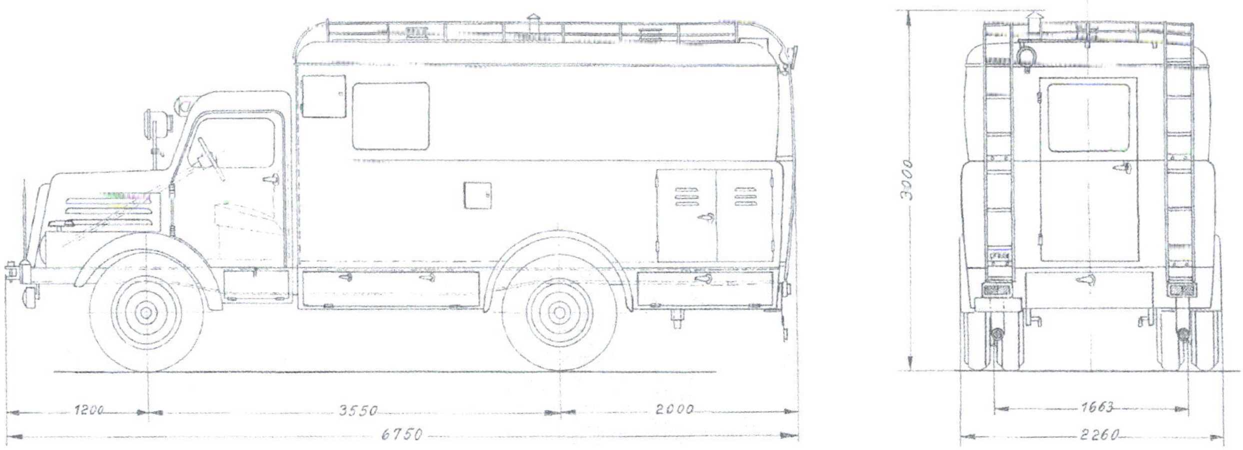

Skizze des AEW.

Feuerwehrtechnische Bestückung (Baumuster 1965)

Stück	Bezeichnung
9	Sauerstoff-Schutzgerät Medi 495, 1 Std.
3	Werkzeugtasche für SSG
24	Alkalipatrone
10	Sauerstoffflasche, 1 l
2	Sauerstoffflasche, 2 l
2	Sauerstoffflasche, 2,6 l
2	Sauerstoffflasche, 7 l
4	Sauerstoffflasche, 40 l
1	Sanitätskasten, klein
2	Krankentrage B
4	Krankendecke (handelsüblich)
1	Sauerstoff-Inhalationsgerät
	Medi SIK 8204
1	Mund-Beatmungsgerät
	Medi 8305/8306
1	Gasspürgerät mit Prüfröhrchen (Satz)
1	Dosimeter
1	Kampfstoffanzeiger
1	Schlüssel für Unterflurhydrant
1	Schlüssel für Überflurhydrant
2	Übergangsstück B-C
1	Standrohr 2 B
1	Kübelspritze, kompl.
1	Handfeuerlöscher SI 10 Hi
1	Handfeuerlöscher CB 2 L
2	Auffahrbohle A
1	Arbeitsstellenscheinwerfer
6	Signaltaschenlampe (handelsüblich)
2	Handscheinwerfer
1	Benzin-Elektro-Aggregat Typ BeET 1,5-2,
	kompl., 1,5 kW
2	Tauchsieder, 220 V, 500 W
1	Heizofen, 220 V, 500/1000 W
2	Fön, 220 V, 850 W
1	Kabelhandlampe, 220 V, 40 W
1	Gummischlauchleitung, 2 x 2,5, 5 m
3	Gummischlauchleitung, 3 x 2,5 , 10 m
1	Gummischlauchleitung, 3 x 2,5 , 20 m
1	Druckschlauch C 15
1	Holzaxt, 1,6 kg
1	Pionierspaten, kurz
1	Sandschaufel
1	Zugsäge 1200
3	Gummihandschuhe
3	Gummischürze
1	Gummieimer, 8 l

Stück	Bezeichnung
3	Kochgeschirr
3	Eßbesteck
2	Kraftstoffkanister, 20 l (DK)
3	Kraftstoffkanister, 5 l (VK)
1	Petroleumkocher
1	Aluminium-Kochtopf, 2 l
1	Aluminium-Kochtopf, 5 l
3	Trockengestell, zerlegbar
1	Waschanlage, zerlegbar
1	Trockenanlage, zerlegbar
3	Montagetisch, zerlegbar
1	Klappstuhl
1	Drehstuhl
8	Atemschutzmaske (GTG 6535)
8	Maskenbüchse
8	Filter (BST o. F)
1	Prüfdruckmesser, 250 at Ü
5	Prüfdruckmesser f. SSG, 250 at Ü
1	Prüfdruckmesser, 6 at Ü
2	Überströmarmatur für Druckluft, 250 at Ü
2	Überströmarmatur für O_2, 300 at Ü
5	Überdruckventil für SSG
5	Warnhupenstimme, kompl.
3	Warnhupe
5	Sauerstoffverteilungsstück
3	Hebelwerk
2	Warnhupenleitung
1	Inhalationsmaske SBG
1	Maskenwulst für PM 40 (Satz)
5	Ventilkasten
5	Druckmesserhalter
3	Dreifaltenschlauch
2	Hauptleitung
5	Atemschlauch, kompl. (Paar)
3	Traggerüst
2	Druckmesserleitung
1	Pulmotorschlauch, kompl.
5	Atembeutel
4	Atemkalk in 5-kg-Kanistern
6	Wiederfüllpatrone, 1 Std.
1	Stoppuhr
1	Kurzzeitwecker mit Glocke, 1 min
div.	Dichtungen und Klein-Ersatzteile
1	Schlosserhammer, 150 g
1	Schlosserhammer, 250 g
1	Holzhammer (Montagehammer),

Stück	Bezeichnung
	Durchmesser 50 mm
1	Gummihammer (Montagehammer),
	Durchmesser 55 mm
1	Doppelmaulschlüssel, flach, 7-36 SW (Satz)
1	Schraubenzieher, 7-16 mm (Satz)
1	Feinmechanikerschraubenzieher,
	0,5 - 3,5 mm (Satz)
1	Winkelschraubenzieher, 4-10 mm (Satz)
1	Durchschläge, 2-10 mm (Satz)
1	Schlüsselfeilen, 100-120 mm (Satz)
1	Vorflachfeile, 200 mm
1	Schlichtflachfeile, 200 mm
1	Vorrundfeile, 200 mm
1	Schlichtrundfeile, 200 mm
1	Vorhalbrundfeile, 200 mm
1	Schlichthalbrundfeile, 200 mm
1	Vordreikantfeile, 200 mm
1	Schlichtdreikantfeile, 200 mm
1	Körner, 100 mm
1	Feilkloben, 50 mm Backenbreite
1	Feilkloben, 40 mm Backenbreite
1	Stielfeilkloben, 160 mm lang,
	30 mm Backenbreite
1	Flachschaber, 150 mm Klingenlänge
1	Stahldrahtbürste, mittel
1	Messingdrahtbürste, mittel
1	Metallsägebügel für Blattlänge, 300 mm
1	Metallsägeblätter, 300 mm lang
1	Seitenschneider, 160 mm
1	Beißzange (Kneifzange), 160 mm
1	Kombizange, 160 mm
1	Vorschneider, 180 mm
1	Brennerzange, 150 mm
1	Rundzange, 160 mm
1	Justierzange, 130 mm, 5 mm Schnabel
1	Justierzange, 130 mm, 2 mm Schnabel
1	Justierzange, 130 mm, 5 mm Schnabel,
	abgewinkelt
1	Justierzange, 130 mm, 2 mm Schnabel,
	abgewinkelt
1	Wasserpumpenzange, 250 mm
1	Flachmeißel, 8 x 15 x 200
1	Flachmeißel, 8 x 15 x 150
1	Kreuzmeißel, 8 x 15 x 150
1	Ausbeulwerkzeug, klein (Satz)

Gasschutzkontrollwagen GSKW

Framo V 901/2

Als mobile Gasschutzgerätewerkstatt für die Prüfung und Instandsetzung von Atemschutzgeräten wurden 1956/57 genormte Gasschutzkontrollwagen den Gaswerkstätten der Bezirke zugeführt. Die auf dem Kastenwagen Framo/Barkas V 901/2 aufgebauten GSKW wurden im VEB Feuerlöschgerätewerk Görlitz gefertigt.

Der Gasschutzkontrollwagen war mit Sauerstoffkreislaufgeräten, Sauerstoffflaschen, Alkalipatronen, Pulmotor, Prüfgeräte und verschiedene Ersatzteile für Gasschutzausrüstungen bestückt. Mit der Einführung des Barkas B 1000 mit geschlossenem Mehrzweckkasten wurde der GSKW 1968 durch den ebenfalls in Görlitz gefertigten Atemschutzkontrollwagen ASKW nach und nach abgelöst. Diese Kontroll- und Instandsetzungswagen konnten selbständig oder in Zusammenwirken mit Atemschutzeinsatzwagen eingesetzt werden.

Gasschutzkontrollwagen GSKW	
Indienststellung/Bauzeit	1956/57
Aufbau-Hersteller	VEB Feuerlöschgerätewerk Görlitz/DDR
Fahrgestell	Framo V 901/2 Z (1957: Framo/Barkas V 901/2)
Fahrgestell-Hersteller	IFA Kraftfahrzeugwerk Framo Hainichen/DDR (1957: VEB Barkas-Werke Hainichen/DDR)
Besatzung	1/1
Ausrüstung/ Bemerkung	6 Sauerstoffschutzgeräte, 12 Alkalipatronen, 12 Sauerstoffflaschen, Universalprüfgerät, Maskenprüfgerät, Atemfilterprüfgerät
Motorbezeichnungen	IFA F 9 AWE 310/4 (1957)
Motor	R3-Zylinder-Zweitakt-Ottomotor
Bohrung x Hub	70 x 78 mm
Hubraum	900 cm³
Leistung bei U/min	18 kW (24 PS) bei 3600/min 21 kW (28 PS) bei 3600/min (1957)
Radformel	4x2, Hinterachsantrieb
Radstand	2800 mm
Länge x Breite x Höhe	4375 x 1650 x 1910 mm
Bodenfreiheit	200 mm
Gesamtgewicht	1840 kg
Höchstgeschwindigkeit	75 km/h

Dieser Gasschutzkontrollwagen basiert auf einem Framo V 901. (Foto: Wilfried Klahre, BF Dresden {coloriert})

Gerätewagen GW 60

IFA S 4000-1

Der VEB Feuerlöschgerätewerk Luckenwalde stellte 1960 den auf dem Fahrgestell S 4000-1 aufgebauten GW 60 vor. Hauptaufgabe des Gerätewagens war der Transport und die Bereitstellung einer umfassenden feuerwehrtechnischen Ausrüstung innerhalb städtischer Berufsfeuerwehren. Zu den Neuerungen des Aufbaus zählte die Verwendung von Jalousien statt Türen zur Gewichtsreduzierung und besseren Erreichbarkeit bzw. Entnahme der Werkzeuge und Geräte, die in Halterungen befestigt oder in auf Rollen laufenden Schiebekästen lagen.

Außerhalb der beleuchteten Geräteräume befand sich weitere Ausrüstung auf dem über zwei Heckleitern erreichbaren Aufbaudach und unter den Trittbrettern auf beiden Seiten des Fahrzeugs. Der GW 60 führte Hebe- und Zuggeräte, elektrische Geräte, Schutzkleidung sowie eine Vielzahl von Werkzeugen mit. Heckseitig wurde ein über den Fahrmotor angetriebener Spill mit einem 40 Meter langen Seil angebracht. Die Zugkraft des Spills betrug 4 Mp. Für das Heben von Lasten bis zu einer Tonne konnte am Heck ein Ausleger montiert werden.

Gerätewagen GW 60	
Indienststellung/Bauzeit	1960, 1962, 1963
Aufbau-Hersteller	VEB Feuerlöschgerätewerk Luckenwalde/DDR
Fahrgestell	IFA S 4000-1 SW 7 d
Fahrgestell-Hersteller	VEB Kraftfahrzeugwerk »Ernst Grube« Werdau/DDR
Besatzung	1/1
Motorbezeichnung	EM 4-22
Motor	R4-Zylinder-Viertakt-Dieselmotor, wassergekühlt
Bohrung x Hub	115 x 145 mm
Hubraum	6024 cm³
Leistung bei U/min	66 kW (90 PS) bei 2200/min
Drehmoment bei U/min	343 Nm bei 1300/min
Getriebe	5+1-Gang-Wechselgetriebe mit schwerem Nebenabtrieb, 2. bis 5. Gang zwangssynchronisiert
Bremsen	hydraulische Vierradbremse, mechanische Handbremse auf die Hinterräder wirkend
Radformel	4x2, Hinterachsantrieb
Bereifung	8,25 eHD, vorn einfach, hinten zwilling
Radstand	3550 mm
Wendekreis	15,25 m
Länge x Breite x Höhe	6700 x 2350 x 2700 mm
Bodenfreiheit	240 mm
Kraftstoffvorrat	100 l (Tank) + 20 l (Reservekanister)
Gesamtgewicht	8100 kg
Höchstgeschwindigkeit	75 km/h
Kraftstoffverbrauch	17,5 l/ 100 km
Steigvermögen	32 %

Der GW 60 wurde mit einem am Heck anbringbaren Ausleger ausgeliefert. Die maximale Tragfähigkeit lag bei einer Tonne. (Foto: Autor)

Gerade einmal 24 Einheiten des GW 60 wurden beim VEB FLG Luckenwalde aufgebaut, von denen kein einziger überlebte. Die Arbeitsgemeinschaft »Feuerwehrhistorik« Riesa nahm sich 2013/14 dem Projekt des Nachbaus eines solchen Gerätewagens an. Das Bild zeigt das Ergebnis dieser Arbeit, welches im Feuerwehrmuseum Zeithain erhalten wird. (Foto: Autor)

Feuerwehrtechnische Bestückung (Baumuster 1960)

Stück	Bezeichnung	Stück	Bezeichnung	Stück	Bezeichnung
1	Sanitätskasten, klein	1	Handkreissäge, elektr.	2	Schäkel A 6
2	Zahnstangenwinde, 10 Mp	1	Handblechschere, elektr.	4	Fangleine F 30
2	Zahnstangenwinde, 5 Mp	2	Signaltaschenlampe	4	Schlauchhalter S
2	Unterleghölzer für Hebezeuge (Satz)	2	Handscheinwerfer	15	Bindestrick
2	Hartholzklotz, 300 x 300 x 100, mit Griff	1	Benzin-Elektro-Aggregat, 3 kW	2	Hanfseil, 24 x 15
2	Hartholzklotz, 300 x 300 x 200, mit Griff	2	Rücklichtlampe	3	Beutel für Bindestricke
2	Kiefernholzklotz, 120 x 120 x 100	4	Sturmlaterne, rot	4	Tragbeutel für Fangleine
2	Kiefernholzklotz, 120 X 120 X 200	2	Stativ S	1	Sicherheitsgurt
2	Kiefernholzklotz, 120 x 120 x 300	1	Klappleiter	1	Steigeisen
2	Schleifplatte F	1	Strickleiter, 10 m	2	Feuerwehrbeil, kompl.
1	Sauerstoff-Schneidgerät, tragbar, kompl.	2	Leichter Einreißhaken	1	Meldertasche, kompl.
1	Sauerstoff-Schneidgeräte, kompl.	1	Schraubtülle mit Besen	1	Asbest-Fausthandschuhe
4	Sauerstoffflasche, 10 l	1	Stiel für Arbeitsgeräte	5	Leder-Fausthandschuhe
2	Azetylenflasche, 10 l	4	Hartholzkeil	3	Feuerwehr-Schutzhandschuhe
1	Schweißbrenner im Sonderkasten, kompl.	2	Stahlkeil	1	Gummistiefel, kurz
1	Rettungsschneidbrenner, 1500 mm	4	Sägekeil für Zugsäge	1	Gummistiefel, lang
1	Dreibock	2	Sägekeil für Motorkettensäge	1	Wathose mit Stiefel
1	Ortscheit	1	Kantenreiter	2	Hydraulikheber, 8 Mp
2	Aufrichtegurt	2	Werkzeugkasten	2	Hydraulikheber, 15 Mp
1	Gurtnadel	2	Brechstange 1500	2	Unterstellbock, 5 Mp
1	Aufrichtebohle	2	Rollbrechstange	1	Schraubenflaschenzug, 1 Mp
2	Kettenhornaufsatz 10	2	Hebebaum, 3 m	1	Handhebelzuggerät, 1,5 Mp, kompl.
2	Kettenkralle	2	Schachthaken	1	Greifzuggerät, 1,5 Mp, kompl.
4	Kettendoppelkralle	1	Nagelkasten	1	Hubzuggerät, 1,8 Mp, kompl.
1	Kettenvorholhaken	1	Sonderwerkzeugkasten	1	Seilumlenkrolle
8	Transporthaken	1	Bohrerkasten für Feuerwehr	1	Lasthaken, 5 Mp
1	Bandmaß	1	Starkstrom-Werkzeugkasten	2	Lastenrolle (Stahlrohr), 80 x 5 x 1200
1	Kübelspritze, kompl.	2	Feuerwehraxt	1	Spillseil, 12 mm 0, 40 m
1	Handfeuerlöscher SL 10 Hi	4	Holzaxt B 2	2	Abschleppseil, 16 mm 0, 5 m
1	Handfeuerlöscher CB 2 L	4	Kreuzhacke	4	Abschleppseil, 16 mm 0, 10 m
1	Segeltucheimer	4	Spaten 1080	2	Stahlseilschlinge, 12 mm 0, 2 m
4	Auffahrbohle A	4	Pionierspaten, kurz	4	Stahlkette B 18, 0,8 m
4	Radvorlegekeil	4	Sandschaufel	1	Stahlkette B 18, 5 m
2	Warnflagge A	2	Zugsäge 1200	2	Stahlkette B 13, 1,5 m
2	Warnflagge B	2	Zugsäge, 1200, Hobelzahnung	2	Stahlkette B 13, 5 m
2	Scheinwerfergelenk	1	Bügelsäge 800	2	Stahlkette B 13, 10 m
1	Arbeitsstellenscheinwerfer	1	Motorkettensäge, 800 mm, kompl.	1	Schrotmeißel, 2 kp
2	Großgeländescheinwerfer	4	Dunggabel, 4zinkig	50	Sandsack
1	Kabel, 25 m, für Scheinwerfer	4	Dunghaken, 3- oder 4zinkig	1	Segeltuchplane, 4 x 4 m, mit Ösen
4	Handlampe, 40 W (Ex)	2	Kreuzschlaghammer, 5 kg	15	Bauklammer
1	Handlampe, 60 W	1	Holzhammer, groß	1	Bindedraht, 1,5 mm
1	Glühlampe, 12 V, 100 W (Reserve)	1	Kettenrohrzange, I" bis 3"	1	Radmutternkreuzschlüssel
1	Glühlampe, 220 V, 1000 W (Reserve)	1	Schwedenrohrzange, 0,75" bis 2,5"	1	Kraftstoffkanister, 20 l (DK)
6	Gummischlauchleitung, 3 x 2,5, 25 m	1	Bolzenabschneider, 12 mm	1	Kraftstoffkanister, 20 l (VK)
4	Stromabzweigungen	1	Betonmeißel mit Halter	1	Handtransportwagen für Geräte
1	Verteilerkasten	2	Schäkel A 2	1	Benzin-Motor-Bohrhammer, kompl.
1	Zweigang-Bohrmaschine, elektr.	8	Schäkel A 3		

Im Rahmen der Interschutz fand im Juni 2010 auf der Festwiese in der Jahnallee in Leipzig eine einmalige Ausstellung von Feuerwehrfahrzeugen aus der Vergangenheit und der Gegenwart statt. Auch der GW 80 aus dem Bestand der AG Feuerwehrhistorik Riesa e.V. reihte sich dort in die Riege der DDR-Fahrzeuge ein. (Foto: Autor)

Gerätewagen GW 80

IFA W 50 L/W

Mit dem Gerätewagen GW 80 auf IFA W 50 L/W (L/MZ) erfolgte 1980 die Ablösung des GW 60. Hinter dem serienmäßigen zweisitzigen Fahrerhaus für 1/1 Eisatzkräfte erhielt der GW einen Mehrzweck-Werkstattkoffer, der aus dem VEB Karosseriebau Aschersleben stammte.

Der Koffer war über die heckseitige Doppeltür oder über die seitliche Einstiegstür begehbar. Im Innenraum befand sich die gesamte mitgeführte feuerwehrtechnische Ausrüstung. In Zusammenwirken mit anderen Feuerwehrfahrzeugen konnte der Gerätewagen zur Durchführung von Erste-Hilfe-Maßnahmen, Rettungen von Personen und Tieren sowie Berge- und Hebearbeiten von Fahrzeugen und anderen Gegenständen eingesetzt werden. Dafür stellte der GW 80 unter anderem Sanitätskästen, ein Elektro-Aggregat (3,5 kVA), Hebegeräte, Beleuchtungsmittel, verschiedene Leitern und eine Fülle an Werkzeugen zur Verfügung.

	Gerätewagen GW 80
Indienststellung/Bauzeit	1980-1988
Aufbau-Hersteller	VEB Karosseriewerk Aschersleben/DDR
Fahrgestell	IFA W 50 L/W (L/MZ)
Fahrgestell-Hersteller	VEB IFA-Automobilwerke Ludwigsfelde/DDR
Besatzung	1/1
Motorbezeichnung	4 VD 14,5/12-2 SRW
Motor	R4-Zylinder-Viertakt-Dieselmotor, wassergekühlt
Bohrung x Hub	120 x 145 mm
Hubraum	6560 cm³
Leistung bei U/min	92 kW (125 PS) bei 2300/min
Drehmoment bei U/min	430 Nm bei 1350/min
Getriebe	5+1-Gang-Wechselgetriebe, 2. bis 5. Gang zwangssynchronisiert, Hinterachse Differentialsperre
Bremsen	pneumatische Zweikreis-Duo-Servo-Vierradbremse, Handbremse wirkt bei vorhandener Druckluft auf Vorder- und Hinterräder, ohne Druckluft mechanisch auf die Hinterräder
Radformel	4x2, Hinterachsantrieb
Bereifung	8,20 20 verstärkt, vorn einfach, hinten zwilling
Radstand	3200 mm
Wendekreis	15,5 m
Länge x Breite x Höhe	6530 x 2500 x 3360 mm
Bodenfreiheit	300 mm
Wattiefe	800 mm
Kraftstoffvorrat	100 l (Tank) + 20 l (Reservekanister)
Eigenmasse	ca. 7500 kg
zul. Gesamtgewicht	9800 kg
zul. Anhängemasse	9000 kg (gebremst)
Höchstgeschwindigkeit	75 km/h
Verbauch	ca. 17 l/100 km

Am hinteren Teil des Koffers in Fahrtrichtung links befindet sich das von außen über eine Klappe zugängliche Benzin-Elektro-Aggegat mit 3,5 kVA. Es konnte auf einem ausklappbaren Gestell betrieben werden. War am Einsatzort Fremdstrom (220/380 V) vorhanden, so konnte dieser über ein Schalt- und Sicherungspult genutzt werden. (Foto: Autor)

Feuerwehrtechnische Bestückung (Baumuster 1980)

Stück	Bezeichnung
1	Sanitätskasten, klein
1	Sanitätskasten, groß
1	Feuerwehr-Klappleiter
1	Strickleiter, 25 m
1	Fangleine, 30 m
1	Tragbeutel für Fangleine
1	Warnflagge A
1	Warnflagge B
2	Handscheinwerfer
2	Großgeländescheinwerfer, 220 V, 1000 W
2	Warnblinkleuchte
2	Sturmlaterne
1	Handleuchte, 40 W (ex-geschützt)
1	Benzin-Elektro-Aggregat, 3,5 kVA
6	Kabel, 25 m
1	Kabel, 4 m
2	Stativ M
1	Verteilerkasten
5	Stromabzweigung
1	Schalt- und Sicherungspult
2	Glühlampe, 220 V, 1000 W (Reserve)
2	Glühlampe, 220 V, 40 W
1	Stecker, 16 A, 380 V
1	Stecker, 10 A, 220 V
1	Sicherheitsgurt
1	Stiel für Arbeitsgeräte
1	Besen mit Schraubtülle
1	Zugsäge, 1200 mm
2	Einmann-Kettensäge
1	Handkreissäge
1	Sauerstoff-Schneidgerät, tragbar
1	Sauerstoff-Schneidgerät im Kasten
1	Sonderkasten mit Schweißbrenner
1	Katastrophen-Schneidbrenner, 1500 mm
1	Elektroschweißgerät
1	Asbestdecke
1	Trennschleifgerät
5	Trennscheibe für Trennschleifgerät
1	Handblechschere
1	Handbohrmaschine, Zweigang
1	Bolzenschneider
1	Kettenrohrzange
1	Schrotmeißel mit Stiel
1	Betonmeißel
1	Halter für Betonmeißel
1	Spaltkeil
6	Stahlkeil (Fällkeil)
13	Bauklammer
1	Schlegel, 2000 g
3	Hämmer, 1500, 600, 500 g
4	Flachmeißel
4	Durchtreiber
4	Kreuzhacke
3	Spaten
4	Pionierspaten, kurz
1	Sandschaufel
4	Dunggabel, 4zinkig
2	Zahnstangenwinde, 100 kN
2	Zahnstangenwinde, 50 kN
2	hydraulischer Heber, 150 kN
1	hydraulischer Heber, 80 kN
1	Seilzuggerät, 15 kN
1	Kettenzuggerät, 18 kN
1	Differentialflaschenzug, 10 kN
1	Tierhebegerät
2	Stahlseil, 11 mm Durchmesser, 2 m
1	Stahlseil, 16 mm Durchmesser, 10 m
2	Stahlseil, 18 mm Durchmesser, 5 m
1	Stahlseilschlinge (Seilschlupp)
2	Stahlkette B 13, 2 m
1	Stahlkette B 13, 5 m
1	Stahlkette B 18, 0,8 m
1	Stahlkette B 18, 4 m
1	Stahlkette B 18, 5 m
2	Kettenhornaufsatz, 50 kN
2	Kettenhornaufsatz, 100 kN
1	Kantenreiter
3	Stahlrolle (Lastenrolle), 80 x 5 x 1200 mm
2	Stahlplatte, 1000 x 300 x 8 mm
4	Unterlegplatte, 270 x 250 x 195 mm
2	Unterlegplatte, 270 x 250 x 100 mm
2	Auffahrbohle
6	Unterlegholz
2	Unterlegkeil
2	Schachthaken
1	Transportwagen für Geräte, mit Plane
8	Transporthaken
2	Kettenvorholhaken
1	Werkzeugkasten
1	Starkstromwerkzeugkasten
1	Sonderwerkzeugkasten
1	Bohrerkasten
1	Nagelkasten
1	Winkeltrichter
1	Gliedermaßstab, 2 m
1	Bandmaß, 20 m
1	Schweißerhaube
1	Paar Schweißer-Schutzhandschuhe
2	Paar Asbest-Fausthandschuhe
1	Wathose
1	Paar Gummistiefel, lang
2	Paar Gummistiefel, kurz
2	Hydraulikölkanister, 5 l
1	Kraftstoffkanister, 5 l, VK-Gemisch 1:25

Die Ortsgruppe Schmannewitz der AG Feuerwehrhistorik Riesa baute 1998 den abgebildeten Werkstattwagen samt Bestückung neu auf. Das Bild entstand bei der Feuerwehrausstellung anlässlich des 28. Deutschen Feuerwehrtages in der Jahnallee in Leipzig. (Foto: Autor)

Werkstattwagen WSTW

IFA G 5

Dem kraftfahrzeugtechnischen Instandsetzungswesen der Feuerwehr wurde ab 1955 der Werkstattwagen WSTW zur Seite gestellt. Die Aufgaben dieses Sonderfahrzeuges lagen vor allem im Einsatz für Reparatur- und Wartungsarbeiten an sämtlichen Fahrzeugen und Geräten bei Übungen, Großeinsätzen und Katastrophen. Dabei nutzte man das Allradfahrgestell des aus dem VEB IFA-Kraftfahrzeugwerk »Ernst Grube« Werdau stammenden G 5. Der vom Fahrerhaus getrennte Kofferaufbau stammte aus dem VEB Karosseriewerk Aschersleben. Er besaß je zwei aus Sicherheitsglas bestehende Fenster links und rechts und war über eine Doppelflügeltür heckseitig begehbar. Die dafür notwendige Leiter war an einer Führungsstange unterhalb der Türöffnung befestigt. Diese konnte für die Fahrt hochgeklappt und am linken Türflügel befestigt werden.

Neben den Fenstern waren für die Belüftung des Aufbaus weiterhin zwei Windhuzen im Dach eingebaut. Deren Luftstrom konnte vom Innenraum über Ventilationsrosetten reguliert werden. Eine Sirokko-Ölheizung sorgte bei entsprechender Witterung für ausreichend Wärme bei Arbeiten im Koffer. Zur Ausrüstung gehörte ein vorn am Fahrzeug anbringbarer Kranausleger mit Differenzialflaschenzug zum Heben von Lasten bis einer Tonne. Im Koffer befand sich eine komplette Werkstatteinrichtung inklusive sämtlicher Werkzeuge, vieler Ersatzteile, Ausrüstungsgegenstände, einer Feldschmiede, Dreh-, Schleif- und Bohrmaschinen sowie Schneid- und Schweißbrenner. Für den Betrieb der elektrischen Maschinen und Geräte führte der WSTW ein

Werkstattwagen WSTW (Baumuster 1959)	
Indienststellung/Bauzeit	1955-1959
Aufbau-Hersteller	VEB Karosseriewerk Aschersleben/DDR
Fahrgestell	IFA G 5
Fahrgestell-Hersteller	VEB Kraftfahrzeugwerk »Ernst Grube« Werdau/DDR
Besatzung	1/2
Motorbezeichnung	EMaW 6-20 (ab 1958 wahlweise: EMbW 6-20)
Motor	6-Zylinder-4Takt-Dieselmotor, wassergekühlt
Bohrung x Hub	120 x 145 mm
Hubraum	9840 cm³
Leistung bei U/min	110 kW (150 PS) bei 2200/min
Drehmoment bei U/min	528 Nm bei 1100/min
Getriebe	5-Gang-Wechselgetriebe, 1 Rückwärtsgang, 2. bis 5. Gang synchronisiert, Verteilergetriebe mit Geländegang
Bremsen	pneumatische Sechsradbremse, mechanische Handbremse auf Zwischenachsräder wirkend
Radformel	6x6, Allradantrieb
Bereifung	8,25- 20 eHD T und B Gelände, vorn einfach bereift, Zwischen- und Hinterachse zwillingsbereift
Radstand	3800 x 1250 mm
Wendekreis	19,0 m
Länge x Breite x Höhe	7700 x 2450 x 3100 mm
Bodenfreiheit	255 mm
Kraftstoffvorrat	150 l (Tank) + 20 l (Reservekanister)
zul. Gesamtgewicht	13.450 kg
Höchstgeschwindigkeit	70 km/h
Steigvermögen	27,5 % (Gelände: 35 %)
Kraftstoffverbauch	30,8 l/100 km

Foto: Autor

3-KW-Benzin-Elektro-Aggregat mit sich. Dies konnte jedoch auch über Fremdeinspeisung erfolgen.
Zum Sonderfahrzeug gehörte ein handelsüblicher Kofferanhänger für den Transport von Fahrzeugersatzteilen. Somit war auch der Austausch defekter größerer Teile am Einsatzort möglich.

Feuerwehrtechnische Bestückung (Baumuster 1959)

Stück	Bezeichnung
	Koffer - linke Seite
1	Feldschmiede
1	Behälter für Schmiedekohle (20 kg)
1	Leit- und Zugspindeldrehmaschine
3	Montagewerkzeugkästen
1	Support-Schleifmaschine
1	Tisch mit elektrischer Handbohrmaschine
2	5-kg-Behälter (offen)
1	Kraftstoffkanister (20 l)
1	Ölbehälter (5 kg)
2	Arbeitsplatzleuchten
2	Deckenleuchten
	Koffer - rechte Seite
1	Benzin-Elektro-Aggregat (3 kW)
1	Ersatzteilschrank für elektrische Geräte
1	Kasten mit Schneid- und Schweißbrenner, kompl.
1	mit 4 Schränken ausgerüstete Werkbank mit einem Parallelschraubstock und einer Handhebeldompresse (3 Mp)
1	Doppelschleifmaschine
1	Wagenheber (4 Mp)
1	Handscheinwerfer
1	Amboss (50 kg) mit Klotz
2	Sauerstoffflaschen (40 l)
2	Arbeitsplatzleuchten
2	Deckenleuchten
	Koffer - Stirnwand
1	Karbidbehälter
1	Eimer
1	Azetylenentwickler
2	Ölkannen
1	Zugsäge
	Koffer - Rückwand
1	Verbandkasten
1	Handfeuerlöscher
1	Verteilerschrank für die elektrische Anlage
1	Gleichrichter
1	Kabeltrommel für Gummischlauchleitung

Bergewagen BW
IFA G 5

Mit der Gründung der Flugzeugwerke in Dresden erging 1955 an eine Schönefelder Stellmacherei der Auftrag für die Fertigstellung eines Geräte- und Bergewagens. Auf dem geländegängigen Fahrgestell eines Werdauer IFA G 5 entstand nach Vorgaben ein Aufbau mit Bergetechnik.
Zu den wichtigsten Geräten zählten unter anderem ein Notstromaggregat, ein hydraulischer Heber für bis zu 25 Tonnen, Winden, diverse Sägen, Beleuchtungsmittel sowie Äxte und Brechstangen. Das Einzelstück leistet noch bis 1990 seinen Dienst auf dem Flugplatz Dresden und ist heute in restauriertem Zustand im Nutzfahrzeugmuseum Hartmannsdorf/Sachsen zu finden.

Bergewagen BW	
Indienststellung/Bauzeit	1955
Aufbau-Hersteller	Stellmacherei in Schönefeld/DDR
Fahrgestell	IFA G 5
Fahrgestell-Hersteller	VEB Kraftfahrzeugwerk »Ernst Grube« Werdau/DDR
Besatzung	1/3
Ausrüstung	Notstromaggregat 3,0 kVA, hydraulische Heber (max. 25 t), Starkstromwerkzeug, div. Sägen, Beleuchtungssatz
Motorbezeichnung	EM 6-20
Motor	R6-Zylinder-Viertakt-Dieselmotor, wassergekühlt
Bohrung x Hub	115 x 145 mm
Hubraum	9036 cm³
Leistung bei U/min	88 kW (120 PS) bei 2000/min
Radformel	6x6, Allradantrieb
Radstand	3800 + 1250 mm
Länge x Breite x Höhe	7700 x 2400 x 3050 mm
Bodenfreiheit	255 mm
Gesamtgewicht	10.900 kg
Höchstgeschwindigkeit	65 km/h

Foto: Autor

Grubenwehr-Einsatzwagen

Grubenwehr-Einsatzwagen GEW

IFA S 4000-1

Fotos: Autor

Zu den Spezialwehren gehörte neben dem Gasschutz auch die Grubenwehr für den Bergbau. Wegen der besonderen Anforderungen zur Rettung und Bergung verunglückter Bergleute und die Bekämpfung von Grubenbränden wurden spezielle Grubenrettungs- und Einsatzfahrzeuge entwickelt. Der VEB Feuerlöschgerätewerk Görlitz baute bereits 1955 die ersten Grubenwehr-Einsatzwagen auf H3A für den Mannschafts- und Ausrüstungstransport übertage.

Mit dem Serienanlauf des Fahrgestells S 4000-1 wurde dieses in Görlitz ebenfalls mit dem Grubenwehr-Einsatzaufbau versehen. Der GEW erhielt das handelsübliche Fahrerhaus. Der Aufbau bekam eine Mannschaftskabine mit Sitzbänken und einen über seitliche Doppeltüren erreichbarer vorderen Geräteraum, in dem fünf Bergbau-Sauerstoffschutzgeräte transportiert wurden. Im hinteren Geräteraum befanden sich zudem Sauerstoffflaschen, Alkalipatronen und Pulmotor. Auf dem Aufbaudach wurden zwei Schleifkörbe mitgeführt. Mit dem Einhängen einer Trage im Geräteraum ist der GEW auch für den Krankentransport geeignet. Die GEW erhielten vom VEB Feuerlöschgerätewerk Görlitz auf dem Fahrerhausdach einen Leuchtkasten mit »Grubenwehr-Einsatzwagen«.

Grubenwehr-Einsatzwagen GEW	
Indienststellung/Bauzeit	1959-1967
Aufbau-Hersteller	VEB Feuerlöschgerätewerk Görlitz/DDR
Fahrgestell	IFA S 4000-1 SW 7
Fahrgestell-Hersteller	VEB Kraftfahrzeugwerk »Ernst Grube« Werdau/DDR
Besatzung	1/12
Ausrüstung	5 Bergbau SSG, 2 Schleifkörbe
Motorbezeichnung	EM 4-22
Motor	R4-Zylinder-Viertakt-Dieselmotor, wassergekühlt
Bohrung x Hub	115 x 145 mm
Hubraum	6024 cm³
Leistung bei U/min	66 kW (90 PS) bei 2200/min
Radformel	4x2, Hinterachsantrieb
Radstand	3550 mm
Länge x Breite x Höhe	6390 x 2200 x 2450 mm
Bodenfreiheit	240 mm
Gesamtgewicht	8100 kg
Höchstgeschwindigkeit	75 km/h

Fotos: Autor

Foto: Autor

Grubenwehr-Einsatzwagen GEW

Robur LO 1800 A

Zur Ablösung der Grubenwehr-Einsatzfahrzeuge auf H 3 A und S 4000-1 fertigte der VEB Feuerlöschgerätewerk Görlitz Anfang der 1960er-Jahre das GEW auf dem allradgetriebenen Fahrgestell Robur LO 1800 A. Auch er diente dem Transport der Grubenwehr und der entsprechenden feuerwehrtechnischen Geräte übertage. Hinter dem zweisitzigen handelsüblichen Fahrerhaus wurde ein Spezialkoffer, unterteilt in Geräteräume und Mannschaftskabine für sechs Einsätzkräfte, aufgesetzt. Alle Räume waren über seitliche Türen erreichbar.

In den Gerätekästen wurde die Ausrüstung, zu der 14 Gasschutzgeräte, eine Krankentrage, Sauerstoffflaschen, Pulmotor, Alkalipatronen, ein Bergbau-Wiederbelebungsgerät und zwei Schleifkörbe gehörten, mitgeführt.

Grubenwehr-Einsatzwagen GEW	
Indienststellung/Bauzeit	1964
Aufbau-Hersteller	VEB Feuerlöschgerätewerk Görlitz/DDR
Fahrgestell	Robur LO 1800 AKF
Fahrgestell-Hersteller	VEB Robur-Werke Zittau/DDR
Besatzung	1/7
Ausrüstung	Gasschutzgeräte, Sauerstoffflaschen, Alkalipatronen, Trage
Motorbezeichnung	LO 4
Motor	R4-Zylinder-Viertakt-Ottomotor, luftgekühlt
Bohrung x Hub	95 x 118 mm
Hubraum	3345 cm³
Leistung bei /min	52 kW (70 PS) bei 2800/min
Radformel	4x4, Allradantrieb
Radstand	3025 mm
Länge x Breite x Höhe	5600 x 2365 x 2600 mm
Bodenfreiheit	265 mm
Gesamtgewicht	5250 kg
Höchstgeschwindigkeit	80 km/h

Foto: Autor

Kranwagen KW 10

LOWA DO 54 (kurz)

Für Leistungen bei Bergungen und Räumungen waren die Feuerwehren auf die Hilfe von Hebezeugen angewiesen. Während nach Kriegsende diese Aufgaben noch von Rüstkranwagen aus der Zeit vor 1945 erledigten, erschwerten sich die Wartungs- und Reparaturarbeiten an diesen Fahrzeugen wegen fehlender Ersatzteile zunehmend. Daher erging der Auftrag zur Entwicklung eines Rüstkranwagens an das Feuerlöschgerätewerk Luckenwalde in Zusammenarbeit mit dem Hebezeugwerk Sebnitz.

Die Konstruktion bestand aus einem geschweißten Blechausleger, der auf einem gekürzten Niederrahmen-Fahrgestell eines Doppelstockbusses Do 54 aus dem VEB Waggonbau Bautzen aufsetzte. Der mittels Wippzylinder hydraulisch gehobene und gesenkte Kranausleger war für das Heben von maximal 10 t geeignet. Auf Grund des bereits erreichten Gesamtgewichts nur durch den Kranaufbau konnte der Transport des Rüstmaterials nur mit einem separaten Gerätewagen erfolgen. Das verhinderte eine Serienfertigung und so blieb der KW 10 von 1959 ein Einzelstück.

Kranwagen KW 10	
Indienststellung/Bauzeit	1959
Aufbau-Hersteller	VEB Hebezeugwerk Sebnitz in Kooperation mit dem VEB Feuerlöschgerätewerk Luckenwalde/DDR
Fahrgestell	LOWA DO 54 (verkürzt)
Fahrgestell-Hersteller	VEB Waggonbau Bautzen/DDR
Besatzung	1/1
Ausrüstung/ Bemerkung	Kranaufbau, offen; Geräteräume
max. Tragfähigkeit	10,0 t
max. Drehbereich	360°
Motorbezeichnung	EMaW 6-20
Motor	6-Zylinder-4Takt-Dieselmotor, wassergekühlt
Bohrung x Hub	115 x 145 mm
Hubraum	9036 cm³
Leistung bei U/min	120 PS bei 2000/min
Getriebe	5-Gang-Wechselgetriebe, Nebenantrieb, 1 Rückwärtsgang
Bremsen	pneumatische Zweikreis-Allradbremse, mechanische Handbremse auf die Hinterräder wirkend
Radformel	4x2, Hinterradantrieb
Bereifung	12.00-20 extra HD, vorn einfach, hinten zwilling
Radstand	4900 mm
Länge x Breite x Höhe	8380 x 2500 x 3100 mm
Gesamtgewicht	16.000 kg
Höchstgeschwindigkeit	50 km/h

Der lange Radstand und der große Überhang vorn machten den KW 10 im Straßenverkehr recht schwerfällig. (Foto: Kraftfahrzeugarchiv Christian Suhr)

Der Kranwagen 5 präsentierte sich wesentlich wendiger und den Anforderungen der Feuerwehr gerechter als es der KW 10 war. (Foto: Feuerwehr Potsdam)

Kranwagen KW 5

ADK V/5 »Panther«

Erst ab 1965 wurden serienmäßige Autodrehkrane des Typs ADK V/5 »Panther« als Kranwagen 5 (KW 5) bei den Berufsfeuerwehren von Großstädten und in Großbetrieben eingesetzt. Dieser Kran war auf die Entwicklung des ADK I/5, des Zentralen Konstruktionsbüros der VVB Abus, in Zusammenarbeit mit dem Hebezeugwerk Sebnitz 1951 zurückzuführen und verließ ab 1962 das Werk in Sebnitz. Grundlage für die Konstruktion bildeten hier Baugruppen des IFA H 6 und des S 4000-1.

Der KW 5 war für eine maximale Traglast von 5 Tonnen ausgelegt. Dreh- und Hubwerk wurden elektromechanisch betrieben und das Wippwerk arbeitete hydraulisch. Durch eine mechanische Achsverriegelung während des Kranbetriebes war auch das Verfahren des Kranes unter Last bis zu 5 km/h möglich. Der Drehbereich des Kranes betrug 340°. Unter Verwendung des 1,50 Meter langen Zusatzauslegers erhöhte sich zwar die Ausladung, reduzierte jedoch die Tragfähigkeit des Kranes auf maximal 3,0 Tonnen. Mittels Endschalter an der Auslegerseite konnten die niedrigsten und höchsten Lasten eingestellt werden. Für Standfestigkeit sorgten Gegengewichte und herausziehbare Spindelstützen. Den notwendigen Strom für den Kranbetrieb erzeugte ein vom 90 PS starken Fahrmotor angetriebener Drehstromgenerator mit 30 kVA. Dieser versorgte alle Elektromotoren mit Drehstrom 380 V 50 Hz. Der KW 5 diente zudem über eine am Fahrerhaus angebrachte Steckdose als Notstromaggregat mit einer Maximalleistung von 18 kV. Somit konnte der Kranwagen auch zur Stromversorgung von Großgeländescheinwerfern und Arbeitsma-

Kranwagen KW 5	
Indienststellung/Bauzeit	1965-1967
Aufbau-Hersteller	VEB Hebezeugwerk Sebnitz/DDR
Fahrgestell	basierend auf IFA S 4000-1 und H 6 (ADK V/5 »Panther«)
Fahrgestell-Hersteller	VEB Hebezeugwerk Sebnitz/DDR
Besatzung	1/1
Ausrüstung/ Bemerkung	Drehstromgenerator 30 kVA, hydraulisch Autodrehkran mit Einsteckausleger, maximale Tragfähigkeit 5,0 t, maximale Ausladung 12,5 m und maximale Hubhöhe 11,5 m (mit Einsteckausleger)
Motorbezeichnung	EM 4-22
Motor	R4-Zylinder-Viertakt-Dieselmotor, wassergekühlt
Bohrung x Hub	115 x 145 mm
Hubraum	6024 cm^3
Leistung bei U/min	66 kW (90 PS) bei 2200/min
Drehmoment bei U/min	343 Nm bei 1250/min
Radformel	4x2, Hinterachsantrieb
Radstand	3550 mm
Länge x Breite x Höhe	8200 x 2600 x 3150 mm
Bodenfreiheit	300 mm
Gesamtgewicht	12.780 kg
Höchstgeschwindigkeit	42,2 km/h

Fotos: Autor

schinen genutzt werden. Eine weitere Steckdose konnte für Fremdeinspeisung aus dem Netzstrom genutzt werden.

Das zweisitzige Fahrerhaus bestand aus dem fest integrierten Fahrersitz und dem umsteckbaren Beifahrersitz, der rückwärtig auch als Bedienplatz im Kranbetrieb fungierte. Der KW 5 verfügte wahlweise neben der Fahrlenkung auch über eine anbringbare/abnehmbare Arbeitslenkung bzw. ein zweites Set Fußpedale für Gas, Kupplung und Bremse an der rückwärtigen Beifahrerseite. Somit waren das Fahren und der Kranbetrieb von beiden Sitzen aus möglich. Suchscheinwerfer an der Fahrerhausrückwand ermöglichten den Einsatz bei Nacht.

Bei der Feuerwehr bildeten der KW 5 und ein Gerätewagen eine taktische Einheit, da der Autodrehkran für sich keine Anschlagmittel und feuerwehrtechnische Bestückung mitführte. Dennoch war der Kranwagen auch allein einsetzbar.

Kranwagen KW 12

ADK 125

Aufgrund des Bedarfs an leistungsfähigen Hebezeugen bei der Feuerwehr wurde ab 1976 auf die handelsübliche ADK-125-Reihe zurückgegriffen. Leicht modifizierte ADK 125-2 wurden als KW 12 in den Dienst gestellt und waren weitaus leistungsfähiger als die bis dato bei der Feuerwehr verwendeten KW 5. Man konnte nun auf 12,5 t, später sogar 13 t Tragfähigkeit zurückgreifen. Außerdem war der Kran bei rückwärtigem Ausleger unter Last bis 9 t bei 3 m Ausladung verfahrbar.

Bei einer Anhängemasse von 9 t konnte der KW 12 auch als Zugfahrzeug genutzt werden. Die Produktion dieser Autodrehkrane gestaltete sich anfangs schwierig. Wegen Lieferproblemen bei den Achsen wurde die Montage der Fahrgestelle dieses Autodrehkranes bei RABA Györ in

Foto: Autor

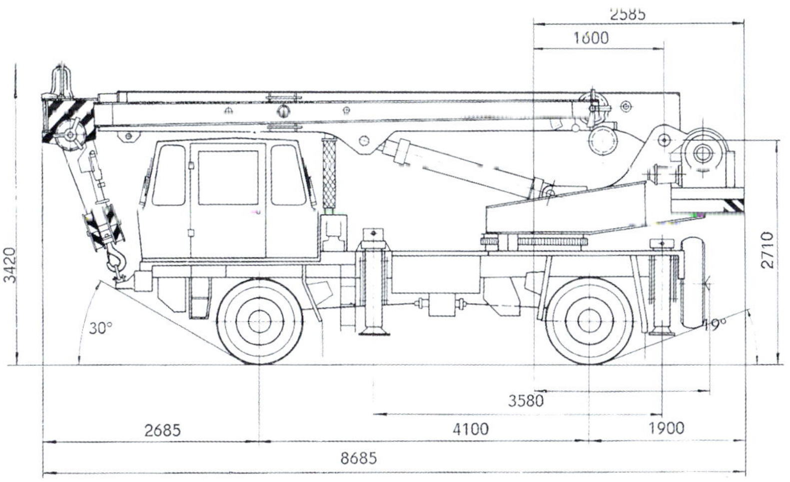

Zeichnung des ADK 125-2.
(Quelle: Prospekt)

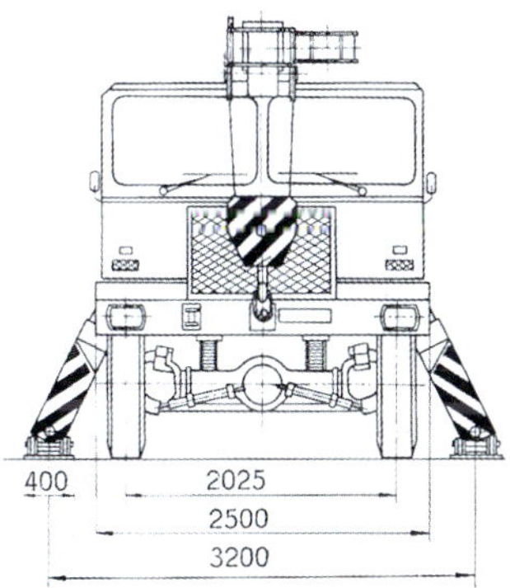

Kranwagen KW 12 auf Basis eines ADK 125-1 des Baujahres 1978. Dieser handelsübliche Autodrehkran des Kombinates TAKRAF wurde speziell für die Feuerwehr hergerichtet und war von 1978 bis 1995 in aktivem Dienst bei der Berufsfeuerwehr Dresden. Nach zwischenzeitlicher Umlackierung mit weißer Bauchbinde am Fahrerhaus und der späteren Verwendung einer westdeutschen Signalanlage wurde der KW 12 wieder in den Urzustand versetzt und gehört nach der Aussonderung zum Bestand der Interessengemeinschaft Feuerwehrhistorik Dresden. (Foto: Autor)

Ungarn nach Verbringung dort benötigter Baugruppen wie Motor und Fahrerkabine realisiert.
Der ADK 125 wurde nach der Lieferung der Chassis mit den Fahrerhäusern aus Ungarn im VEB Maschinenbau »Karl Marx« Babelsberg durch die Montage des Kranaufbaus fertiggestellt. Mit der fortlaufenden Weiterentwicklung und den daraus hervorgehenden Verbesserungen und Erweiterungen wurde 1981 der ADK 125-3 eingeführt und unter anderem auch als KW 12 bei der Feuerwehr eingesetzt.

	Kranwagen KW 12
Indienststellung/Bauzeit	1976
Aufbau-Hersteller	VEB Maschinenbau »Karl Marx« Babelsberg/DDR
Fahrgestell	ADK 125-2
Fahrgestell-Hersteller	VEB Maschinenbau »Karl Marx« Babelsberg/DDR; RABA Györ/Ungarn
Besatzung	1/1
Motorbezeichnung	6 VD 14,5/12-2 SRW
Motor	R6-Zylinder-Viertakt-Dieselmotor, wassergekühlt
Bohrung x Hub	120 x 145 mm
Hubraum	9834 cm³
Leistung bei U/min	140 kW (190 PS) bei 2300/min
Radformel	4x4, Allradantrieb
Bereifung	Superreifen Barum 12,00-20/18 NV 27, vorn einfachbereift, hinten zwillingsbereift
Radstand	4100 mm
Länge x Breite x Höhe	8375 x 2500 x 3400 mm (bei Transport)
Bodenfreiheit	285 mm
max. Wattiefe	ca. 1200 mm
Eigengewicht	18.540 kg
zul. Gesamtgewicht	18.900 kg
zul. Anhängemasse	9000 kg
zul. Vorderachslast	72,6 kN
zul. Hinterachslast	112,8 kN
Höchstgeschwindigkeit	70 km/h
Steigfähigkeit	50 %
Kraftstofftankinhalt	190 l (+ 4 Reservekanister à 20 l)
Kraftstoffverbrauch	37 l/100 km
- im Kranbetrieb	8 l/h
Fahrbereich	500 km (inkl. Kraftstoffreserven)
	Eigenschaften im Kranbetrieb
Kranausleger	teleskopierbar
Gesamtlänge Ausleger	15,26 m
Teleskopierzeit	45 s ausfahren 22 s einfahren 40 s Wippzeit
max. Tragfähigkeit	12,5 t hydr. abgestützt (bei 2,65 m Ausladung) 5,0 t nicht abgestützt
max. Ausladung	14,0 m (bei einer Tragfähigkeit von 500 kg)
max. Hakenhöhe	ca. 20 m
max. Drehbereich	360° (Drehgeschwindigkeit 2 /min)
Hubgeschwindigkeit	bis zu 12 m/min
	feuerwehrtechnische und sonstige Ausrüstung
	1 Sanitätskasten, 1 Werkzeugkasten, 2 Handfeuerlöscher (Pulver), 1 Pionierspaten, 1 Axt, 1 Zugsäge (1200 mm), 1 Kreuzhacke, 1 Abschleppstange, 2 Warnflaggen (1 rot, 1 gelb), 1 Kurbel für Drehwerk, 1 Kabel-Handleuchte (24 V, 20 W), 1 Paar Leder-Schutzhandschuhe

Kranwagen KW 28

Tatra 815 6x6 AD 28

1989 wurden für die Feuerwehrkommandos in Berlin (Ost) und in Leipzig je ein Autodrehkran AD 28 auf Tatra 815 PJ mit der Bezeichnung Kranwagen 28 (KW 28) beschafft.

Der Kran besaß einen teleskopierbaren Kastenausleger mit einer Tragfähigkeit bis zu 28 Tonnen. Eine Hakenhöhe von 33 Meter konnte mittels zusätzlichem Klappausleger erreicht werden. Die maximale Ausladung betrug 24 Meter. Das Fahrerhaus war vor der Vorderachse angeordnet und bot Platz für 1/1 Einsatzkräfte. Die Steuerung des Kranes erfolgte über den Führerstand, der sich auf dem um 360° drehbaren Oberwagen befand. Trotz des Allradantriebes war der KW 28 aufgrund der weiten Überhänge nur bedingt geländetauglich und wurde für Hebearbeiten bei Bergungen und Beräumungen genutzt.

Kranwagen KW 28	
Indienststellung/Bauzeit	1989-1990
Aufbau-Hersteller Fahrgestell Fahrgestell-Hersteller	ČKD Mobilní Jeráby/ČSSR Tatra 815 PJ 6x6.1 Tatra-Werke Koprivnice/ČSSR
Besatzung	1/1
Ausrüstung/ Bemerkung	Kranaufbau mit hydraulisch teleskopierbarer Kastenausleger, maximale Tragfähigkeit 28 t, maximale Hakenhöhe ca. 32,5 m, maximale Ausladung 31,2 m
Motorbezeichnung Motor Bohrung x Hub Hubraum Leistung bei U/min	T 3-928-32 V8-Zylinder-Viertakt-Dieselmotor 120 x 140 mm 12.667 cm³ 170 kW (231 PS) bei 2200/min
Radformel	6x6, Allradantrieb
Radstand Länge x Breite x Höhe Bodenfreiheit	3950 + 1320 mm 10.750 x 2480 x 3420 mm 290 mm
Gesamtgewicht	28.300 kg
Höchstgeschwindigkeit	76 km/h

Autor

Amphibienwagen

Der BAW des Kommandos Feuerwehr Potsdam mit der Kennung FW-04. Voraussetzung für den Einsatz in Gewässern ist eine geeignete Ein- und Ausfahrstelle am Ufer. Der Antrieb erfolgt über eine heckseitge Schraube. Deren Strahl wird benötigt um mittels dahinterliegendem Ruder den BAW zu steuern. (Fotos: Feuerwehr Potsdam)

Bereifter Amphibienwagen BAW

ZIL-485

Zu den Sonderfahrzeugen mit speziellen Eigenschaften gehören Amphibienfahrzeuge, die sich an Land und auch zu Wasser fortbewegen können. Der Vorteil liegt somit in der schnellen Ortsveränderlichkeit durch Nutzung des Landweges und dem Einsatz der Schwimmfähigkeit direkt am Bestimmungsort. Daher bieten Amphibienwagen eine höhere Mobilität als Boote und können bei der Feuerwehr zur Brandbekämpfung, Wasserrettung, bei Tauchereinsätzen, zur Hilfe bei Havarien von Wasserfahrzeugen sowie zum Transport von Material und Einsatzkräften eingesetzt werden.

1963 wurden vier solcher schwimmfähigen Fahrzeuge sowjetischer Bauart nach Aussonderung aus den Beständen der Nationalen Volksarmee durch das MdI (Ministerium des Innern) in den Dienst der Feuerwehr gestellt. Die Wartung und feuerwehrtechnische Umrüstung der gebrauchten Fahrzeuge erfolgte in der Zentralwerkstatt der Feuerwehr in Halle-Trotha.

Danach wurden sie mit den Kennzeichnungen FW 01 bis FW 04 den Wehren Berlin, Magdeburg, Potsdam und der Feuerwehrschule Heyrothsberge übergeben.
Sie waren sowjetischer Bauart mit der Typenbezeichnung ZIS-/ZIL-485A, basierten auf dem geländegängigen Lastwagen ZIS-/ZIL-151 (spätere Modelle auf dem ZIL-157) und wurden bei der Feuerwehr als bereifter Amphibienwagen (BAW) bezeichnet. Die Bezeichnung BAW stammt ursprünglich jedoch aus dem Russischen und bedeutet sinngemäß übersetzt »großes schwimmfähiges Kraftfahrzeug«. Die als Bootskörper ausgebildete Karosserie verlieh dem Fahrzeug die Schwimmfähigkeit. Der BAW besaß eine Ladefläche, eine Seilwinde sowie weitere feuerwehrtechnische Ausrüstung.

Wie effektiv ein solcher Schwimmwagen sein konnte, stellte sich bereits im Zweiten Weltkrieg heraus. Hier zeigte der amerikanische Schwimmwagen »DUKW-353« (umgangssprachlich »Duck«, dt. »Ente«), entwickelt von der General Motors Corporation GMC und dem Unternehmen Sparkman & Stephens, seine Vorteile bei militärischen Landungsoperationen, dem Überqueren von Wasserbarrieren und dem amphibischen Transport von Soldaten und Gütern. Es lag der sowjetischen Führung daher nichts näher, als ein solches Fahrzeug nach amerikanischem Vorbild zu bauen. Nachdem 1951 die Massenproduktion im ukrainischen Automobilwerk Dnepropetrowsk (DAZ) nicht stattfinden konnte, wurde die Fertigung nach Moskau zum Stalin-Werk ZIS verlegt. Von 1952 bis 1959 wurde der BAW dort als ZIS-485 bzw. ab 1956 mit Beginn der Entstalinisierung als ZIL-485 gebaut. Das Werk wurde nun nach Lichatschow benannt. Mit dem Bau des Nachfolgers ZIL-157 stand nun auch für den BAW ein neues Fahrgestell zur Verfügung. In den Jahren 1960 bis 1962 verließ der Schwimmwagen nun als ZIL-485A die Fertigungshallen. Die nächste Entwicklungsstufe sollte auf dem ZIL-131 basieren, zu dessen Serienproduktion es jedoch nicht kam.

Bereifter Amphibienwagen BAW

Bezeichnung	ZIL-485 (BAW)		ZIL-485A (BAW-A)
Indienststellung	1963		
Basis-Fahrgestell	ZIS-151	ZIL-151	ZIL-157
Bauzeit	1952-1956	1956-1959	1958-1959
Fahrgestell- bzw. Aufbau-Hersteller	Stalin-Werk ZIS/ ab 1956: Lichatschow-Werk ZIL Moskau/UdSSR		
Besatzung	1/1		
Motorbezeichnung	ZIS-123		ZIL-157
Motor	R6-Zylinder-Viertakt-Ottomotor, wassergekühlt		
Bohrung x Hub Hubraum Leistung bei /min Drehmoment bei U/min	101,6 x 114,3 mm 5550 cm³ 80,9 kW (110 PS) bei 2900/min 319 Nm bei 1300/min		101,6 x 114,3 mm 5550 cm³
Antrieb	6x6, Allradantrieb bzw. Schraubenantrieb (Schraube dreiflügelig)		
Bereifung	11.00-18		12.00-18
Spurweite v/h Radstand Länge x Breite x Höhe Bodenfreiheit Steigfähigkeit Kletterfähigkeit	1620/1620 mm 3668 + 1120 mm 9540 x 2485 x 2660 mm 280 mm 58 % 400 mm		 3668 + 1120 mm 9540 x 2485 x 2780 mm 285 mm
Bezeichnung	ZIL-485 (BAW)		ZIL-485A (BAW-A)
Kraftstoffvorrat	240 l (Tank)		

Leermasse Nutzmasse	7150 kg 2500 kg (an Land) 3000 kg (im Wasser)	7400 kg 2500 kg
Gesamtgewicht	9650 kg (an Land), 10.650 kg (im Wasser)	9900 kg (an Land)
Höchstgeschwindigkeit	60 km/h (an Land), 7 km/h (im Wasser)	60 km/h (an Land) 10 km/h (im Wasser)
Steigvermögen	58 %	
Verbrauch	an Land: 47 l/100 km im Wasser: 30 l/h	
Seilwinde - Zugkraft	4500 kp	

feuerwehrtechnische Ausrüstung

1 Sanitätskasten (klein), 1 Krankentrage B, 2 Schutzauflagen für Krankentragen, 2 Krankendecken, 1 Schutzhülle für Krankendecke, 1 Mund-Beatmungsgerät, 1 Bergungsstange, 1 Bergungshaken, 1 Suchharke, 1 Suchleine kompl., 1 Traggestell für Suchleine, 1 Schlauchboot (0,5 Mp, kompl.), 1 Dynaphon Typ B-65, 1 Rettungsring, 4 Schwimmwesten, 2 Übergangsstücke B-C, 1 Verteiler B, 2 Krümmer A, 1 Saugkorb A, 1 Weidenschutzkorb A, 1 Schwimmboje K, 1 Vollstrahlrohr BV, 1 Vollstrahlrohr CV, 1 Mehrzweckstrahlrohr CM, 1 Zumischer (A 1,5), 1 Luftschaumrohr (A 1,5), 1 Handfeuerlöscher SL 10 Hi, 1 Tragkraftspritze 8/8 (kompl.), 1 Kasten für TS-Werkzeug, 1 Wasserstrahlpumpe C-B, 4 Kanister für Schaumbildner, 1 Arbeitsstellenscheinwerfer, 2 Signaltaschenlampen, 2 Handscheinwerfer, 2 Saugschläuche (A 1,5), 3 Saugschläuche (A 2,5), 1 Zumischerschlauch A, 5 Druckschläuche B 20 (insgesamt 100 m), 1 Druckschlauch B 5, 5 Druckschläuche C 15 (insgesamt 75 m), 3 Kupplungsschlüssel, 1 Haken, 1 Stiel für Arbeitsgeräte, 1 Werkzeugkasten, 1 Brechwerkzeug (kompl.), 1 Feuerwehraxt, 1 Spaten 1080, 2 Schäkel A 3, 2 Fangleinen F 30, 2 Schlauchhalter S, 1 Arbeitsleine A 15 K, 5 Bindestricke, 1 Hanfseil (24 x 15), 1 Beutel für Bindestricke, 2 Tragbeutel für Fangleinen, 1 Meldertasche (kompl.), 4 Feuerwehr-Schutzhandschuhe, 1 Lecksegel, 2 Gummihandschuhe (30 cm), 1 Kraftstoffkanister 20 l (VK)

Neben IFA F 8 Limousinen wurden auch Kombis bei der Feuerwehr als Dienstwagen eingesetzt. Der abgebildete Einsatzwagen der FF Lützen stammt aus dem Jahr 1952, wurde anfangs als Firmenwagen genutzt und dann in den Dienst der Feuerwehr übernommen. (Foto: André Breutel)

Personenkraftwagen Pkw

IFA F 8

Während in den Anfangsjahren noch auf Personen- und Kübelwagen der Wehrmacht und der Besatzungsmächte zurückgegriffen wurde, standen den Feuerwehren mit dem Wiederaufbau der Autoindustrie in der SBZ die ersten neuen Personenkraftwagen als Führungs- und Kommandowagen zur Verfügung.
Hierzu zählte der IFA F 8, der im ehemaligen Audi-Werk Zwickau gebaut wurde und ein fast unverändertes Abbild der DKW Meisterklasse F8-700 aus den Jahren 1939 und 1940 war. Er wurde 1948 auf der Leipziger Frühjahrsmesse vorgestellt und ging im Mai 1949 in Serie. Die alte DKW-Technik wurde weitestgehend beibehalten, sodass der F 8 nach wie vor von einem 0,7-Liter-Zweizylinder-Zweitakt-Ottomotor mit 20 PS angetrieben wurde. Er baute auf einem Kastenprofilrahmen auf und besaß eine zweitürige Sperrholz-Karosserie, die vier Insassen Platz bot. Neben einigen Limousinen kamen auch vereinzelt F 8 Lieferwagen bei der Feuerwehr zum Einsatz.

Personenkraftwagen Pkw	
Indienststellung/Bauzeit	1949-1955
Aufbau-Hersteller	IFA Automobilwerk Zwickau/DDR
Fahrgestell	IFA F 8 (Daten für Limousine)
Fahrgestell-Hersteller	IFA Automobilwerk Zwickau/DDR
Besatzung	1/3
Ausrüstung/ Bemerkung	Sondersignalanlage
Motorbezeichnung	F 8
Motor	Zweizylinder-Zweitakt-Ottomotor, wassergekühlt
Bohrung x Hub	76 x 76 mm
Hubraum	684 cm³
Leistung bei /min	15 kW (20 PS) bei 3500/min
Radformel	4x2, Frontantrieb
Radstand	2600 mm
Länge x Breite x Höhe	4000 x 1480 x 1480 mm
Bodenfreiheit	190 mm
Gesamtgewicht	1140 kg
Höchstgeschwindigkeit	90 km/h

Personenkraftwagen Pkw

Awtowelo-BMW/EMW 340

Mit der Produktion des Awtowelo-BMW/EMW 340 stand auch vorwiegend Berufsfeuerwehren ein Mittelklassewagen als Dienstfahrzeug zur Verfügung. Die Fertigung der Sechszylinder-Limousine Awtowelo-BMW 340-0 begann 1949 bei der »Staatliche Aktiengesellschaft Awtowelo Werk BMW Eisenach«, die der Kontrolle der sowjetischen Besatzungsmacht unterlag.

In Folge eines Prozesses ausgehend von BMW München, wurde das Werk 1952 in EMW (Eisenacher Motorenwerke) umbenannt. Die Limousine erhielt fortan die Bezeichnung EMW 340-2. Diese Mittelklassewagen wurden zu einem Großteil als Dienstwagen in Verwaltungen und Industrie, sowie als Taxi in Großstädten genutzt. Die den Feuerwehren übergebenen Fahrzeuge waren in Zivil ausgeführt und besaßen auf der Fahrerseite einen blauen Scheinwerfer. Vereinzelt sind auch Kombis, Liefer- und Sanitätswagen den Feuerwehren zugeführt worden. Die Fertigung des EMW 340 endete 1955.

Personenkraftwagen Pkw	
Indienststellung/Bauzeit	1949-1955
Aufbau-Hersteller	SAG Awtovelo Werk BMW Eisenach/DDR
Fahrgestelle	Awtovelo BMW 340-0 EMW 340-2 (ab 1952)
Fahrgestell-Hersteller	SAG Awtovelo Werk BMW Eisenach/DDR
Besatzung	1/4
Bemerkung	ab Juni 1952 Hersteller VEB IFA Automobilwerk Eisenacher Motorenwerke (EMW)
Motorbezeichnung	BMW 340
Motor	R6-Zylinder-Viertakt-Ottomotor, wassergekühlt
Bohrung x Hub	66 x 96 mm
Hubraum	1971 cm³
Leistung bei U/min	40 kW (55 PS) bei 3750/min 42 kW (57 PS) bei 4200/min (ab 1952)
Radformel	4x2, Hinterachsantrieb
Radstand	2870 mm
Länge x Breite x Höhe	4600 x 1765 x 1630 mm
Bodenfreiheit	200 mm
Gesamtgewicht	1700 kg
Höchstgeschwindigkeit	120 km/h

Der abgebildete 1952er Awtowelo-BMW 340 wurde als Behördendienstwagen (BDW) genutzt und befindet sich heute im Bestand der Feuerwehrhistorik Riesa. Awtowelo-BMW-/EMW-Limousinen wurden nur größeren Feuerwehren zugeführt. (Foto: Autor)

Foto: Autor

Personenkraftwagen Pkw

Wartburg 311 und 312

Der Wartburg 311 wurde auch bei der Feuerwehr in der handelsüblichen Ausführung mit geringen Modifikationen als Dienstwagen für die Einsatzleitung und für Brandschutzkontrollen genutzt.
Dieser Personenkraftwagen wurde ab 1955 vorerst noch als EMW 311 im VEB Automobilwerk Eisenach (AWE) produziert und basierte auf der Technik des dort bis 1956 gebauten IFA F9. Nach der Umbenennung der Eisenacher Motorenwerke (EMW) in Automobilwerke Eisenach erhielt dieser neue Pkw in Verbindung mit dem Namen des Wahrzeichens der Stadt, die Bezeichnung AWE Wartburg 311.

Die wesentlichsten Änderungen gegenüber dem F9 waren die Vergrößerung des Radstandes um 100 Millimeter und die Verwendung einer modernen Karosserie. Nach diversen Überarbeitungen und Weiterentwicklungen am Serienmodell kamen auch der 1962 bis 1965 produzierte Wartburg 311-1000, sowie das 1965/66 gebaute Zwischenmodell Wartburg 312 in den Dienst der Feuerwehr. Während die wichtigste Änderung des 311-1000 in der Verwendung eines leistungsgesteigerten 1,0-Liter-Motors lag, erhielt der Wartburg 312 auch das Fahrgestell seines Nachfolgers 353.

Personenkraftwagen Pkw	
Indienststellung/Bauzeit	1962-1965
Aufbau-Hersteller	VEB Automobilwerk Eisenach/DDR
Fahrgestell	AWE Wartburg 311/1000 Limousine
Fahrgestell-Hersteller	VEB Automobilwerk Eisenach/DDR
Besatzung	1/3
Ausrüstung/ Bemerkung	Sondersignalanlage
Motorbezeichnung	AWE 312
Motor	R3-Zylinder-Zweitakt-Ottomotor, wassergekühlt
Bohrung x Hub	73,5 x 78 mm
Hubraum	991 cm³
Leistung bei U/min	33 kW (45 PS) bei 4250/min
Radformel	4x2, Frontantrieb
Radstand	2450 mm
Länge x Breite x Höhe	4300 x 1570 x 1650 mm
Bodenfreiheit	190 mm
Gesamtgewicht	1300 kg
Höchstgeschwindigkeit	122 km/h

Foto: Autor

Ausrückedienstwagen ADW

Wartburg 353

Nicht mehr mit der Bezeichnung Pkw sondern Ausrückedienstwagen wurden ab 1966 viele Limousinen vom Typ Wartburg 353 bzw. ab 1975 Wartburg 353 W bei größeren Feuerwehr-Kommandos in den Dienst gestellt.

Der ebenfalls bei AWE produzierte Nachfolger des Wartburg 312 wurde von einem Dreizylinder-Zweitakt-Ottomotor mit anfangs 45 und ab 1975 mit 50 PS angetrieben und bekam eine Funkanlage. Vorerst mit einer mittig auf dem Dach angeordneten Rundumkennleuchte ausgestattet, erhielten die ADW später eine Sondersignalbrücke mit zwei Kennleuchten, einer Sirene und ein oder zwei Lautsprechern.

Ausrückedienstwagen ADW	
Indienststellung/Bauzeit	1966-1989
Aufbauhersteller Fahrgestell Fahrgestellhersteller	VEB Automobilwerk Eisenach/DDR AWE Wartburg 353 (ab 1975: 353 W) VEB Automobilwerk Eisenach/DDR
Besatzung	1/4
Ausrüstung/ Bemerkung	Funktechnik, Sondersignalanlage

Motorbezeichnung Motor Bohrung x Hub Hubraum Leistung bei U/min	AWE 353 (ab 1975: AWE 353/1) R3-Zylinder-Zweitakt-Ottomotor, wassergekühlt 73,5 x 78 mm 992 cm³ 33 kW (45 PS) bei 4250/min
Radformel	4x2, Frontantrieb
Radstand Länge x Breite x Höhe Bodenfreiheit	2450 mm 4220 x 1640 x 1695 mm 160 mm
Gesamtgewicht	1320 kg
Höchstgeschwindigkeit	130 km/h

Ausrückedienstwagen ADW

Wartburg 1.3

Der Einsatz des Wartburg 1.3 bei der Feuerwehr erfolgte erst zur bzw. nach der Wendezeit. Hier kamen häufig gebrauchte Fahrzeuge zum Einsatz und dienten als Ausrückedientwagen bzw. Einsatzleitwagen. Hauptsächlich erhielten die Feuerwehren die Limousinen-Ausführung, ausgestattet mit Funk- und Sondersignalanlage. Der Gebrauch des Wartburg 1.3 Tourist, also des Kombis, war dagegen äußerst selten.

Die Fertigung des Wartburg 1.3 erfolgte 1988 im VEB Automobilwerk Eisenach. Unter Verwendung des unter VW-Lizenz hergestellten Motors vom Typ BM 860 wurde der Wartburg nun erstmals serienmäßig von einem Vierzylinder-Viertaktmotor angetrieben. Der neue Eisenacher löste somit den bereits seit 1966 gebauten Wartburg 353 ab.

Ausrückedienstwagen ADW	
Indienststellung/Bauzeit	1989/90
Aufbau-Hersteller Fahrgestell Fahrgestell-Hersteller	VEB Automobilwerk Eisenach/DDR AWE Wartburg 1.3 VEB Automobilwerk Eisenach/DDR
Besatzung	1/4
Ausrüstung/ Bemerkung	Sondersignalanlage
Motorbezeichnung Motor Bohrung x Hub Hubraum Leistung bei U/min	Barkas BM 860 R4-Zylinder-Viertakt-Ottomotor, wassergekühlt 75 x 72 mm 1272 cm³ 43 kW (58 PS) bei 5400/min
Radformel	4x2, Frontantrieb
Radstand Länge x Breite x Höhe Bodenfreiheit	2450 mm 4216 x 1642 x 1695 mm 155 mm
Gesamtgewicht	1320 mm
Höchstgeschwindigkeit	140 km/h

Foto: Autor

Fotos: Autor

Ausrückedienstwagen ADW

Moskwitsch 2137

Ab Anfang der 1980er-Jahre stand der Feuerwehr in Fürstenberg (Eisenhüttenstadt) ein sowjetischer Kombi des Typs Moskwitsch 2137 als Ausrückedienstwagen zur Verfügung. Der Aufbau des Fahrzeuges erfolgte in Eigenleistung. Dieser ADW steht als Beispiel für die Indienstnahme verschiedener, vorwiegend aus den Kommunen und dem Militär ausgesonderter Fahrzeuge. Neben Moskwitsch wurden so auch einige wenige Lada- und Saporoshez-Modelle für die Zwecke der Feuerwehr genutzt.

Der hier genannte ADW Moskwitsch ist heute im Feuerwehrmuseum Eisenhüttenstadt zu finden.

Ausrückedienstwagen ADW	
Indienststellung/Bauzeit	1980
Aufbau-Hersteller	AZLK Moskau/UdSSR
Fahrgestell	Moskwitsch 2137
Fahrgestell-Hersteller	AZLK Moskau/UdSSR
Besatzung	1/4
Ausrüstung/ Bemerkung	Sondersignalanlage
Motorbezeichnung	412E
Motor	R4-Zylinder-Viertakt-Ottomotor, wassergekühlt
Bohrung x Hub	82 x 70 mm
Hubraum	1478 cm³
Leistung bei U/min	55 kW (75 PS) bei 5800/min
Drehmoment bei U/min	112 Nm bei 3400/min
Getriebe	4+1-Gang-Schaltgetriebe
Bremsen	hydraulische Zweikreis-Vierradbremse, Servo, mech. Handbremse auf die Hinterräder wirkend
Radformel	4x2, Hinterachsantrieb
Radstand	2400 mm
Länge x Breite x Höhe	4250 x 1550 x 1525 mm (Oberkante Dach)
Bodenfreiheit	200 mm
Kraftstoffvorrat	46 l (Tank, hinten)
Gesamtgewicht	1500 kg
Höchstgeschwindigkeit	140 km/h
Kraftstoffverbrauch	8,8 l/100 km

Ausrückedienstwagen ADW

Lada VAZ-2121 Niva 1600

Mit dem Lada Niva baute die Sowjetunion ab 1977 in Togliatti einen vollwertigen Geländewagen, der sich schon bald im zivilen und militärischen Sektor etablierte. Mit großer Bodenfreiheit, kurzen Überhängen vorn und hinten sowie Verteilergetriebe und Allradantrieb überzeugte das Erfolgsmodell auch in unwegsamem Gelände. Der leicht modifizierte Vierzylinder-Ottomotor stammte aus dem 2106er Modell und leistete mit 1,6 Litern Hubraum 76 PS bei 5400/min.

Trotz der guten Eigenschaften wurden nur drei Lada Niva, ausgerüstet mit Signal- und Funkanlage, als Ausrückedienstwagen Ende der 1980er-Jahre in den Dienst der Feuerwehr gestellt. Mit der politischen Wende ab 1989/90 wurden noch einige aus betrieblichen und militärischen Beständen übernommen und bei Wehren auch als Zughilfsfahrzeug, Kommando- und Einsatzleitwagen sowie als Grubenwehreinsatzwagen genutzt.

Der in der DDR eingesetzte Ausrückedienstwagen entsprach dem westlichen Einsatzleitwagen ELW. Bei dem abgebildeten Fahrzeug handelt es sich bereits um ein ELW der Nachwendezeit. Dieser Lada Niva diente bei der Berufsfeuerwehr Dresden und wurde von der Firma Brandschutztechnik Görlitz entsprechend modifiziert. (Foto: Wilfried Klahre, BF Dresden, Archiv IG Fw-Historik Dresden)

Ausrückedienstwagen ADW	
Indienststellung	1988
Baumuster	1988
Aufbau-Hersteller	Automobilwerk Togliatti/UdSSR
Fahrgestell	Lada VAZ-2121 Niva 1600
Fahrgestell-Hersteller	Automobilwerk Togliatti/UdSSR
Besatzung	1/3
Motorbezeichnung	VAZ-2121
Motor	R4-Zylinder-Viertakt-Ottomotor, wassergekühlt
Bohrung x Hub	79 x 80 mm
Hubraum	1568 cm³
Leistung bei /min	55,8 kW (76 PS) bei 5400/min
Drehmoment bei /min	123 Nm bei 3500/min
Getriebe	4+1-Gang-Schaltgetriebe, 2-Gang-Reduktionsgetr.
Bremsen	hydr. Zweikreis-Vierradbremse, Servo, mechn. Handbremse auf die Hinterräder wirkend
Radformel	4x4, Allradantrieb
Radstand	2200 mm
Länge x Breite x Höhe	3720 x 1680 x 1640 mm
Bodenfreiheit	220 mm
Kraftstoffvorrat	45 l (Tank, hinten)
Gesamtgewicht	1550 kg
Höchstgeschwindigkeit	130 km/h
Kraftstoffverbrauch	12,0 l/100 km
	Ausrüstung
Sondersignalanlage	2 x Fahrzeugelektrik Ruhla 8562.5 Drehspiegelleuchten

Der oben abgebildete ADW ist einer von drei 1988 für die Feuerwehr angeschafften Lada Niva. Wie das Kennzeichen mit der »07« zeigt, ist dieser Einsatzwagen in Sachsen-Anhalt stationiert worden. (Fotos: Sammlung Andre Junghans)

Ausrückedienstwagen ADW
Barkas B 1000

Für den Einsatz bei größeren Feuerwehren wurden einige bei der Volkspolizei verwendete Barkas B 1000 der Verkehrsunfallbereitschaft (VUB) von 1985 bis 1988 in Görlitz zu Ausrückedienstwagen ausgebaut und rot lackiert. Das Abbild zum westlichen ELW diente der Beförderung der Einsatzleitung zur Einsatzstelle, der Führung von Fahrzeugverbänden und der Lageerkundung vor Ort. Der ADW konnte so als mobile Einsatzleitzentrale genutzt werden. Hierfür stand im Aufbau ein Besprechungsraum mit Tisch und Kommunikationstechnik zur Verfügung. Das Dach war für die Erkundung der Lage begehbar, sodass ein weiteres Vorgehen geplant, Maßnahmen ergriffen und Dokumentationen erstellt werden konnten. Der Ausrückedienstwagen war zudem mit einem Lichtmast, an dessen Spitze eine gelbe Rundumkennleuchte angebracht war, ausgerüstet. Dieser konnte vom Innenraum aus manuell mittels Handkurbel ausgefahren werden.

1983er ADW mit ausgefahrenem Lichtmast. (Foto: Autor)

Foto: Sammlung Andre Junghans

Ausrückedienstwagen ADW	
Indienststellung/Bauzeit	1985-1988
Aufbau-Hersteller	VEB Feuerlöschgerätewerk Görlitz/DDR
Fahrgestell	Barkas B 1000
Fahrgestell-Hersteller	VEB Barkas-Werke Karl-Marx-Stadt (Chemnitz)/DDR
Besatzung	1/1
Ausrüstung/ Bemerkung	Elektroaggregat 0,5 kVA
Motorbezeichnung	AWE 353/1
Motor	3-Zylinder-Zweitakt-Ottomotor
Bohrung x Hub	73,5 x 78 mm
Hubraum	992 cm³
Leistung bei U/min	33 kW (45 PS) bei 4000/min
Radformel	4x2, Frontantrieb
Radstand	2400 mm
Länge x Breite x Höhe	4520 x 1860 x 2400 mm
Bodenfreiheit	200 mm
Gesamtgewicht	2240 kg
Höchstgeschwindigkeit	100 km/h

Anzumerken sei, dass große Wehren neben den ADW auf Barkas B 1000 auch Kommandowagen KdoW auf den Fahrgestellen Phänomen Granit 27, Horch H3A, Robur LO, IFA G 5 und IFA W 50 erhielten.

Kübelwagen KbW

IFA F 9/4

Foto: André Breutel

Kübelwagen KbW	
Indienststellung/Bauzeit	1953-1956
Aufbau-Hersteller	VEB Karosseriewerk Dresden/DDR
Fahrgestell	IFA F 9/4 (EMW 309/4)
Fahrgestell-Hersteller	VEB Automobilwerk Sachsenring Zwickau/DDR
Besatzung	1/3
Bemerkung	Sondersignalanlage
Motorbezeichnung	EMW 309-1
Motor	R3-Zylinder-Zweitakt-Ottomotor, wassergekühlt
Bohrung x Hub	70 x 78 mm
Hubraum	900 cm³
Leistung bei U/min	21 kW (28 PS) bei 3600/min 22 kW (30 PS) bei 3800/min (ab 1954)
Drehmoment bei U/min	73,5 Nm bei 2500/min
Getriebe	4+1-Gang-Schaltgetriebe
Bremsen	vorn und hinten Trommelbremsen
Radformel	4x2, Frontantrieb
Radstand	2350 mm
Länge x Breite x Höhe	4200 x 1600 x 1600 mm (mit Verdeck)
Bodenfreiheit	200 mm
Gesamtgewicht	1250 kg
Höchstgeschwindigkeit	100 km/h

Obwohl der Bau des KbW IFA F 9/4 – oder auch F 9 E – ausschließlich für den Einsatz bei den bewaffneten Organen konzipiert wurde, erhielt die Feuerwehr als Dienstzweig der Polizei auch einige dieser spartanisch ausgestatteten viertürigen Kleinkübel nach deren Aussonderung. Der Einsatz erfolgte vorwiegend als Voraus- und Dienstfahrzeug.

Zwischen 1953 und 1955 baute das Karosseriewerk Dresden (KWD, vormals Gläser) genau 427 olivgrüne Kübelwagen dieses Typs auf. Die Fahrgestelle stammten aus dem VEB Automobilwerk Zwickau bzw. ab 1953 aus dem VEB Automobilwerk Eisenach.

Für den Einsatz bei der Feuerwehr wurden auch Umlackierungen in die feuerwehrtypische Farbgebung vorgenommen.

Kübelwagen KbW

Wartburg 311/4

	Kübelwagen KbW
Indienststellung/Bauzeit	1957-1963
Aufbau-Hersteller Fahrgestell Fahrgestell-Hersteller	VEB Karosseriewerk Dresden/DDR Wartburg 311/4 VEB Automobilwerk Eisenach/DDR
Besatzung	1/3
Ausrüstung	Sondersignalanlage
Motorbezeichnung Motor Bohrung x Hub Hubraum Leistung bei U/min	AWE 311 (ab 1962: AWE 312) R3-Zylinder-Zweitakt-Ottomotor, wassergekühlt 70 x 78 mm 73,5 x 78 mm (ab 1962) 900 cm³ 991 cm³ (ab 1962) 28 kW (38 PS) bei 3600/min 33 kW (45 PS) bei 4250/min (ab 1962)
Radformel	4x2, Frontantrieb
Radstand Länge x Breite x Höhe Bodenfreiheit	2450 mm 4250 x 1570 x 1500 mm (mit Verdeck) 190 mm
Gesamtgewicht	1350 kg
Höchstgeschwindigkeit	110 km/h 115 km/h (ab 1962)

Kübelwagen der Potsdamer Feuerwehr. (Foto: Feuerwehr Potsdam)

Auch als Nachfolger des IFA F9 Kleinkübels kam der Wartburg 311/4 zu Hunderten zur Volkspolizei, zum Zoll und meistens nach Aussonderung auch in die Land- und Forstwirtschaft sowie als Dienstfahrzeug zur Feuerwehr. Der Aufbau stammte wiederum vom VEB Karosseriewerk Dresden.

Dieser viertürige, aus Stahlblech bestehende Kleinkübel wurde von einem Dreizylinder-Zweitakt-Ottomotor angetrieben. Die Leistung der 38-PS-Maschine konnte unter anderem durch Vergrößerung des Hubraumes von 900 auf 991 Kubikzentimeter bis 1962 schrittweise auf 45 PS erhöht werden. Der viersitzige Wartburg 311/4 wurde mit abnehmbaren Türen, die um Steckscheiben ergänzt werden konnten, und einer nach vorn klappbaren Frontscheibe versehen. Ein Planenverdeck schütze die Insassen vor widriger Witterung. Leider konnte der Kübelwagen auch bei der Feuerwehr nicht vollends überzeugen, was vorwiegend an der Untauglichkeit fürs Gelände lag.

Foto: Sammlung Andre Junghans

Kübelwagen KbW

IFA P 2 M

Foto: Autor

Kübelwagen KbW	
Indienststellung/Bauzeit	1956-1958
Aufbau-Hersteller	VEB Fahrzeugwerke Karl-Marx-Stadt (Chemnitz)/DDR
Fahrgestell	IFA P 2 M
Fahrgestell-Hersteller	VEB Fahrzeugwerke Karl-Marx-Stadt (Chemnitz)/DDR
Besatzung	1/4
Bemerkung	Sondersignalanlage
Motorbezeichnung	OM 6-30
Motor	R6-Zylinder-Viertakt-Ottomotor, wassergekühlt
Bohrung x Hub	78 x 84 mm
Hubraum	2407 cm^3
Leistung bei U/min	48 kW (65 PS) bei 3500/min
Radformel	4x4, Allradantrieb
Radstand	links 2.285 mm; rechts 2.215 mm
Länge x Breite x Höhe	3755 x 1685 x 1835 mm
Bodenfreiheit	300 mm
Gesamtgewicht	2150 kg
Höchstgeschwindigkeit	95 km/h

Der geländegängige P 2 M wurde vorwiegend für militärische Zwecke gebaut, fand aber auch hauptsächlich durch Aussonderung aus den Beständen der NVA den Weg in die zivilen Bereiche. Bei größeren Feuerwehren wurde der P 2 M wegen seiner Eigenschaften vorwiegend als Dienst- und Mannschaftstransportwagen sowie Zughilfsfahrzeug für den TSA oder für andere Anhänger eingesetzt.

Anfang der 1950er-Jahre begannen im FEW Karl-Marx-Stadt die Entwicklungsarbeiten dieses Kübelwagens für den Einsatz bei der KVP. Obwohl bereits 1953 Fahrzeuge vom Typ P 2 M (M = Mannschaftswagen) ersten Tests unterzogen wurden, erfolgte die Serienproduktion erst 1956 im VEB Fahrzeugwerke Karl-Marx-Stadt (Barkas). Die Herstellung endete noch vor Auftragserfüllung 1958 mit knapp über 2.000 Stück.

Der P 2 M besaß ein neu konstruiertes Fahrgestell und einen neu entwickelten Motor vom Typ OM 6-30. Neben dem Standardfahrzeug gab nur sehr wenige Feuerwehr-Sonderauf- und Umbauten wie das Flugplatz-Voraus-Löschfahrzeug FLF-V aus dem VEB Feuerlöschgerätewerk Görlitz mit einer 350-kg-Bromidlöschanlage.

Das sächsische Feuerwehrmuseum in Zeithain beherbergt diesen 1957er Kübelwagen des Typs IFA P 2 M, der zwar für militärische Zwecke entwickelt wurde, aber wegen seiner Eigenschaften auch als geländegängiges Zughilfsfahrzeug bei der Feuerwehr eingesetzt werden konnte. (Foto: Autor)

Das hier gezeigte Fahrzeug wurde in Schmannewitz zum Oldtimer-Treffen »Damals die Renner« im Jahr 2012 abgelichtet. (Foto: Autor)

Foto: Autor

Kübelwagen KbW	
Indienststellung/Bauzeit	1962-1968
Aufbau-Hersteller	SDAG Wismut; ab 1962: VEB IFA-Automobilwerke Ludwigsfelde/DDR
Fahrgestell	IFA P 3
Fahrgestell-Hersteller	SDAG Wismut; ab 1962: VEB IFA-Automobilwerke Ludwigsfelde/DDR
Besatzung	1/6
Ausrüstung/ Bemerkung	Sondersignalanlage
Motorbezeichnung	OM 6-35
Motor	R6-Zylinder-Viertakt-Ottomotor, wassergekühlt
Bohrung x Hub	78 x 84 mm
Hubraum	2407 cm³
Leistung bei U/min	55 kW (75 PS) bei 3750/min
Radformel	4x4, Allradantrieb (Frontantrieb abschaltbar)
Radstand	2400 mm
Länge x Breite x Höhe	3710 x 1950 x 1950 mm
Bodenfreiheit	330 mm
Gesamtgewicht	2560 kg
Höchstgeschwindigkeit	95 km/h

Kübelwagen KbW

IFA P 3

Schon 1957 begannen im Kraftfahrzeug-Entwicklungswerk Hohenstein/ Ernstthal die Entwicklungsarbeiten für ein militärisch einsetzbares geländegängiges Universalfahrzeug. Der IFA P3 wurde als Nachfolger des P2 M im Jahr 1962 vorerst noch bei der SDAG Wismut gebaut. Nach der Fertigung von 570 Stück wurde die Produktion Ende des Jahres ins Industriewerk Ludwigsfelde verlegt. Leistung und Fahreigenschaften des P3 waren gegenüber seinem Vorgänger verbessert worden.
Durch die Einführung von sowjetischen Kübelwagen der Typen GAZ/UAZ-69 und UAZ-469B in der NVA wurde ein Teil der im Fuhrpark befindlichen IFA P3 nach und nach an zivile Bereiche abgegeben. Davon profitierten vorwiegend die Land- und Forstwirtschaft sowie Feuerwehren. Bei letzterem nutzte man den P3 hauptsächlich als Zugfahrzeug für den TSA und diverser anderer Anhängegeräte oder als Mannschaft- und Transportwagen sowie als Kommandowagen.

Kübelwagen KbW

GAZ-67B

Als gutes Beispiel für die Verwendung verschiedenster Fahrzeuge bei den ostdeutschen Wehren dient der Einsatz eines GAZ-67B bei der Feuerwehr Neukirchen bei Werdau. Dieser Kübelwagen wurde in den 60ern in Eigenregie den Anforderungen der Feuerwehr angepasst, war Jahrzehnte lang als MTW und ZHF im Dienst und wurde nach der Aussonderung 1987 bis heute als Traditionsfahrzeug erhalten.
Der Bau des GAZ-67 begann 1943 unter Ford-Lizenz im Automobilwerk Gorki für den Einsatz bei Roten Armee im Zweiten Weltkrieg. Er diente den bewaffneten Organen als Kommandeurwagen, Verbindungs-, Materialtransport- und Zugfahrzeug. Die Entwicklung ist auf Konstruktionsunterlagen des Ford BB und Baugruppen des Lastkraftwagens GAZ-MM sowie des Personenkraftwagens GAZ-M1 zurückzuführen.

Der oft auch »Iwan-Willys« genannte Sechssitzer besaß einen niedrig verdichteten Vierzylinder-Ottomotor, sodass

Foto: Autor

er auch mit minderwertigem Kraftstoff betankt werden konnte. Er wurde 1944 überarbeitet und erreichte nach dem Krieg als B-Variante auch in geringen Stückzahlen die SBZ, wo er in den Dienst bei den dortigen bewaffneten Organen gestellt wurde.

Kübelwagen KbW	
Indienststellung/Bauzeit	Mitte 1960er
Aufbau-Hersteller	Automobilwerk Gorki (Nischni Nowgorod)/UdSSR
Fahrgestell	GAZ-67B
Fahrgestell-Hersteller	Automobilwerk Gorki (Nischni Nowgorod)/UdSSR
Besatzung	1/5
Ausrüstung/ Bemerkung	Sondersignalanlage
Motorbezeichnung	GAZ-MM
Motor	R4-Zylinder-Viertakt-Ottomotor
Bohrung x Hub	98,43 x 107,95 mm
Hubraum	3286 cm³
Leistung bei U/min	40 kW (54 PS) bei 2800/min
Drehmoment bei U/min	167 Nm bei 1400/min
Getriebe	4+1-Gang-Schaltgetriebe, unsynchronisiert, Verteilergetriebe
Bremsen	mechanische Servo-Vierradbremse, machniasche Handbremse
Radformel	4x4, Allradantrieb
Bereifung	6.50-16
Radstand	2100 mm
Wendekreis	13,0 m
Länge x Breite x Höhe	3350 x 1685 x ca. 1720 mm
Bodenfreiheit	210 mm
Wattiefe	700 mm
Kraftstoffvorrat	40 l (Tank) + 30 l (Reservekanister)
Eigenmasse	1320 kg
Gesamtgewicht	1720 kg
Höchstgeschwindigkeit	90 km/h
Kraftstoffverbrauch	ca. 15 l/100 km

Kübelwagen KbW

GAZ-69

Mit der Aussonderung aus den Beständen der bewaffneten Organe der DDR wurden auch einige GAZ-69 örtlichen und betrieblichen Feuerwehren zugeführt, wo sie als Mannschafts-, Transport- und Kommandowagen sowie als Zughilfsfahrzeug eingesetzt wurden.

Kübelwagen KbW	
Indienststellung/Bauzeit	keine Angabe
Aufbau-Hersteller	Automobilwerk Gorki (Nischni Nowgorod) und Automobilwerk Uljanowsk/UdSSR
Fahrgestell	GAZ-/UAZ-69M
Fahrgestell-Hersteller	Automobilwerk Gorki (Nischni Nowgorod) und Automobilwerke Uljanowsk/UdSSR
Besatzung	1/7
Ausrüstung/ Bemerkung	Sondersignalanlage
Motorbezeichnung	UAZ-69B
Motor	R4-Zylinder-Viertakt-Ottomotor, wassergekühlt
Bohrung x Hub	88 x 100 mm
Hubraum	2432 cm³
Leistung bei U/min	48 kW (65 PS) bei 3800/min
Radformel	4x4, Allradantrieb
Radstand	2300 mm
Länge x Breite x Höhe	3850 x 1850 x 2030 mm
Bodenfreiheit	210 mm
Gesamtgewicht	2175 kg
Höchstgeschwindigkeit	96 km/h

Fotos: Feuerwehr Potsdam

Mit dem GAZ-69 baute die Sowjetunion in Gorki ab 1953 einen robusten Geländewagen, der seinen Vorgänger GAZ-67B und noch auf Grund des Leih- und Pachtgesetzes beim Militär verbliebene amerikanische Willys Jeeps ablöste. Wegen der großen Nachfrage wurde die Fertigung bereits 1954 auch im Werk Uljanowsk (daher auch UAZ-69) vorbereitet und aufgenommen, wo sie 1972 mit dem Produktionsstart des UAZ-469 endete. Der in zwei Varianten – GAZ-/UAZ-69 und -69M – gebaute Kübelwagen diente in vielen Ländern des Warschauer Paktes als Standard-Geländewagen im militärischen Sektor.

Einige der bei den Feuerwehren außer Dienst gestellten GAZ 69 werden heute noch als Traditionsfahrzeug gepflegt.

Kübelwagen KbW

UAZ-469B

Obwohl der erste Prototyp des UAZ bereits 1962 vorgestellt wurde, begann die Serienproduktion im sowjetischen Uljanowsker Automobilwerk erst 1972. Ein Jahr später folgte die modifizierte Version UAZ-469B. Mitte der 1980er wurde ein neues Typensystem eingeführt, wodurch dieser Kübelwagen die Bezeichnung UAZ-315136 erhielt. Vorwiegend für das Militär konzipiert, wurde er ab 1974 neben dem

Kübelwagen KbW	
Indienststellung/Bauzeit	1972
Aufbau-Hersteller	Automobilwerk Uljanowsk/UdSSR
Fahrgestell	UAZ-469B
Fahrgestell-Hersteller	Automobilwerk Uljanowsk/UdSSR
Besatzung	1/6
Bemerkung	Sondersignalanlage
Motorbezeichnung	451MI
Motor	R4-Zylinder-Viertakt-Ottomotor, wassergekühlt
Bohrung x Hub	92 x 92 mm
Hubraum	2445 cm³
Leistung bei U/min	53 kW (72 PS) bei 4000/min
Drehmoment bei U/min	167 Nm bei 2000/min

Radformel	4x4, Allradantrieb
Radstand	2380 mm
Wendekreis	13,0 m
Länge x Breite x Höhe	4025 x 1785 x 2015 mm
Bodenfreiheit	220 mm
Kraftstoffvorrat	2 x 39 l (Tank) + 2 x 20 l (Reservekanister)
Eigengewicht	1595 kg
Gesamtgewicht	2290 kg
Höchstgeschwindigkeit	100 km/h
Kraftstoffverbrauch	ca. 19 l/100 km (Normverbrauch)
Steigfähigkeit	62 %

Foto: Autor

GAZ-/UAZ-69 und dem IFA P3 bei der NVA eingesetzt. Mit der politischen Wende 1989/90 wurden vereinzelte Fahrzeuge nach Aussonderung aus den Beständen der NVA örtlichen Feuerwehren zugeführt und dienten dort vorwiegend als Zug-, Mannschafts- und Transportfahrzeuge oder als Kommandowagen.

Mannschaftstransportwagen MTW

IFA-Horch H1

Im Fuhrpark der Kasernierten Volkspolizei, aus der 1956 die Nationale Volksarmee hervorging, befanden sich für den Einsatz als Kommandeurwagen, Verbindungs-, Materialtransport- und Zugfahrzeug vorerst russische Kübelwagen vom Typ GAZ-67 und -67B. Aufgrund des Bedarfs an weiteren Fahrzeugen und um die eigene Automobilindustrie wieder anzukurbeln, nutzte man die Bestände der Zwickauer Horch-Werke und entwickelte basierend auf Horch-Unterlagen zum früheren Mittleren Einheits-Pkw Typ 40 der Wehrmacht den ersten Kübelwagen der DDR.

Der IFA-Horch H1 wurde 1951/52 vorwiegend aus Restbeständen in einer Stückzahl von nur knapp 40 Fahrzeugen (andere Quellen berichten von 60 Fahrzeugen) inklusive zweier Funktionsmuster H1 k (k = kurzer Radstand) und sieben Prototypen des H1 gebaut. Die Produktion wurde jedoch wegen zu hoher Herstellungskosten und der Entwicklung und Einführung des weitaus wirtschaftlicheren Granit 27 D/Zg aus den Phänomen-Werken eingestellt.
Ein Großteil der von den bewaffneten Organen ausgesonderten IFA-Horch H1 wurden Mitte der 1950er-Jahre an Feuerwehren übergeben, wo sie als Mannschaftstransportwagen und als Zugfahrzeug Verwendung fanden.

Mannschaftstransportwagen MTW	
Indienststellung/Bauzeit	1951/52
Aufbau-Hersteller	Horch-Werke Zwickau/DDR
Fahrgestell	IFA-Horch H1
Fahrgestell-Hersteller	Horch-Werke Zwickau/DDR
Besatzung	1/9
Bemerkung	auch als ZHF verwendet
Motorbezeichnung	Horch V8 3.5
Motor	V8-Zylinder-Viertakt-Ottomotor, wassergekühlt
Bohrung x Hub	78 x 92 mm
Hubraum	3517 cm³
Leistung bei U/min	61,5 kW (80 PS) bei 3600/min
Radformel	4x4, Allradantrieb
Radstand	3100 mm
Länge x Breite x Höhe	4800 x 1830 x 2050 mm
Bodenfreiheit	250 mm
Gesamtgewicht	3600 kg
Höchstgeschwindigkeit	95 km/h

Dieser H1 leistete bis 1959 als Mannschaftstransportwagen und Zughilfsfahrzeug seinen Dienst bei der Feuerwehr Lübben. (Foto: Archiv Traditionshaus des FFV Lübben)

Zughilfsfahrzeug ZHF

ARO 240

In der Maschinenfabrik Cimpulung Muscel begann 1957 die Lizenz-Produktion des GAZ 69 M für den rumänischen Markt - hier jedoch mit Bezeichnung MS 57 und M-59. Nach den Folgemodellen M 461 und M 473, die nun mit rumänischen Motoren M 207 und L-25 versehen wurden, entstand 1972 der Grundtyp ARO 240 mit einer neuen Karosserie. Von 1978 bis 1984 gelangte dieser Typ mit über 2700 Exemplaren auch in die DDR, wo er vorwiegend in der Land- und Forstwirtschaft sowie im Bergbau und im Bauwesen genutzt wurde.

Der zweisitzige ARO 240 besaß eine Pritsche und ein Planverdeck. Die Bezeichnung ARO 240 D kennzeichnete Diesel-Variante, die vom Motor L-27 angetrieben und von 1985 bis 1989 importiert wurde. Neben dem Grundmodell erhielt die DDR auch einige wenige Viertürer des Typs ARO 244 bzw. ARO 244 D.
Mit den verschiedenen ARO-Baureihen standen auch den Feuerwehren einige Fahrzeuge als Kommandowagen, Zughilfsfahrzeug für diverse Anhänger oder als Mannschafts- und Transportwagen zur Verfügung.

Zughilfsfahrzeug ZHF	
Indienststellung/Bauzeit	1978
Aufbau-Hersteller	Intreprinderea mecanica Muscel (I.M.M.) Cimpulung Muscel/Rumänien
Fahrgestell	ARO 240
Fahrgestell-Hersteller	Intreprinderea mecanica Muscel (I.M.M.) Cimpulung Muscel/Rumänien
Besatzung	1/1 (Pritschenversion)
Ausrüstung/ Bemerkung	Sondersignalanlage
Motorbezeichnung	L-25
Motor	R4-Zylinder-Viertakt-Ottomotor, wassergekühlt
Bohrung x Hub	97 x 84 mm
Hubraum	2495 cm³
Leistung bei U/min	59 kW (80 PS) bei 4200/min
Radformel	4x2 (4x4), Hinterachsantrieb (Allradantrieb zuschaltbar)
Radstand	2350 mm
Länge x Breite x Höhe	4200 x 1750 x 2000 mm (Höhe über Dach)
Bodenfreiheit	200 mm
Gesamtgewicht	2250 kg
Höchstgeschwindigkeit	110 km/h

Foto: Autor

Zughilfsfahrzeug ZHF und Mannschaftstransportwagen MTW

Phänomen Granit 27, D/Zg und 30 K AW/Zg

Die Zittauer Phänomen-Werke beteiligten sich 1951 an einer Ausschreibung der Regierung für die Lieferung von geländegängigen Zugmitteln an die Kasernierte Volkspolizei. Nach Erhalt des Zuschlags verließ der Phänomen Granit 27 D/Zg ab 1952 das Werk. Er wurde, wie es die Abkürzungen kennzeichnen, als Dienst- und Zugfahrzeug konzipiert. Wegen der insgesamt zehn Sitzplätze diente er oft auch als Mannschafts- und Transportwagen.

Mit der aus kurzem Radstand, guten Bodenfreiheit und Allradantrieb hervorgehenden Geländetauglichkeit wurde dieses Fahrzeug auch bei den Feuerwehren sehr geschätzt. Dort gebrauchte man den Granit 27 D/Zg oft als Zughilfsfahrzeugen für den TSA und anderen Anhängern. Der 1953 folgende geländegängige Granit 30 K AW/Zg bot mit einem Radstand von 3270 Millimetern Platz für 12 Personen.
Aus den Beständen der Schutzpolizei erhielt die Feuerwehr zudem Mannschaftstransportwagen auf Granit 27, die auch als Zugmittel für den TSA genutzt wurden. Hierbei handelte es sich um offene Fahrzeuge mit vier hintereinander folgenden Sitzreihen und einem Planverdeck.

Zughilfsfahrzeug ZHF (Daten für Granit 27 D/Zg)	
Indienststellung/Bauzeit	1952
Aufbau-Hersteller	VEB »Phänomen« Zittau/DDR
Fahrgestell	Phänomen Granit 27 D/Zg
Fahrgestell-Hersteller	VEB »Phänomen« Zittau/DDR
Besatzung	1/9
Ausrüstung/ Bemerkung	Einsatz auch als Kommandowagen
Motorbezeichnung	Granit 27
Motor	R4-Zylinder-Viertakt-Ottomotor, luftgekühlt
Bohrung x Hub	85 x 118 mm
Hubraum	2678 cm^3
Leistung bei U/min	37 kW (50 PS) bei 2800/min
Radformel	4x4, Allradantrieb
Radstand	2900 mm
Länge x Breite x Höhe	4932 x 1980 x 2340 mm
Bodenfreiheit	270 mm
Gesamtgewicht	3330 kg
Höchstgeschwindigkeit	80 km/h

Die Spreewälder Gemeinde Burg-Kauper nutzte diesen 1952er Granit-27-Kleinbus ab 1959 als Mannschaftswagen und TSA-Zugfahrzeug. Er diente noch bis 1991 und wurde zwischen 1996 und 2001 restauriert. (Foto: Autor)

Die Basisfahrzeuge Phänomen Granit 27 AW/Zg und D/Zg wurden bei Wehren vorwiegend als Zughilfsfahrzeug für den Tragkraftspritzenanhänger (ZHF-TSA) sowie als MTW genutzt. (Foto: Autor)

Dieser Granit 27 E MTW war ideal für eine Löschgruppe und wurde 1953 als Streifenwagen 12 für die Volkspolizei Berlin gebaut. Nach dessen Aussonderung ging er zur FF Werneuchen. Über die FF Weesow ab 1960 gelangte der Wagen 1974 zur FF Schönefeld, wo er 1988 außer Dienst gestellt wurde, dort aber seither als Traditionsfahrzeug gepfegt wird. (Foto: Ronny Rabenow)

Kraftomnibus KOM

Robur LO 3000 Fr 2/B 21

Mit dem Robur LO 3000 Fr 2/B 21 stand der Feuerwehr Mitte der 70er-Jahre ein neuer Kraftomnibus für den Einsatz als Mannschaftstransportwagen oder als Fahrzeug für Sonderaufgaben zur Verfügung. Der Bus wurde zwischen 1973 und 1985 im VEB Robur-Werke Zittau gebaut und löste die Modelle LO 2500 und 2501 ab. Wie es die Bezeichnung schon kennzeichnet, setzt der LO 3000 auf dem Fahrgestell mit einer Nutzlast von drei Tonnen auf.
Neben den Verstärkungen von Vorderachse und Rahmen, der Verwendung einer Kugelumlauflenkung und einer verbesserten Bremsanlage erhielt der LO 3000 den überarbeiteten Motor LO 4/2 mit 75 PS. Das äußere Erscheinungsbild hingegen blieb fastidentisch zum Vorgänger LO 2501.

Wenn auch der Robur KOM auf den Straßen der DDR weit verbreitet war, so spielte er bei den Feuerwehren allgemein keine wesentliche Rolle.

Kraftomnibus KOM	
Indienststellung/Bauzeit	1973-1985
Aufbau-Hersteller	VEB Karosseriewerk Halle/DDR
Fahrgestell	Robur LO 3000 Fr 2/B 21
Fahrgestell-Hersteller	VEB Robur-Werke Zittau/DDR
Besatzung	1/20
Ausrüstung/ Bemerkung	Sondersignalanlage
Motorbezeichnung	LO 4/2
Motor	R4-Zylinder-Viertakt-Ottomotor, luftgekühlt
Bohrung x Hub	95 x 118 mm
Hubraum	3345 cm³
Leistung bei U/min	55 kW (75 PS) bei 2800/min
Radformel	4x2, Hinterachsantrieb
Radstand	3270 mm
Länge x Breite x Höhe	6800 x 2370 x 2570 mm
Bodenfreiheit	250 mm
Gesamtgewicht	5250 kg
Höchstgeschwindigkeit	85 km/h

Robur KOM der Berliner Feuerwehr. (Fotos: Sammlung Andre Junghans)

Foto: Feuerwehr Potsdam

Einsatzlastkraftwagen ELKW	
Indienststellung/Bauzeit	1951-1956
Aufbau-Hersteller	VEB Horch Kraftfahrzeug- und Motorenwerke Zwickau/ DDR
Fahrgestell	IFA-Horch H3A
Fahrgestell-Hersteller	VEB Horch Kraftfahrzeug- und Motorenwerke Zwickau/ DDR
Besatzung	1/1 (Fahrerhaus)
Ausrüstung/ Bemerkung	Sondersignalanlage, diverse Ausrüstung
Motorbezeichnung	EM 4-20
Motor	R4-Zylinder-Viertakt-Dieselmotor, wassergekühlt
Bohrung x Hub	115 x 145 mm
Hubraum	6024 cm³
Leistung bei U/min	59 kW (80 PS) bei 2000/min
Radformel	4x2, Hinterachsantrieb
Radstand	3250 mm
Länge x Breite x Höhe	6173 x 2370 x 3180 mm
Bodenfreiheit	220 mm
Gesamtgewicht	7080 kg
Höchstgeschwindigkeit	60 km/h

Einsatzlastkraftwagen ELKW

IFA-Horch H3A

Mit dem Auslaufen des IFA-Horch H3 1949 in Zwickau musste aufgrund des Mangels an Nutzfahrzeugen dieser Größenklasse ein neuer mittlerer Lastkraftwagen entwickelt und gebaut werden.

Der daraus hervorgegangene IFA-Horch H3A wurde 1949 erstmalig vorgestellt und von 1950 bis 1956 produziert. Er bot im Verlauf der Produktion die Grundlage für verschiedene Feuerwehraufbauten. Angetrieben vom neuen auf VOMAG-Entwicklungen basierenden Vierzylinder-Einheitsmotor EM 4-20 wurde er bereits 1951 in der handelsüblichen Pritschenausführung mit Spriegel und Plane als Einsatzlastkraftwagen ELKW in den Dienst der Feuerwehr gestellt. Dieser ELKW wurde hauptsächlich als Mannschafts-, Transport- und Zugfahrzeug für diverse Anhänger genutzt. Für die Beförderung von Einsatzkräften konnten Sitzbänke an den Innenseiten der Seitenbordwände ausgeklappt werden. Paletten mit verschiedenen Gegenständen und Geräten wie Versorgungsausrüstung, Druckschläuche, Tragkraftspritzen und Pumpen konnten verladen und zum Einsatzort transportiert werden. Nach Aussonderung bei der KVP bzw. ab 1956 bei der NVA wurden weitere ELKW den Feuerwehren zugeführt.

Foto: Landesfeuerwehrmuseum Meetzen

Einsatzlastkraftwagen ELKW

IFA S 4000-1

Neben der Vielzahl an Feuerwehraufbauten nutzten die Wehren auch den 1960 bis 1965 zugeführten S 4000-1 mit Pritsche und Plane als Einsatzlastkraftwagen für den Transport von Mannschaft, Material, Geräten und sonstiger Ausrüstung. Die Aufgaben des ELKW auf S 4000-1 entsprachen dabei denen des Vorgängers auf H3A.

Das Fahrgestell wurde schon kurz nach Beginn der Serienproduktion des H3A im Horch-Werk Zwickau entwickelt. Ziel war es, die Nutzlast und die Antriebsleistung zu erhöhen. Auf der Frühjahrsmesse 1958 in Leipzig wurde erstmals der S 4000 vorgestellt. Nach der Umbenennung von Horch in Sachsenring erhielten die Lastkraftwagen in der Typenbezeichnung das Kürzel »S«. Der neue Zwickauer wurde jedoch noch vom 80 PS Aggregat aus dem H3A angetrieben, besaß nun aber eine Nutzlast von vier Tonnen – daher S 4000.
Während dieser Zeit arbeiteten die Konstrukteure aber schon an einem neuen Aggregat. Der Einheitsmotor des Typs EM 4-22 wurde in der darauf folgenden Herbstmesse im neuen S 4000-1 präsentiert. Der nach dem Wirbelkammer-Verfahren arbeitende Vierzylinder-Dieselmotor leistete 90 PS.

Der S 4000-1 ermöglichte eine höhere Aufbauvielfalt als der H3A und wurde zu dieser Zeit zum Standard-Lastkraftwagen seiner Klasse in der DDR. 1960 wurde die Produktion zugunsten der Zwickauer Pkw-Herstellung zum VEB Kraftfahrzeugwerk »Ernst Grube« nach Werdau verlegt. Mit der Ablösung durch den IFA W 50 lief die Fertigung des S 4000-1 im Jahr 1967 aus.

Einsatzlastkraftwagen ELKW	
Indienststellung/Bauzeit	1960-1965
Aufbau-Hersteller	VEB Kraftfahrzeugwerk »Ernst Grube« Werdau/DDR
Fahrgestell	IFA S 4000-1
Fahrgestell-Hersteller	VEB Kraftfahrzeugwerk »Ernst Grube« Werdau/DDR
Besatzung	1/1 (im Fahrerhaus)
Ausrüstung/ Bemerkung	Sondersignalanlage, diverse Ausrüstung
Motorbezeichnung	EM 4-22
Motor	R4-Zylinder-Viertakt-Dieselmotor, wassergekühlt
Bohrung x Hub	115 x 145 mm
Hubraum	6024 cm³
Leistung bei U/min	66 kW (90 PS) bei 2200/min
Radformel	4x2, Hinterachsantrieb
Radstand	3550 mm
Länge x Breite x Höhe	6491 x 2370 x 3180 mm
Bodenfreiheit	240 mm
Gesamtgewicht	8100 kg
Höchstgeschwindigkeit	75 km/h

Der ehemalige ELKW der FF Lübben (Baumuster 1967). Auf der Ladefläche sind zwei Sitzbänke für je fünf Personen installiert. Dieses Einsatzfahrzeug wird heute vom Freiwilligen Feuerwehr Lübben 1863 e.V. gepflegt. (Foto: Autor)

Neben Fahrzeugen wie dem abgebildeten IFA W 50 L wurden auch allradgetriebene ELKW auf Basis des IFA W 50 LA bei Feuerwehren stationiert. (Foto: Autor)

Einsatzlastkraftwagen ELKW

IFA W 50 L/P und LA/P

1970 wurde für logistische Aufgaben unterschiedlicher Art bei den Feuerwehren größerer Städte der IFA W 50 LA/P und L/P als Einsatzlastkraftwagen eingeführt. Hierbei handelte es sich hauptsächlich um die Fahrzeug-Variante mit kurzer Pritsche, Spriegel und Plane auf dem W 50-Fahrgestell mit 3200 Millimeter Radstand und Allradantrieb. Das Fahrerhaus mit einer Besatzungsstärke von zwei Einsatzkräften besaß eine Dachluke.

Neben dem Transport von Materialien, Aggregaten, Geräten und feuerwehrtechnischer Ausrüstung konnten durch Umklappen von Sitzbänken an den Innenseiten der seitlichen Außenbordwände auch Mannschaften zum Einsatzort befördert werden. Weiterhin konnte der Einsatzlastkraftwagen als Zugfahrzeug genutzt werden. Bis 1982 wurden die ELKW bei den Feuerwehren in den Dienst gestellt.

Einsatzlastkraftwagen ELKW	
Indienststellung/Bauzeit	1970-1982
Aufbau-Hersteller	VEB IFA-Automobilwerke Ludwigsfelde/DDR
Fahrgestell	IFA W 50 L/P oder IFA W 50 LA/P
Fahrgestell-Hersteller	VEB IFA-Automobilwerke Ludwigsfelde/DDR
Besatzung	1/1 (bei Materialtransport)
Ausrüstung/ Bemerkung	Transport diverser Materialien, Geräte, Ausrüstung, Klapp-Sitzbänke für Mannschaftstransport
Motorbezeichnung	4 VD 14,5/12-1 SRW (ab 1973: 4 VD 14,5/12-2 SRW)
Motor	R4-Zylinder-Viertakt-Dieselmotor, wassergekühlt
Bohrung x Hub	120 x 145 mm
Hubraum	6560 cm³
Leistung bei U/min	92 kW (125 PS) bei 2300/min
Radformel	4x2, Hinterachsantrieb (LA/P: 4x4, Allradantrieb)
Radstand	3200 mm
Länge x Breite x Höhe	6530 x 2500 x 3360 mm
Bodenfreiheit	300 mm
Gesamtgewicht	9800 kg
Höchstgeschwindigkeit	90 km/h

ELKW auf IFA W 50 L/LB, einer Variante des W 50 L/P. Zur besseren Be- und Entladung verfügte das Pritschenfahrzeug über eine hydraulische Ladebordwand. Die Be- und Entladezeiten für feuerwehrtechnische Ausrüstung bzw. Geräte konnten dadurch erheblich verkürzt werden. (Foto: Autor)

Rettungswagen

Rettungswagen RTW

Phänomen Granit 27

	Rettungswagen RTW
Indienststellung/Bauzeit	1949-1953
Aufbau-Hersteller	VEB Karosseriewerk Halle/DDR
Fahrgestell	Phänomen Granit 27
Fahrgestell-Hersteller	VEB »Phänomen« Zittau/DDR
Besatzung	1/3
Ausrüstung	2 Tragen
Motorbezeichnung	Granit 27
Motor	R4-Zylinder-Viertakt-Ottomotor, luftgekühlt
Bohrung x Hub	85 x 118 mm
Hubraum	2678 cm³
Leistung bei U/min	37 kW (50 PS) bei 2800/min
Radformel	4x2, Hinterachsantrieb
Radstand	3270 mm
Länge x Breite x Höhe	5400 x 1920 x 2350 mm
Bodenfreiheit	230 mm
Gesamtgewicht:	3000 kg
Höchstgeschwindigkeit:	80 km/h

Foto: Wilfried Klahre BF Dresden, Archiv IG Fw-Historik Dresden

Der RTW diente der Beförderung verletzter Personen, dem Erste-Hilfe-Einsatz und der medizinischen Absicherung des Feuerwehr-Einsatzes. Neben diverser medizinischer Ausrüstung bot der Rettungswagen Platz für zwei Tragen.

Der RTW wurde vorwiegend größeren Feuerwehren zugeführt. Mit dem Produktionsstart des Phänomen Granit 27 in Zittau standen für den Bau von Rettungswagen wieder Fahrgestelle zur Verfügung, da es in der Nachkriegszeit an Fahrzeugen für den Krankentransport mangelte. Der limousinenartige Aufbau entstand im VEB Karosseriewerk Halle in den Jahren 1949 bis 1953 und besaß eine heckseitige Doppelflügeltür und eine Seitentür.

Foto: Wolfgang Donat

Rettungswagen RTW

Robur Garant 30 K und Garant 30 K 4x4

Auch der Nachfolger des Granit bot die Plattform für den Bau von Rettungswagen. Im Krankentransportraum konnten vier liegende und zwei sitzende oder zwei liegende und fünf sitzende Personen befördert werden. Dafür standen vier Tragen, ein Armlehnensessel, ein Klappsitz sowie eine hochklappbare gepolsterte Sitzbank zur Verfügung. Für den Krankentransport wurde speziell eine Sonderfederung mit Stoßdämpfern entwickelt.

Neben der heckgetriebenen Variante entstanden in den Jahren 1957 bis 1960 auch allradgetriebene Rettungswagen. Hier wurde der limousinenartige Aufbau durch eine getrennte Bauweise ersetzt. Zur Verwendung kam ein serienmäßiges Robur-Fahrerhaus und ein ebenfalls aus dem VEB Karosseriewerk Halle stammender Aufbau. Eine Ausnahme bildete hier jedoch der RTW auf Garant 30 K 4x4 des Kommandos F Potsdam, welches mit einem Fahrerhaus eines Granit versehen wurde.
Die RTW auf Granit und Garant wurden in den 1960er-Jahren vom Rettungswagen auf Basis des Barkas B 1000 abgelöst.

Rettungswagen RTW	
Indienststellung/Bauzeit	1957-1960
Aufbau-Hersteller	VEB Karosseriewerk Halle/DDR
Fahrgestell	Robur Garant 30 K
Fahrgestell-Hersteller	VEB Robur-Werke Zittau/DDR
Besatzung	1/3 (bei Maximalauslastung 1/8)
Ausrüstung/ Bemerkung	4 Tragen, Armlehnsessel, Klappsitz, hochklappbare Sitzbank
Motorbezeichnung	Garant 30 K
Motor	R4-Zylinder-Viertakt-Ottomotor, luftgekühlt
Bohrung x Hub	90 x 118 mm
Hubraum	3000 cm³
Leistung bei U/min	44 kW (60 PS) bei 2800/min
Drehmoment bei U/min	176 Nm bei 1800/min
Radformel	4x2, Hinterachsantrieb
Radstand	3270 mm
Länge x Breite x Höhe	5400 x 1920 x 2325 mm
Bodenfreiheit	230 mm
Gesamtgewicht	3700 kg
Höchstgeschwindigkeit	80 km/h

Ein Robur Garant 30 K 4x4 Rettungswagen. Bei den Allradfahrzeugen war der Aufbau vom Fahrerhaus getrennt. (Foto: Wilfried Klahre BF Dresden, Archiv IG Fw-Historik Dresden)

Das Foto zeigt den RTW auf Robur Garant 30 K 4x4 des Feuerwehrkommandos Potsdam. Gegenüber allen anderen allradgetriebenen RTW besaß das Potsdamer Modell ein Granit-27-Fahrerhaus. (Foto: Feuerwehr Potsdam)

Rettungswagen RTW

Barkas B 1000

Mit dem 1963 bei den Berufs- und Betriebsfeuerwehren eingeführten Barkas B 1000 RTW stand ein Fahrzeug für Erste-Hilfe-Leistungen an Brand- und Unfallstellen sowie zum Transport Verunglückter zur Verfügung. Weiterhin wurde dieser Rettungswagen bei Großeinsätzen für die medizinische Betreuung von Einsatzkräften eingesetzt.

Der RTW entstand aus dem serienmäßig im VEB Barkas-Werk Karl-Marx-Stadt produzierten und vom Deutschen Roten Kreuz der DDR eingesetzten Krankentransportwagen (KTW), welcher mit einer zusätzlichen zweckentsprechenden Bestückung für den Einsatz bei Feuerwehren ausgerüstet wurde. Neben notwendigen Geräten für die Wiederbelebung führte der RTW auch Instrumente und Verbandsmaterialien für die Versorgung von Verunglückten mit. Der Rettungswagen bot im Fahrerhaus Platz für zwei Einsatzkräfte und konnte im Krankenraum zwei weitere Personen befördern. Zur Ausstattung des RTW gehörten zwei Krankentragen, ein Tragesessel, ein Sauerstoff-Inhalationsgerät, zwei Sauerstoffflaschen, zwei Mund-Beatmungsgeräte und ein Sanitätskasten.

Bis 1990 durchlief der RTW verschiedene Änderungen bzw. Verbesserungen im Bezug auf Bestückung und dem Transport von Verunglückten.

Rettungswagen RTW	
Indienststellung/Bauzeit	1963-1990
Aufbau-Hersteller	VEB Barkas-Werke Karl-Marx-Stadt/DDR
Fahrgestell	Barkas B 1000 KK
Fahrgestell-Hersteller	VEB Barkas-Werke Karl-Marx-Stadt/DDR
Besatzung	1/1
Motorbezeichnung	AWE 312-016 (ab 1972: AWE 353/1)
Motor	R3-Zylinder-Zweitakt-Ottomotor, wassergekühlt
Bohrung x Hub	78 x 73,5 mm
Hubraum	991 cm³
Leistung bei U/min	31 kW (42 PS) bei 4000/min
ab 1972	33 kW (45 PS) bei 4000/min
Radformel	4x2, Frontantrieb
Radstand	2400 mm
Länge x Breite x Höhe	4520 x 1860 x 2060 (2170) mm
Bodenfreiheit	200 mm
Gesamtgewicht	2240 kg
Höchstgeschwindigkeit	100 km/h

Ein RTW des Baujahres 1976, der bei der Feuerwehr Eberswalde stationiert war und 1987 generalüberholt wurde. Heute befindet sich das liebevoll restaurierte Fahrzeug in Privathänden. (Foto: Autor)

Feuerwehrtechnische Bestückung (Baumuster 1966)

Stück	Bezeichnung
2	Krankentrage
1	Tragesessel
4	Krankendecke (handelsüblich)
1	Bettlaken und Bettbezug
1	Bettlaken und Bettbezug (steril verpackt)
2	Schaumgummikissen mit Bezug
2	Gummilaken, 2 m x 1,5 m
2	Gummihandschuhe
1	Sanitätskasten, klein
1	Kramer-Schiene (Satz)
1	Brechschale
1	Brett für Rückgratverletzte
1	Sauerstoff-Inhalationsgerät Medi SIK 8202
2	Sauerstoffflasche, 1 l (Reserve)
2	Mund-Beatmungsgerät Medi 8305/8306
1	Lederriemengestell (für Geisteskranke)
1	Brechwerkzeug, kompl.
1	Handscheinwerfer
1	Wasserflasche, 2 l (für abgekochtes Wasser)

Taucher-Rettungswagen TRW

IFA W 50 LA/A-1

Ein Sonderfahrzeug der besonderen Art war der Taucher-Rettungswagen TRW, der bei Tauchunfällen, zur Sicherstellung von Taucheinsätzen in Tiefen von mehr als zwölf Metern und zur Ausbildung genutzt werden konnte. Im KIB, dem Kraftfahrzeug-Instandsetzungswerk Berlin-Niederschönhausen, wurde ein geländegängiges Fahrgestell des Typs IFA W 50 LA/A-1 mit einem speziell entwickelten Koffer versehen.

In diesem wurde eine umfangreiche Ausrüstung für den Einsatz bei Tauchunfällen mitgeführt. Dazu gehörte die fest verbaute Taucherdruckkammer »Transkom«, die mit einer mobilen Ein-Mann-Druckkammer verbunden werden konnte. Dadurch ließ sich der Verunglückte während der Fahrt durch einen Arzt im hermetisierten Druckbereich medizisch beobachten und betreuen. Zum Einsatzfahrzeug gehörten alle notwendigen Lebensrettungssysteme zur Überdruckerzeugung und Atemgasversorgung. Es standen 110 m³ Druckluft zur Verfügung. Für die Atemluftversorgung beider Personen sorgte eine Gesamtvorrat an 18 m³ Sauerstoff, was den Transport des Patienten von jedem beliebigen Punkt der DDR zur nächsten Rettungsstelle gewährleistete.

Taucher-Rettungswagen TRW	
Indienststellung/Bauzeit	1987
Aufbau-Hersteller	KIB Kraftfahrzeug-Instandsetzungswerk Berlin-Niederschönhausen/DDR
Fahrgestell	IFA W 50 LA/A-1
Fahrgestell-Hersteller	VEB IFA-Automobilwerke Ludwigsfelde/DDR
Besatzung	1/1
Motorbezeichnung	4 VD 14,5/12-2 SRW
Motor	R4-Zylinder-Viertakt-Dieselmotor, wassergekühlt
Bohrung x Hub	120 x 145 mm
Hubraum	6560 cm³
Leistung bei U/min	92 kW (125 PS) bei 2300/min
Radformel	4x4
Radstand	3700
Länge x Breite x Höhe	6500 x 2500 x 3390 mm
Bodenfreiheit	315 mm
Gesamtgewicht	9500 kg
Höchstgeschwindigkeit	ca. 75 km/h
feuerwehrtechnische Bestückung (Auszug)	
3 x 50 l Druckluftflaschen, 1 x 40 l O_2-Flasche, 2 x Flaschenbatterien mit 2 x 40 l O_2-Flaschen, Ein-Mann-Taucherdruckkammer, Notarzt-Ausrüstung, 1 x Hochdruckverdichter	

Der Taucher-Rettungswagen konnte in der ganzen Republik eingesetzt werden. (Foto: Sammlung Andre Junghans)

Der Taucher-Rettungswagen kam 1987 zum Kommando F Berlin (Ost). 1990 wurde der TRW zum GW-Prüfgruppe umgerüstet und diente bis 1997 der Inspektion prüfpflichtiger Geräte vor Ort. In dieser Zeit wurde auch die Niederdruck- durch Standardbereifung ersetzt. (Fotos: Sammlung Andre Junghans)

Spezialanhänger und Geräte

Spezialanhänger der Feuerwehr sind Anhänger, die eigens für den Einsatz bei der Feuerwehr entwickelt wurden. Sie sind mit feuerwehrtechnischen Geräten und Aggregaten ausgestattet und können entweder eigenständig oder in Kombination mit Lösch- und Sonderfahrzeugen eingesetzt werden.
Für kurze Strecken zum Einsatzort können sie auch von Hand gezogen werden. Die taktischen Einsatzmöglichkeiten hängen von den verfügbaren Einsatzkräften und der feuerwehrtechnischen Ausrüstung ab.

Die Anhänger der Feuerwehr werden je nach ihrer Ausstattung zur Brandbekämpfung, zum Transport von Löschmitteln, zur Stromversorgung, zur Beleuchtung, zur Nachrichtenübermittlung, zum Transport von Material und Geräten, zur Wasserförderung und zur Be- und Entlüftung eingesetzt.

Schlauchtransportanhänger

STA

Zu den ersten Feuerwehr-Spezialanhängern aus DDR-Produktion gehörte der Schlauchtransportanhänger STA, der ab 1957 in Görlitz gefertigt wurde. Der STA dient im Allgemeinen dem Transport notwendigen Schlauchmaterials für die Brandbekämpfung. Er komplettierte meistens das Robur-Löschgruppenfahrzeug LF 8-Lkw-TS 8.

Die Basis des Anhängers bildete ein Stahlrohrfahrgestell mit Drehstabfederachse. Die Verbindung zum Aufbau erfolgte durch Querträger. Der rundum geschlossene, beblechte Aufbau war durch Winkel- und Flachstähle verstärkt. Der Zugang zum Innenraum erfolgte über zwei geteilte Türen. Das Reserverad befand sich auf dem Dach. Die mitgeführte Gesamtlänge der B-Schläuche betrug 420 Meter. Diese konnte in der ab 1964 produzierten STA-Serie (HL 900.40/STA) auf 560 Meter erhöht werden. Fortan wurde dieser Anhänger in Kombination mit dem LF 8-TS 8 genutzt. Zu den Eigenschaften dieses STA gehörten der sehr holzlastige Inneneinbau sowie die auf dem oberen Boden gelagerten zwei Schlauchbrücken, das zum Einlagern der Schläuche in die Buchten benötigte Ladegeräte und das Reserverad. Es war nun möglich die gesamte Schlauchlänge während der Fahrt ohne Unterbrechung auszulegen. Mit der nächsten Entwicklungsstufe des Inneinbaus ab 1977 wurde der Standardisierungsgrad nochmals erhöht. Statt 7 standen nun 8 Schlauchfächer für 32 Schläuche mit einer Gesamtlänge von 640 Metern zur Verfügung. Der obere und der untere Boden sowie der Schieber bestanden ausschließlich aus Hartpapier. Das Ersatzrad fand zur besseren Gewichtsverteilung wieder auf dem Dach Platz.

STA des Baujahres 1960. (Fotos: Autor)

HL 900.40/STA des Baujahres 1967 mit 560 Metern B-Druckschlauch. (Fotos: Autor)

Schlauchtransportanhänger STA		
Indienststellung/Bauzeit	1957-1962 / 1964-1976 / ab 1977	
Baumuster	1970	1979
Aufbau-Hersteller Fahrgestell-Hersteller	VEB Feuerlöschgerätewerk Görlitz/DDR	
feuerwehrtechnische Bestückung (Anzahl)		
Druckschlauch B 20	28	32 (seit 1977)
Schlauchbrücke 1B-2C	2	2
Schlauchladegestell	1	1
Rücklichtlampe RL 870	1	1 (oder Blinkleuchte)
Fahrgestell	HL 900.40/STA	
- Art	Rohrrahmen mit Drehstabfederachse	
- Anzahl der Achsen	1	
Bereifung	6,40-15	6,40 13 PR 6
Länge x Breite x Höhe	3475 x 1770 x 1950 mm	3500 x 1800 x 2000 mm
Spurweite	1520 mm	
Bodenfreiheit	320 mm	
Deichselhöhe	852 mm	910 mm
zul. Gesamtgewicht	900 kg	
zul. Höchstgeschw.	80 km/h	

Tragkraftspritzenanhänger-Tragkraftspritze 8

TSA-TS 8

Zur Leipziger Frühjahrsmesse 1961 stellte die Feuerlöschgeräte-Industrie der DDR mit dem staubdichten TSA/8/ST einen Standard-Aufbau in Ganzstahlbauweise dem Fachpublikum vor. Dieser Einachs-Anhänger sollte fortan für Brandschutzzwecke mit entsprechendem Inneneinbau verwendet werden. Die gleiche Grundkonstruktion vereinfachte somit die Ersatzteilbeschaffung. Der selbsttragende Aufbau war in Spantenbauweise ausgeführt. Mit den tiefgezogenen Türen und den verbesserten Dichtungen konnte der Laderaum staubdicht geschlossen werden. Im Fokus der Entwicklung stand zudem, dass alle Geräte im Laderaum Platz finden sollten. Ein Teil der Ausrüstung wurde an den Innenseiten der Türen mitgeführt. Bei der Entwicklung des Aufbaus wurde zudem berücksichtigt, dass sich die Einsatzkräfte bei der Entnahme der Geräte für einen Löschangriff nicht gegenseitig behindern sollten.

Im Gegensatz zum Vorgängermodell wurden beim neuen TSA statt der zwei außen angebrachten Schlauchhaspeln nur noch eine Haspel auf beweglichem Rahmen im Geräteraum mitgeführt. Sie konnte hinten sogar mit Rahmen entnommen werden, wodurch der Schlauch - ohne das Halten der Haspel mittels zwei Einsatzkräften - abgezogen werden konnte.
Die TS 8 konnte nun über ein Ladegestell wesentlich leichter entnommen werden. Die Saugschläuche lagern beidseitig der TS beim Transport.

Tragkraftspritzenspritzenanhänger-Tragkraftspritze TSA-TS 8	
Indienststellung/Bauzeit	ab 1951
Baumuster	1979
Aufbau-Hersteller	VEB Feuerlöschgerätewerk Görlitz/DDR
Fahrgestell-Hersteller	
Fahrgestell	HL 900.40/TSA
- Art	Rohrrahmen mit Drehstabfederachse
- Anzahl der Achsen	1
Bereifung	6,40-13 PR 6
Länge x Breite x Höhe	3500 x 1800 x 2000 mm
Spurweite	1520 mm
Bodenfreiheit	320 mm
Deichselhöhe	910 mm
Deichsellänge	1350 mm (vor dem Aufbau)
Nutzmasse	≈ 550 kg
zul. Gesamtgewicht	≈ 900 kg
zul. Höchstgeschw.	80 km/h
	Tragkraftspritze 8 - TS 8
Länge x Breite x Höhe	880 x 590 x 825 mm
Gesamtgewicht	130 kg
Motor:	
- Typ	ZW 11 03
- Art	2-Zylinder-2-Takt-Ottomotor, wassergekühlt
- Hubraum	1100 cm³
- Leistung	20,6 kW (28 PS) bei 3000/min
Tankinhalt	28 l (VK Gemisch)
Verbrauch	14 l/h
Gewicht des Motors	70 kg
Feuerlösch-Kreiselpumpe:	
Nennförderstrom	800 l/min
Nennförderhöhe	80 m
Gewicht	≈ 45 kg

Dieser Tragkraftspritzenanhänger TSA/8 Baujahr 1955 verfügt noch über die zwei abnehmbaren Schlauchhaspeln, die seitlich oben angebracht waren. In dieser Form wurde der TSA mit TS 8 bis 1960 gebaut. (Foto: Autor)

Heckseitige Ansicht des TSA-TS 8 mit herausziehbarer Tragkraftspritze 8/8, tragbarer Schlauchhaspel und Saugschläuchen A 1,6. Das Ersatzrad wurde hier auf dem Anhänger mitgeführt. (Foto: Autor)

Feuerwehrtechnische Bestückung (Baumuster 1979)

Stück	Bezeichnung	Stück	Bezeichnung	Stück	Bezeichnung
1	Mundbeatmungsgerät	1	Schlüssel für Unterflurhydrant	1	Handfeuerlöscher Halon
4	Fangleine 30 m	1	Schlüssel für Überflurhydrant	1	Segeltucheimer 10
4	Tragbeutel für Fangleinen	3	Kupplungsschlüssel	10	Wachsfackel
1	TS-8-Werkzeugkasten	6	A-Saugschlauch 1,60 m	2	Fackelstock
1	Schlauchhaspel tragbar	1	A-Saugkorb	5	Signaltaschenlampe
6	B-Druckschlauch 20 m	1	Schutzkorb	1	Handscheinwerfer
1	B-Druckschlauch 5 m	1	Schwimmboje	1	Rücklichtlampe oder Blinkleuchte
10	C-Druckschlauch 15 m oder	1	Übergangsstück B-C	1	Feuerwehraxt
9	C-Druckschlauch 20 m	1	Übergangsstück A-B	1	Brechstange 700 mm
1	C-Druckschlauch 10 m	4	Schlauchbinde B-C	2	Arbeitsleine,
1	BV-Strahlrohr	1	Schlauchbinden-Tragtasche	1	Büchse oder Plastbeutel mit je 2 A-, B- und C-Dichtungen
3	CM-Strahlrohr	1	Rollschlauch-Tragriemen	1	Feuerwehrbeil
1	Sprühdüse 600	1	Schlauchhalteriemen T	9	Paar Feuerwehr-Schutzhandschuhe
1	Sprühdüse 200	1	C-Kuppelscheibe	2	Kraftstoffkanister 5 l
1	Verteiler B-CBC oder B-CBC	1	Schnallriemen für Kuppelscheibe	1	Abgasschlauch
1	Standrohr 2 B	1	Kübelspritze 10		

Quelle: Prospekt

Schaumbildneranhänger 4,5

SBA 4,5

Für den Transport von 450 Litern Schaumbildner und der notwendigen Verschäumungsausrüstung zur Brandstelle begann 1967 die Produktion des Schaumbildneranhängers SBA 4,5 im VEB Feuerlöschgerätewerk Görlitz. Für den offenen Aufbau wurde ein einachsiges Einheitsrohrrahmenfahrgestell verwendet. Zum Aufbau gehörte neben dem elliptisch geformten Aluminiumbehälter für den Schaumbildner auch drei darunter angebrachte Gerätekästen. Der im Tank mitgeführte Schaumbildner diente der Erzeugung von bis zu 90 m³ Schwerschaum. Dem Löschwasser wurden dafür 5 Prozent Schaumbildner beigemischt. Der SBA 4,5 wurde oft von Löschfahrzeugen zur Ergänzung des eigenen Schaumbildnervorrates mitgeführt. Wichtige Änderungen an der Bestückung und Unterbringung der Geräte erfuhr der SBA in den Jahren 1976 und 1977.

Statt der Luftschaumrohre gehörten nun zwei Schwerschaumrohre zum Umfang des Anhängers. Später erfolgte der Austausch eines der beiden Schwerschaumrohre gegen ein Mittelschaumrohr, welches zu einer 200fachen Verschäumung imstande war.

	Zul. Höchstgeschw.
Indienststellung/Bauzeit	ab 1967
Baumuster	1979
Aufbau-Hersteller	VEB Feuerlöschgerätewerk Görlitz/DDR
Fahrgestell-Hersteller	VEB Robur-Werke Zittau/DDR
Fahrgestell	HL 900.40/SBA (1986: HL 10.40 SB)
- Art	Rohrrahmen mit Drehstabfederachse
- Anzahl der Achsen	1
Bereifung	6,40-13
Länge x Breite x Höhe	3450 x 1750 x 1370 mm
Spurweite	1520 mm
Bodenfreiheit	295 mm
Deichselhöhe	930 mm
Deichsellänge	1400 mm (vor dem Aufbau)
Eigenmasse	330 kg
Nutzmasse	570 kg
zul. Gesamtgewicht	900 kg
zul. Höchstgeschw.	80 km/h
	Schaumbildnertank
Tankinhalt	450 l
Schaumbildnermenge	450 l
	Gerätekasten
Länge x Breite x Höhe	700 x 600 x 200 mm

Das Aufschäumen des Schaumbildners bei der Fahrt wurde durch die innere Dreiteilung des Tanks erheblich gehemmt. Der Tank fasste insgesamt 465 Liter von denen 450 Liter genutzt werden konnten. (Foto: Autor)

Foto: Autor

Feuerwehrtechnische Bestückung (Baumuster 1979)					
Stück	**Bezeichnung**	**Stück**	**Bezeichnung**	**Stück**	**Bezeichnung**
1	Schwerschaumrohr T 8/11	1	C-Saugschlauch 3 m	1	Reservezumischerschlauch
1	Mittelschaumrohr T 4/100	1	Übergangsstück C-D	1	Räumnadel
1	Verteiler C-DCD	1	Zumischerschlauch 1,50 m (mit 1 D-Kupplung)	1	Rücklichtlampe oder Blinkleuchte
1	Kupplungsschlüssel	1	Zumischerschlauch 1 m (mit 2 D-Kupplung)		

Beleuchtungsanhänger 3 kVA

BLA/3

Zur Stromversorgung bei Einsätzen und dem Ausleuchten von Brand- und Unfallstellen sind Generatoren und Beleuchtungssätze von großer Bedeutung. Für den Transport dieser umfangreichen Ausrüstung inklusive des Stromerzeugers wurde ab 1961 der einachsige Beleuchtungsanhänger BLA/3 eingeführt.

Im leicht zugängigen Geräteraum befanden sich frontseitig der witterungsunabhängig betreibbare Beleuchtungssatz und heckseitig das über ein ausklappbares Ladegestell entnehmbare 3-kW-Benzin-Wechselstrom-Aggregat.
Die verwendeten Anschlüsse und Kabelverbindungen waren standardisiert und mit herkömmlichen kombinierbar. In Kombination mit einer Drehleiter konnte ein Lichtmast am Einsatzort errichtet werden. Ab 1980 bekam der BLA ein leistungsstärkeres 4-kW-Aggregat und Halogen-Kleinscheinwerfer statt der Großscheinwerfer.

Beleuchtungsanhänger BLA/3	
Indienststellung/Bauzeit	ab 1961
Baumuster	1966
Aufbau-Hersteller	VEB Feuerlöschgerätewerk Görlitz/DDR
Generator - Motor	EL 308 (Benzin-Elektro-Aggregat 3 kW)
- Art	1-Zylinder-2Takt-Ottomotor, luftgekühlt
- Hubraum	294,6 cm³
- Leistung	6 PS bei 3000/min
Tankinhalt	10 l
Verbrauch	2,5 l/h
Fahrgestell	HL 900.40/BLA
- Art	Rohrrahmen mit Drehstabfederachse
- Anzahl der Achsen	1
Bereifung	6,40-15
Länge x Breite x Höhe	3475 x 1770 x 1950 mm
Spurweite	1520 mm
Bodenfreiheit	320 mm
Deichselhöhe	852 mm
zul. Gesamtgewicht	900 kg
zul. Höchstgeschw.	80 km/h

Ein BLA des Baujahres 1962 im Feuerwehrmuseum Welzow. (Foto: Autor)

Feuerwehrtechnische Bestückung (Baumuster 1979)					
Stück	Bezeichnung	Stück	Bezeichnung	Stück	Bezeichnung
3	Großgeländescheinwerfer 1000 W	1	Verteilerkasten	1	Handscheinwerfer
3	Stativ M	5	Stromabzweigung	1	Handfeuerlöscher (Halon)
5	Handleuchte 40 W, ex-geschützt	6	Kabel 3 x 2,5 mm², 25 m	1	Ölmessgefäß 0,5 l
1	Glühlampe 220 V, 1000 W	1	Kabel 3 x 2,5 mm², 3 m	1	Rücklichtlampe oder Blinkleuchte
1	Glühlampe 220 V, 40 W (Reserve)	1	Stecker (Reserve)	1	Abgasschlauch
		1	Kupplungsdose		

Stromgeneratorenanhänger

SGA 16

Mit dem 1955 eingeführten Stromgeneratorenanhänger SGA wurde ein Notstromaggregat für die Stromversorgung bei größeren Einsätzen und in Katastrophenfällen am Einsatzort zur Verfügung gestellt. Er diente mit den Großgeländescheinwerfern aber auch zum Ausleuchten des Einsatzortes. Der Grundaufbau bestand aus einem Einachsfahrgestell mit geschweißtem Grundrahmen sowie Hilfsrahmen und dem geschlossenem Aufbau. Darin befanden sich der Antriebsmotor und der 380-Volt-Drehstromgenerator, die schwingungsgedämpft auf dem Rahmen montiert und mit einer Welle elastisch gekoppelt waren.

Beim Antriebsaggregat handelte es sich um eine Stationärvariante des Vierzylinder-Motors Granit 30 K (oder Granit 32). Für den Betrieb wurden vier abklappbare Stützen mit Spindeln für die Standsicherheit in Position gebracht. Zu dem Anhänger gehörte ein auf dem Zugfahrzeug mitgeführter Beleuchtungs- und Maschinensatz BLM 16. Dieser fand in fünf Transportkisten Platz. Drei davon beherbergten die Großgeländescheinwerfer, die Stative und die Anschlusselemente. Mit den anderen beiden Kisten transportierte man die elektrischen Arbeitsgeräte und die notwendigen Kabel und Verteiler.

Stromgeneratorenanhänger SGA 16	
Indienststellung/Bauzeit	ab 1955
Baumuster	1957
Aufbau-Hersteller	VEB FIMAG Finsterwalde/DDR
Fahrgestell	Profilrahmen mit Hilfsrahmen
- Anzahl der Achsen	1
Bereifung	7,00-20 eHD
Länge x Breite x Höhe	4150 x 1850 x 2200 mm
Spurweite	1600 mm
Bodenfreiheit	320 mm
Deichselhöhe	920 mm
Deichsellänge	1700 mm (vor dem Aufbau)
Gewicht	1890 kg
zul. Gesamtgewicht	2100 kg
zul. Höchstgeschw.	50 km/h
Stromaggregat	
Motor	Granit 32 - 4 NVD 12,5 SRL
- Art	4-Zylinder-4Takt-Dieselmotor, luftgekühlt
- Hubraum	3181 cm³
- Leistung	18,4 kW (25 PS) bei 1500/min
- Drehmoment	175 Nm bei 1500/min
Tankinhalt	50 l (DK)
Verbrauch	≈ 7 l/h
Betriebszeit	≈ 7 h
Drehstromgenerator	Fimag DCBS 20-4/2
- Nutzleistung	16 kW (21,2 PS)
- Spannung	220 ~ /380 V
- Stromstärke	28 A
- Drehzahl	1500/min
- Schutzgrad	IP 21
Beleuchtungs- und Maschinensatz	
Scheinwerferkasten	3 (á 72 kg)
Maschinenkasten	1 (93 kg)
Kabel- und Stromverteilerkasten	1 (104 kg)
Gesamtmasse	413 kg

Der Aufbau war durch Seitenklappen zugänglich. Am Aggregat war die Schalttafel mit den Bedienungs- und Überwachungsinstrumenten federnd aufgehängt. (Bilder: Buch »Fahrzeuge der Feuerwehr - Einsatzvarianten« Staatsverlag der DDR, 1. Auflage 1983)

Technische Bestückung des Beleuchtungs- und Maschinensatzes 16 kVA (Baumuster 1957)

Stück	Bezeichnung
3	Großgeländescheinwerfer 1000 W
3	Stativ M
7	Handleuchte 220 V, 40 W
3	Glühlampe 220 V, 1000 W
3	Glühlampe 220 V, 40 W
1	Verteilerkasten 25 A, 380 V
1	Verteilerkasten 16 A, 380/220 V mit 10-A-Sicherung
6	Stromabzweigung 10 A
2	Gummischlauchleitung 3 x 1,5 mm², 1 m
3	Gummischlauchleitung 3 x 2,5 mm², 25 m
3	Gummischlauchleitung 4 x 2,5 mm², 25 m
1	Gummischlauchleitung 4 x 4 mm², 3 m
2	Gummischlauchleitung 4 x 4 mm², 25 m
2	Widerstand 220 V, 700 W
1	Handkreissäge
1	Zweigang-Handbohrmaschine
1	Handblechschere
1	Kettenstemmer
1	Satz Werkzeug (Werkzeugwickel)
1	Satz Bohrer (Bohrerwickel)
7	Kupplungsstecker (Reserve)
5	Kupplungssteckdose (Reserve)

Nachrichtengeräteanhänger

NGA

Auf Basis des seit 1963 im VEB Feuerlöschgerätewerk Görlitz gefertigten Standard-Einachsanhängers wurde Mitte der 1960er-Jahre der Nachrichtengeräteanhänger NGA für kabelgebundene Nachrichtenübermittlung auf größeren Einsatzstellen entwickelt. Bei einem Eigengewicht von 400 kg konnte der einachsige Anhänger eine Last von 500 kg aufnehmen.

Mit dieser Entwicklung war es nun möglich schnell alle erforderlichen Nachrichtengeräte, Werkzeuge, Kabel und anderes Zubehör für den Aufbau einer Vermittlungsstelle gesammelt zum Einsatzort zu bringen, ohne diese vorher erst verladen zu müssen. Zudem besaß der NGA den Vorteil, die Vermittlungstelle direkt am Anhänger aufzubauen. Ein zur Verfügung stehendes Über-/Vorzelt bot der Station frontseitig des NGA entsprechenden Schutz vor widrigen

Links: Frontseitig sind hier der ausziehbare Tisch und darüber die Fernmeldetechnik zu sehen.

Unten: Heckseitig sind unter anderem Kabeltrommeln und Werkzeuge entnehmbar. (Fotos: Andre Junghans)

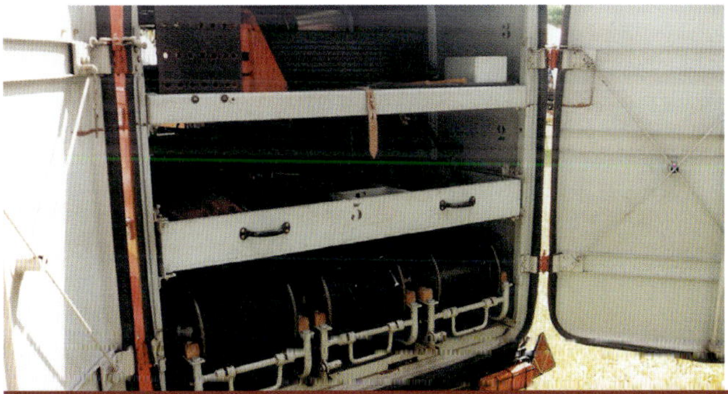

Der NGA mit Vorbauzelt ist heute sehr selten.

Nachrichtengeräteanhänger NGA	
Indienststellung/Bauzeit	ab 1966
Baumuster	1966
Aufbau-Hersteller	VEB Feuerlöschgerätewerk Görlitz/DDR
Fahrgestell	Rohrrahmen mit Drehstabfederachse
- Anzahl der Achsen	1
Bereifung	6,40-15
Länge x Breite x Höhe	3475 x 1475 x 1950 mm
Spurweite	1520 mm
Bodenfreiheit	320 mm
Deichselhöhe	852 mm
Eigengewicht	400 kg
Nutzlast	500 kg
zul. Gesamtgewicht	900 kg
zul. Höchstgeschw.	80 km/h

Witterungsbedingungen. Weiterhin verfügte der Anhänger über eine ausziehbare Tischplatte und einen auf die Deichsel steckbaren Arbeitssitz. Heckseitig befanden sich bei geöffneten Türen die Einschübe mit den Kabeltrommeln und den Werkzeugen/Geräten zur einfachen Entnahme.

Feuerwehrtechnische Bestückung (Baumuster 1966)

Stück	Bezeichnung	Stück	Bezeichnung	Stück	Bezeichnung
1	Vorzelt mit Beutel	1	Sicherheitsgurt	1	Klemmleiste OB 52 (10)
17	Zeltstab	1	Feldmesskasten	1	Klappenschrank OB 52
1	Abspannleiste	1	NC-Sammler 624r 30	1	Amtszusatz OB 52
3	Zelthering, 250 mm	2	Beutel für Nägel und Schrauben	2	Behälter für Öl und Tetra
3	Zelthering, 190 mm	1	Rückentrage, starr, kompl.	20	Endpeitsche
2	Zeltleinen, 5 m	1	Rückentrage, klappbar, kompl.	1	Tischplatte
2	Spannholz	1	Gerätebeutel	1	Sitzkissen
1	Kabel, 30adrig, 50 m	1	Ersatzteilkasten für V 10	2	Kabeltrommel
1	Kabel, 30adrig, 5 m	1	Sicherungskasten	16	Kabeltrommel mit 500 m LFK
8	Feldfernsprecher	2	Ringübertrager	2	Drahtgabel, 2teilig
4	Erdstecker	1	Übergangsdose für FFK	1	Handscheinwerfer
10	Baumhaken	1	Werkzeugtasche	1	Rücklichtlampe RL 870
1	Steigeisen	2	Kabelhandschuh rechts		

Ventilatortransportanhänger

VTA 60

Zum Be- und Entlüften verrauchter oder vergaster Räume an Brand- oder Unfallstellen werden spezielle Ventilatoren genutzt. Noch bis in die 1960er-Jahre machten nicht standardisierte Geräte die Einsätze sehr schwierig. So waren die Ventilatoren meistens elektrisch betrieben und auf die Versorgung durch das öffentliche Stromnetz oder die mitgeführten Maschinensätze angewiesen. Das allein bedeutete, dass anfangs 16 Anschlusskabel für die verschiedenen Steckdosen-Arten mitgeführt werden mussten. Es wurden aber auch Lichtaggregate mit wesentlich höherer Leistung für den Betrieb der elektrischen Ventilatoren eingesetzt, was sehr unwirtschaftlich war. Weiterhin war eine Drosselung der Drehzahl des Lüfters nicht möglich. Die Luftmenge konnte nur mit in den Rohrleitungen verbauten Schiebern reguliert werden.

Dies alles rechtfertigte die Entwicklung eines genormten Gerätes. Verantwortlich war die Hauptabteilung Feuerwehr in Kooperation mit dem VEB Feuerlöschgerätewerk Görlitz und der Firma Kohl/Klotzsche.

Der erstmalig 1961 eingeführte Gerätesatz bestand aus dem 1-Zylinder-Zweitakt-Motor vom Typ EL 308 mit Drehzahlregler, einer Anwerfvorrichtung (wie bei der Tragkraftspritze TS) und einem ungefähr 70 m³/min leistenden Ventilator auf einem Traggestell. In den Folgejahren leistete der Ventilator genormt 60 m³/min Volumenstrom. Daher rührte fortan die Bezeichnung VTA 60. Anfangs gehörten neben sechs Rohren (mit Handgriffen und Feststellvorrichtung) und verschiedenen Winkelrohren auch Abdichtkissen, Asbestanzug und weiteres Zubehör. Im Laufe der Produktion sowie im Zuge der Weiterentwicklung des Brandschutzes wurde auch die Bestückung des VTA angepasst. Während der zentrale Brandschutz über die Hauptabteilung Feuerwehr mit dem VTA versorgt wurde, konnten sich die örtlichen und betrieblichen Wehren direkt an den VEB FLG Görlitz wenden.

Dieser 1963er Ventilatortransportanhänger VTA/60 des VEB Feuerlöschgerätewerkes Görlitz besitzt die Fahrgestellnummer 001 und ging noch im Jahr der Herstellung an die Berufsfeuerwehr Potsdam. Zu sehen ist dieser Spezialanhänger nun im Feuerwehrmuseum der Stadt Welzow. (Foto: Autor)

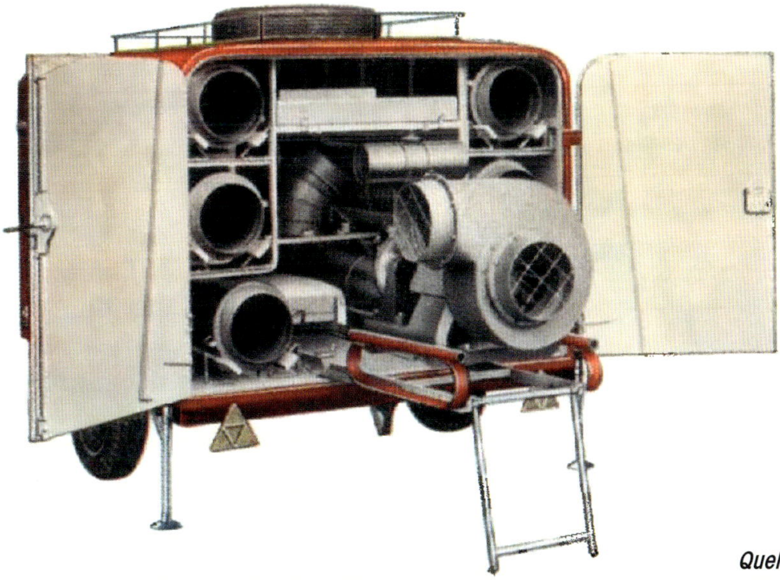

Quelle: Prospekt

Ventilatortransportanhänger VTA 60	
Indienststellung/Bauzeit	ab 1961
Baumuster Aufbau-Hersteller	1975 VEB Feuerlöschgerätewerk Görlitz/DDR
Fahrgestell - Art	HL 900.40/VTA Rohrrahmen mit Drehstabfederachse
- Anzahl der Achsen	1
Bereifung	6,40-13 PR 6
Länge x Breite x Höhe Spurweite Bodenfreiheit Deichselhöhe Deichsellänge	3500 x 1800 x 2000 mm 1520 mm 320 mm 910 mm 1350 mm (vor dem Aufbau)
Nutzmasse zul. Gesamtgewicht	≈ 550 kg 900 kg
zul. Höchstgeschw.	80 km/h
Ventilatoraggregat	
Länge x Breite x Höhe Gesamtgewicht	1100 x 630 x 870 mm (inkl. Ventilator) 94 kg (inkl. Ventilator)
Motor - Art - Hubraum - Leistung - Drehmoment Tankinhalt Verbrauch	Barkas EL 308 1-Zylinder-2Takt-Ottomotor, luftgekühlt ≈ 295 cm^3 4,4 kW (6 PS) bei 3000/min 17,16 Nm bei 2000/min 10 l (VK Gemisch) + 5 l (Reservekanister) ≈ 3 l/h
Ventilator	
Typ Volumenstrom Drehzahl Verdichtung Metallschläuche	Radiallüfter 4000 60 m^3/min 3000/min ≈ 1,5...2,0 MPa 10 Stück á 1,65 m Länge

Feuerwehrtechnische Bestückung
2 Paar Asbest-Faushandschuhe, 1 Handfeuerlöscher (Halon), 1 Werkzeugkasten, 2 Holzhämmer, 1 Absperrgitter, 1 Abdichtkissen, 1 Asbestdecke (1500 x 1300 mm), 2 Asbestdecken (1500 x 1000 mm), 1 Abdeckblech, 1 Reinigungsspinne, 1 Rücklichtlampe oder Blinkleuchte

Dem VTA diente später auch die Weiterentwicklung zum standardisierten Einachsanhänger als Basis. Der abgebildete Ventilatortransportanhänger ist ebenfalls im Welzower Feuerwehrmuseum ausgestellt. (Foto: Autor)

Löschmittelanhänger

STA-Lö

Entstehungsbrände aller Art können mittels Handfeuerlöscher oder fahrbaren Luftschaum- und CO_2-Löschgeräten bekämpft werden, da diese von jedweder Person einfach zu bedienen sind. Somit kann der Entstehungsbrand gelöscht oder einer Ausdehnung des Brandherdes bis zum Eintreffen der Feuerwehr entgegengewirkt werden. Bei großflächigeren Brandherden ist eine größere Anzahl von Handfeuerlöschgeräten notwendig. Um diese schnell zum Einsatzort transportieren zu können, baute der VEB Feuerlöschgerätewerk Görlitz ab 1960/61 einen entsprechenden Löschmittelanhänger STA-Lö für Luftschaum und CO_2. Als Grundkonstruktion wurde der schon oft bewährte Schlauchtransportanhänger verwendet. Für die Aufnahme von zwei fahrbaren Luftschaumgeräten und sechs CO_2-Handfeuerlöschern wurde der Geräteraum mit entsprechenden Halterungen versehen. Die 300 Liter Luftschaum eines der fahrbaren Geräte genügen für ungefähr zwei Minuten.

Die Umrüstung des Anhängers zum Schlauchtransportanhänger ist innerhalb kürzester Zeit durch das Entfernen der Löschgerätehalterung möglich. Darüber hinaus ist der Anhänger auch für den Transport anderer Materialien und Geräten gut geeignet, da er ohne Zwischenwände hergestellt wurde. Das Gewicht der Zuladung darf dabei 450 kg nicht überschreiten.
Der STA-Lö konnte von allen Fahrzeugtypen des Brandschutzes, die für den Anhängerbetrieb zugelassen waren, mitgeführt werden.

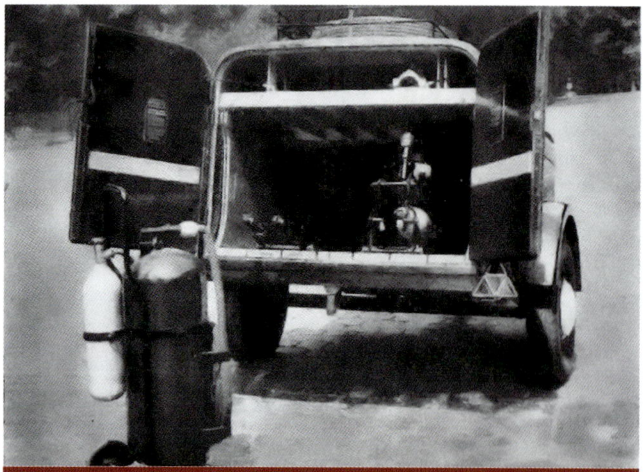

Löschmittelanhänger STA-Lö	
Indienststellung/Bauzeit	ab 1960/61
Baumuster Aufbau-Hersteller	1966 VEB Feuerlöschgerätewerk Görlitz/DDR
Fahrgestell - Anzahl der Achsen	Rohrrahmen mit Drehstabfederachse 1
Bereifung	6,40-15
Länge x Breite x Höhe Spurweite Bodenfreiheit Deichselhöhe	3475 x 1770 x 1950 mm 1520 mm 320 mm 852 mm
Nutzmasse zul. Gesamtgewicht	450 kg 900 kg
zul. Höchstgeschw.	80 km/h
Feuerwehrtechnische Bestückung	
2 fahrbare Luftschaumgeräte SL 47 Hn K (á 300 Liter), 6 CO_2-Handfeuerlöscher (á 6 kg), 1 Rücklichtlampe Typ RL 870	

Oben rechts: Die beiden fahrbaren Luftschaumgeräte SL 47 Hn K waren aus dem Heck entnehmbar.

Rechts: Löschmittelanhänger STA-Lö, Baumuster 1961, mit den über die Flügeltüren frontseitig erreichbaren sechs 6-kg-CO_2-Handfeuerlöschern. Auf Grund der höheren Bauweise späterer Anhänger konnten die Flaschen dann auch stehend transportiert werden. (Bilder: Zeitschrift »Unser Brandschutz« Heft 04/1961)

Fotos: Autor

Pulverfeuerlöschgeräteanhänger

P 250 Hf A und PG 210 Hf A

Der auf Geräte und Anlagen für den Brandschutz spezialisierte VEB Feuerlöschgerätewerk Apolda war für die Produktion des fahrbaren Pulverlöschgerätes P 250 Hf A verantwortlich. Das Gerät diente der Bekämpfung mittlerer Brände in chemischen Betrieben, Großgaragen, Tankanlagen, Mineralöllagern, Lackierereien, elektrischen Schaltstationen, Gasabfüllungen und anderen brandgefährlichen Orten. Dafür standen im Behälter 250 kg B-C-E-Pulver zur Verfügung.

Für den Einsatz bei Bränden mit glutbildenden Stoffen wurden im Behälter 210 kg A-B-C-E-Pulver transportiert (PG 210 Hf A, oft auch als PG 250 Hf A bezeichnet). Der Anhänger besteht aus dem Fahrgestell, dem Löschmittelbehälter, den Druckschläuchen, den Pulverpistolen, der Druckgas-Stahlflasche und dem Löschmittel. Der Löschvorgang erfolgt mittels Druckluft über die Pulverschläuche und Pulverpistolen.
Hinsichtlich der steigenden Anforderungen im Straßen- und Geländeverkehr wurde die Konstruktion des Fahrgestells auf Anordnung des Kraftfahrzeugtechnischen Amtes (KTA) überarbeitet und ab 1974 mit zwei Stoßdämpfern und einer breiteren Spurweite von 1300 mm versehen. Wie bei den FW-Anhängern SL 275 Hn A und CO_2-120 Hf A erhielt der Pulverlöschgeräteanhänger zusätzlich zwei Stützvorrichtungen.

Pulverfeuerlöschgeräteanhänger	P 250 Hf A	PG 210 Hf A
Indienststellung/Bauzeit	1970-1975	
Baumuster Aufbau-Hersteller Fahrgestell-Hersteller	1975 VEB Feuerlöschgerätewerk Apolda/DDR VEB Transportanlagen-Montagen Landsberg bei Halle/ Saale/DDR	
Fahrgestell - Art	HL 630.40/1 Drehstabfederachse mit Rohrrahmen (ab 1974: Stoßdämpfer)	
- Anzahl der Achsen	1	
Bereifung	6,00-13	
Länge x Breite x Höhe Spurweite Bodenfreiheit Deichselhöhe	2800 x 1205 (ab 1974: 1505 mm) x 1320 mm 1000 mmm (ab 1974: 1300 mm) 270 mm 850 mm	
zul. Gesamtgewicht	640 kg (ab 1974: 670 kg)	600 kg (ab 1974: 630 kg)

Pulver	B-C-E (250 kg)	A-B-C-E (210 kg)
	P 250 Hf A	PG 210 Hf A
Betriebsdruck	maximal: 18 kp/cm² minimal: 12 kp/cm²	
Aufladezeit	ca. 15 s	
Druckluftflasche	Inhalt: 20 l Fülldruck: 130...150 kp/cm²	
Ausstoßdauer Wurfweite Wurfhöhe	1 Pistole: ca. 120 s / 2 Pistolen: ca. 60 s ca. 8...12 m ca. 6...10 m	
Einsatztemperaturen	- 30 ... 60 °C	
zul. Höchstgeschw.	80 km/h	
sonstige feuerwehrtechnische Bestückung		
Druckluftkessel, Druckluftflasche, 2 x 25 m D-Druckschläuche, Werkzeugkasten		

P = Pulverfeuerlöschgerät
G = geeignet für Glutbrände
250 bzw. 210 = Füllmenge
H = Hochdruck (Treibmittel Druckluft)
f = frostbeständig
A = Anhänger

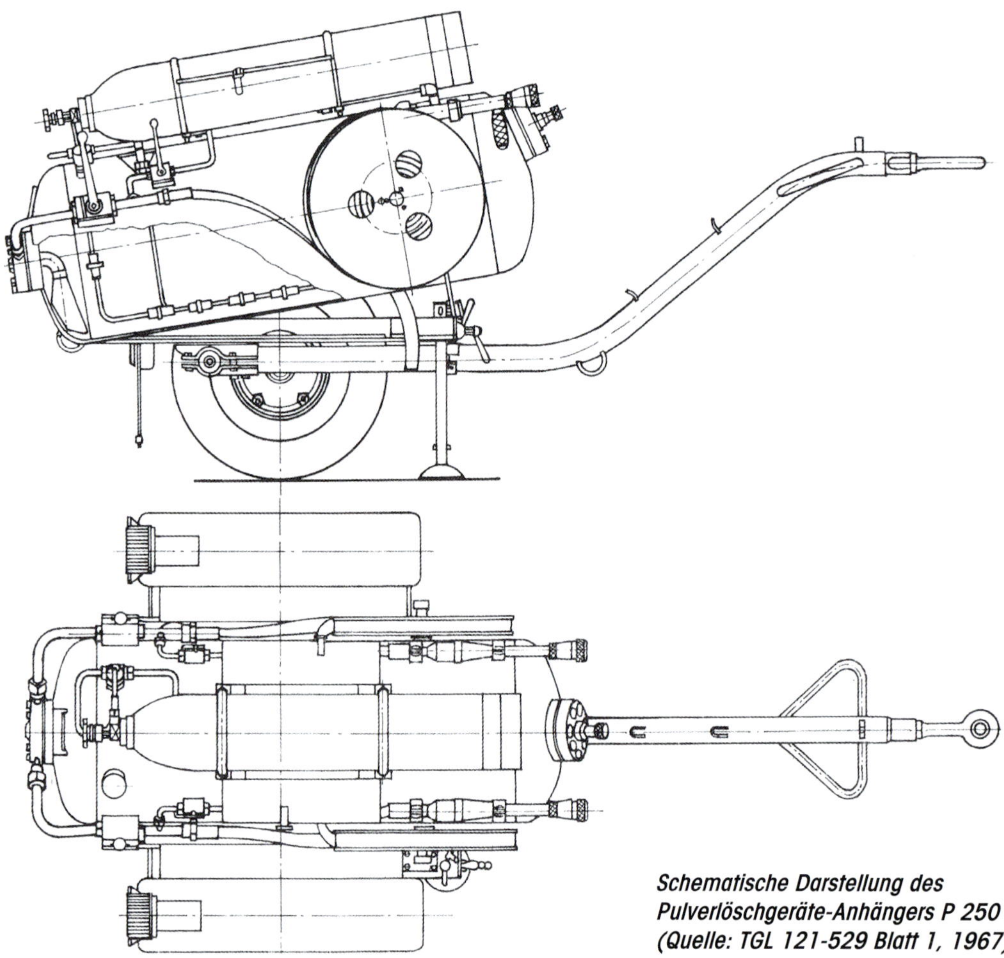

Schematische Darstellung des Pulverlöschgeräte-Anhängers P 250 HA (Hf A). (Quelle: TGL 121-529 Blatt 1, 1967)

Kohlendioxid-Anhänger

CO_2-120 HA (Hf A)

Zu den Anhängern der Feuerwehr gehörte das fahrbare Kohlendioxid-Feuerlöschgerät, dessen Produktion nach 1945 in Apolda fortgesetzt und ab 1955 als standardisierter Spezialanhänger CO_2-120 HA produziert wurde. Kohlondioxid hat als Löschmittel den Vorteil, beim Löschen selbst keine Rückstände zu hinterlassen, keine Korrosion zu verursachen und nichtleitend zu sein. Daher konnte das Gerät an elektrischen Anlagen mit Spannung bis 150 Kilovolt eingesetzt werden.

Es war zudem zur Bekämpfung von brennenden Flüssigkeiten wie Benzin, Öle, Fette und Gasen wie Methan, Propan und Wasserstoff konizipiert worden. Daher war der Kohlendioxid-Anhänger bei solchen brandgefährdeten Objekten bzw. Betrieben stationiert. Der CO_2-120 HA konnte allein oder in Zusammenwirken mit anderen Löschfahrzeugen eingesetzt werden. Das Rohrrahmen-Fahrgestell und das Zugrohr mit Zugöse waren mit der Achse verschraubt.

Der offene Aufbau bestand aus einem Lagergestell für vier 30-kg-Kohlendioxid-Flaschen, den Halterungen für die Hochdruckschläuche und Expansionsrohre sowie einem Werkzeugkasten. Die Flaschen sind mit einem Sammelrohr verbunden. Das Kohlendioxid konnte einzeln hintereinander oder gleichzeitig aus allen Flaschen über ein oder zwei Expansionsrohre abgegeben werden. Aufgrund der Erfordernisse entstand Ende der 1980er-Jahre auch ein CO_2-8-Flaschengerät auf dem Spezialanhänger HL 900.40, das jedoch nicht in die Serienproduktion überging.

Zul. Höchstgeschw.	
Indienststellung/Bauzeit	ab 1955
Baumuster	1969
Hersteller	VEB Feuerlöschgerätewerk Apolda/DDR
Einsatzbereitschaft	von -30 °C bis +55 °C
Löschmittel	CO_2
Löschmittelmenge	120 kg (insgesamt)
Wurfweite	3 m
Wurfhöhe	3 m
Fahrgestell	HL 550.40/1
- Art	Rohrrahmen-Fahrgestell
- Anzahl der Achsen	1
Bereifung	6,00-13
Länge x Breite x Höhe	2800 x 1205 x 1130 mm
Spurweite	970 mm
Deichselhöhe	850 mm
Eigenmasse	580 kg
zul. Gesamtgewicht	700 kg
zul. Höchstgeschw.	80 km/h
Feuerwehrtechnische Bestückung	
4 CO_2-Flaschen 30 kg, 2 CO_2-Hochdruckschläuche á 10 m, 2 CO_2-Expansionsrohre	

CO_2 = Kohlendioxidlöschgerät
120 = Füllmenge
H = Hochdruck (Treibmittel Druckluft)
f = frostbeständig
A = Anhänger

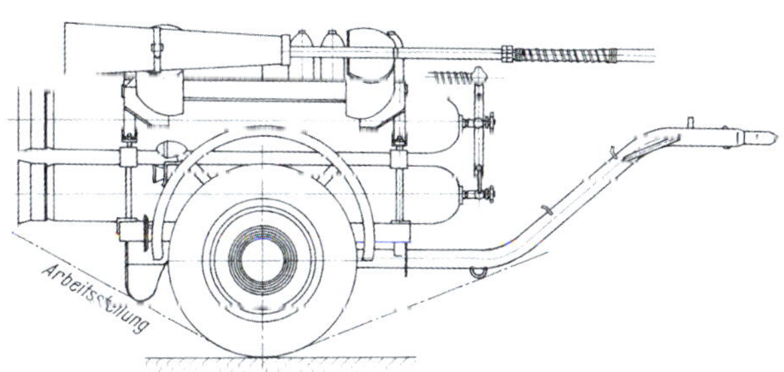

Schematische Darstellung des 4-Flaschen-Feuerlöschgeräte-Anhängers CO_2-120 HA (Hf A). Auf Veranlassung des Kraftfahrzeugtechnischen Amtes (KTA) wurden ab Beginn des Jahres 1974 die Anhänger mit 2 Stoßdämpfern (Typ A 2-150-140/50 (TGL 8114), einer auf 1300 mm verbreiterten Achse des Typs AD 70-21 (TGL 39-5052) und 2 Stützvorrichtungen ausgerüstet. (Quelle: TGL 121-529 Blatt 1, 1967)

Luftschaum-Anhänger

LS II und LS II P

Zu den ersten Spezialanhängern aus DDR-Produktion gehörte das Luftschaum-Feuerlöschgerät, das bei Bränden fester Stoffe und brennenden Flüssigkeiten wie Öle, Benzin und Benzol eingesetzt werden konnte. Der VEB Feuerlöschgerätewerk Apolda fertigte ab 1955 das LS II auf einachsigem Anhänger.

Es bestand aus dem Kessel für das Löschmittel-Gemisch, welches sich aus 260 Litern Wasser und 15 Litern Schaumbildner zusammensetzte. Der Kessel bildete gleichzeitig das Fahrgestell. Daran waren die Achse, die 20-l-Druckluftflasche, die Halterungen für Schaumrohr und C-Druckschlauch und die Deichsel mit Werkzeugkasten befestigt. Zur Inbetriebnahme musste das LS II vom Zugfahrzeug abgehängt und das Zuggestänge auf dem Boden abgelegt werden, um die gewünschte Wirkung zu erzielen. Unter Zuhilfenahme von Druckluft wurde das Löschmittel-Gemisch durch den C-Druckschlauch in das Luftschaumrohr gedrückt und führte so zur Bildung des Luftschaums. Der austretende Löschmittelstrahl wurde dann direkt in den Brandherd gerichtet.
Es waren Wurfweiten bis 15 Meter und Wurfhöhen bis 12 Meter möglich. Mit dem 1965 erschienenen LS II P wurde die Bauweise des Vorgängers dahingehend geändert, dass eine modifizierte Luftzufuhr zu einer Schaummenge von etwa 2000 statt 1600 Litern, einer Wurfweite bis 18 Metern und einer besseren Qualität bezüglich der Halbwertzeit führten. Abgelöst wurde dieses Gerät vom SL 275 Hn A.

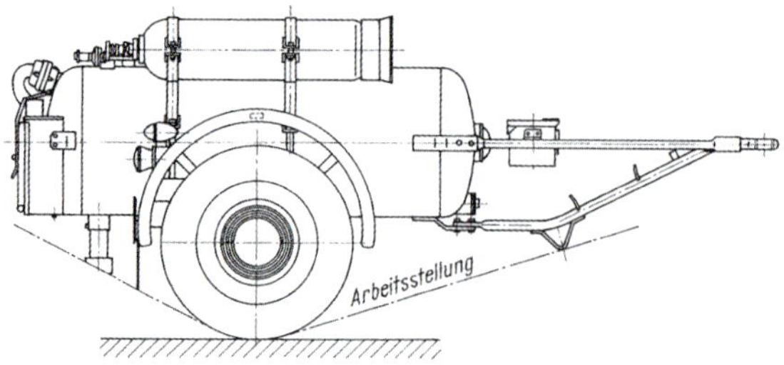

Schematische Darstellung des Luftschaum-Feuerlöschgerätes LS II. (Quelle: TGL 121-529 Blatt 1, 1967)

Luftschaum-Anhänger LS II (LS II P)	
Indienststellung/Bauzeit	1955-1965 (LS II P: 1965-1968)
Baumuster	1955 (LS II P: 1965)
Aufbau-Hersteller	VEB Feuerlöschgerätewerk Apolda/DDR
Löschmittelvorrat	
- Wasser	ca. 260 l
- Schaumbildner	15 l Emulgator E 30 oder Neomerpin SPR
Fülldruck der Druckluftflasche	130...150 kp/cm²
Wurfweite	ca. 15 m (LS II P: ca. 18 m)
Wurfhöhe	ca. 12 m
Betriebsdauer	ca. 90...100 s
Betriebsdruck	ca. 7 kp/cm²
erzeugter Schaum	ca. 1600 l (LS II P: ca. 2000 l)
Fahrgestell	Löschmittelbehälter als Fahrgestell
- Anzahl der Achsen	1
Bereifung	6.00-13
Länge x Breite x Höhe	ca. 2600 x 1200 x 1060 mm
Spurweite	1000 mm
Masse des Gerätes	ca. 575 kg (gefüllt)
zul. Höchstgeschw.	80 km/h
Feuerwehrtechnische Bestückung	
1 Druckkessel 275 l, 1 Druckluft-Stahlflasche 20 l, 1 C-Druckschlauch 15 m, 1 Schaumrohr, 1 Werkzeugkasten	

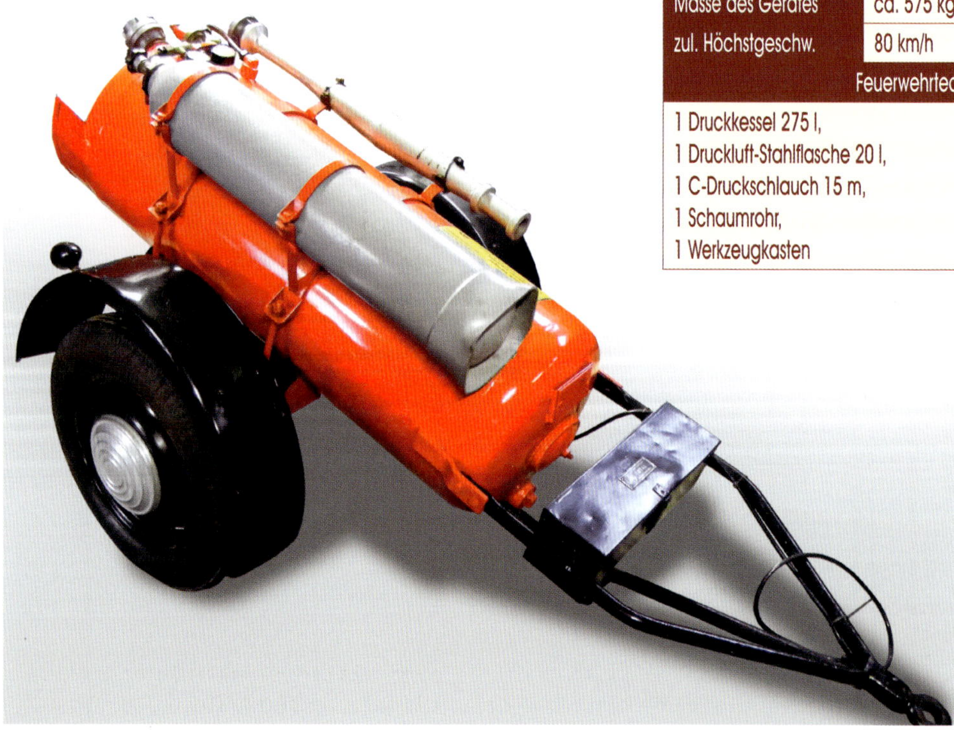

Der vor dem Kessel mitgeführte Kasten enthält die zur Prüfung und Nachfüllung notwendigen Werkzeuge. (Foto: Autor)

Luftschaum-Anhänger

SL 275 Hn A

Ab 1968 löste das Luftschaum-Feuerlöschgerät SL 275 Hn A das LS II P in der Produktion ab. Während der Löschmittelbehälter des Vorgängers auch als Fahrgestell diente, wurde bei der Weiterentwicklung nun ein eigenes Fahrgestell mit verwindungssteifem Trägerrahmen und gummigepufferter Torsionsfederachse für den Aufbau verwendet.

Zu den Verbesserungen zählten auch die Steigerung der Wurfweite und -höhe. Zur Anwendung kam nun ein Schwerschaumrohr 3/13. Die Einsatzbereiche änderten sich gegenüber dem Vorgänger nicht. So wurden diese Geräte ebenfalls in Betriebsfeuerwehren, in brandgefährdeten Objekten und anderen Schwerpunkten stationiert. Es stand für den Schutz von Veranstaltungen, Parkplätzen, Ausstellungen und dergleichen bereit.

	Zul. Höchstgeschw.
Indienststellung/Bauzeit	ab 1965
Baumuster	1972
Aufbau-Hersteller	VEB Feuerlöschgerätewerk Apolda/DDR
Löschmittelvorrat	
- Wasser	250 l
- Schaumbildner	15 l Emulgator E 30 (flüssig 38 %)
	oder 6 kg Emulgator E 30 (fest)
Fülldruck der Druckluftflasche	130...150 kp/cm²
Wurfweite	18 m
Wurfhöhe	12...15 m
Betriebsdauer	100 s
Betriebsdruck	3,5 kp/cm²
erzeugter Schaum	3000 l
Fahrgestell	verwindungssteifer Trägerrahmen
- Anzahl der Achsen	1
Bereifung	6.00-13
Länge x Breite x Höhe	2750 x 1200 x 1120 mm
Deichselhöhe	850 mm
Eigenmasse	535 kg
zul. Gesamtgewicht	700 kg
zul. Höchstgeschw.	80 km/h
Feuerwehrtechnische Bestückung	
1 Druckkessel 275 l, 1 Druckluft-Stahlflasche 20 l, 1 C-Druckschlauch 15 m, 1 Schwerschaumrohr 3/13, 1 Werkzeugkasten	

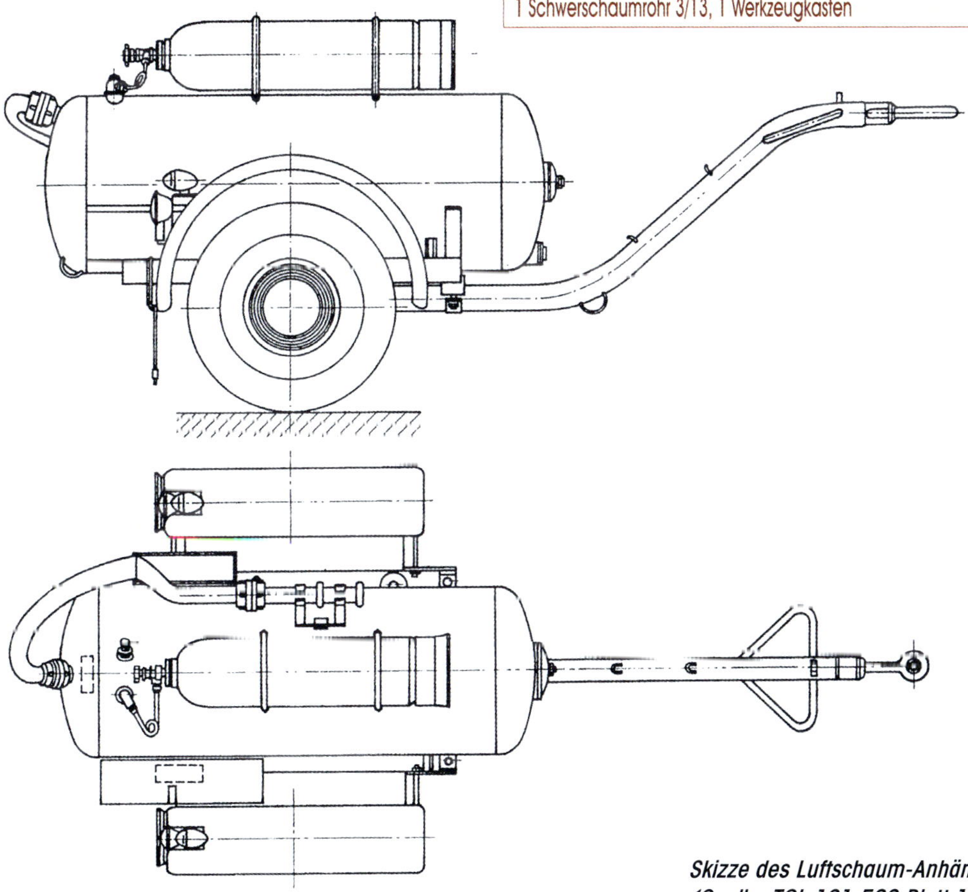

Skizze des Luftschaum-Anhänger SL 275 Hn A (Quelle: TGL 121-529 Blatt 1 Seite 3)

Wasserfördergerät 32/8

WFG 32/8

Zur Beförderung größerer Wassermengen über längere Wegstrecken wurde ab 1962 das Wasserfördergerät WFG 32/8 gefertigt. Es wurde für Großeinsätze und Katastrophen konzipiert und in der Regel im Verbund mit Lösch- und Sonderfahrzeugen eingesetzt. Vielfach wurde das WFG zusammen mit dem Schlauchkraftwagen SKW, der auch als Zugfahrzeug diente, genutzt.

Der Grundaufbau bestand aus einem Rohrrahmen-Einachsanhänger, einer Kleingasturbine und einer 3200 Liter pro Minute leistenden Feuerlösch-Kreiselpumpe. Als Lenzpumpe können Wassermenge bis 4500 Liter pro Minute gefördert werden. Dies erfordert die A-Druckschläuche und die A-Verteilerstücke. Die Inbetriebnahme des Maschinensatzes konnte auf dem Anhänger als auch bei abgesetztem Rahmengestell erfolgen. Das Fahrgestell konnte somit herausgefahren werden. Die Kleingasturbine verfügte über eine geringe Leistungsmasse, die konstante Drehzahl konnte sehr fein und stufenlos reguliert werden.

Die Höchstleistung der Turbine lag bei 150 PS und die Dauerleistung bei 130 PS. Von Vorteil war die Verwendung verschiedener Treibstoffarten wie VK-Gemisch, Diesel oder Kerosin. Das WFG verfügte über ein kleines Bauvolumen, war unabhängig von der Außentemperatur startbereit und ohne Warmlaufzeit als Antriebsmaschine sofort belastbar. Zudem erforderte das Aggregat nur einen geringfügigen Wartungsaufwand und hatte einen vibrationsarmen,

Das WFG 32/8 der Feuerwehr Potsdam. (Bild: Feuerwehr Potsdam)

Der offene Aufbau bot einen guten Zugang zum gesamten Maschinensatz. Die Turbine war in Leichtbauweise ausgeführt. An der Feuerlösch-Kreiselpumpe befanden sich zwei A-Saugeingänge und sechs B-Druckausgänge. (Foto: Feuerwehr Potsdam)

Schaummittelträger SMT 5500 als Zugmittel für das WFG 32/8. (Foto: Sammlung Andre Junghans)

Wasserfördergerät WFG 32/8	
Indienststellung/Bauzeit	1962/63-1986
Produktion	25 Stück davon 6 (inkl. 4 stationäre WFG) exportiert
Baumuster	1963
Aufbau-Hersteller	Turbine: VEB Strömungsmaschinen Pirna/DDR FPH 32/8: VEB Feuerlöschgerätewerk Jöhstadt/DDR
Fahrgestell-Hersteller	VEB Landmaschinenbau Rathenow/DDR
Fahrgestell	Rohrrahmen, Einzelradaufhängung, Schwingachse
- Anzahl der Achsen	1
Bereifung	7,50-16 (Gelände)
Länge x Breite x Höhe	3500 x 1770 x 1660 mm
Spurweite	1550 mm
Bodenfreiheit	320 mm
Deichselhöhe	850 mm
zul. Gesamtgewicht	1000 kg
zul. Höchstgeschw.	80 km/h

Pumpe	
Art	FPH 32/8 mit Wasserringpumpe
Antriebsmotor	
Art	Kleingasturbine
- Typ	Pirna 017
- Leistung	110 kW (150 PS) bei 32 000/min
- Höchstdrehzahl	32 000/min (zul. Abgastemperatur 570 °C)
- Betriebsdrehzahl	28 000/min (zul. Abgastemperatur 640 °C)
- Kleinstdrehzahl	23 000/min (zul. Abgastemperatur 730 °C)
- Kraftstoffverbrauch	60...70 kg/h
- Schmierstoffverbrauch	10...20 g/h
Kraftstoff	
Kraftstoffhauptbehälter	140 l
Kraftstoffhochbehälter	20 l
Zündkraftstoffbehälter	2 l
Schmierstoffbehälter	8 l

gleichmäßigen Lauf. Das Wasserfördergerät wurde nur bei den Berufsfeuerwehren der Bezirksstädte und an Schwerpunktstandorten stationiert. Nach der Ausmusterung der Kleingasturbine 1986 wurde auch die WFG 32/8 außer Dienst gestellt.

Feuerwehrtechnische Bestückung (muß gesondert auf z.B. dem Zugfahrzeug mitgeführt werden)

Stück	Bezeichnung	Stück	Bezeichnung	Stück	Bezeichnung
2	Übergangsstück A-B (schwere Ausführung)	2	Weidenschutzkorb A	6	Druckschlauch B 5
2	Verteiler A (schwere Ausführung)	2	Schwimmboje K	5	Kupplungsschlüssel
2	Sammelstück A (schwere Ausführung)	1	Kasten für TS-Werkzeug	2	Arbeitsleine A 15 K
2	Saugkorb A	6	Saugschlauch A 2,5	2	Absperrschieber A (schwere Ausführung)

Anhängeleiter 18

AL 18

Bereits 1945 begannen mehrere Betriebe in der Sowjetischen Besatzungszone, Anhängeleitern auf einachsigen Fahrgestellen zu fertigen. Neben der vorwiegenden Verwendung von Eisenrädern wurden bei Leitern in Sonderausführung auch Scheibenräder mit Luftbereifung und Innenbackenbremsen verbaut. Die Steighöhen betrugen 10, 16 und 20 Meter. Zum besseren Heranfahren der ausgezogenen Leiter an das Objekt waren seitlich am Querrahmen ein Lenkrad und ein Hebel angebracht. Für den besseren Stand sorgten Stützspindeln. Der Führungsrahmen wirkte dem Verdrehen und einem seitlichen Nachgeben der Leiter entgegen. Das Ausziehen und Einlassen der Ober- und Mittelleiter erfolgte mechanisch durch eine Aufzugswinde mit Selbsthemmbremse, einem Drahtgestellgurt bzw. Stahlseil und zwei Handkurbeln.

Fallhaken sicherte die ausgezogenen Leiterteile in jeder Stellung. Mittels Gradmesser konnte ein Ausgleich beim Einsatz in unebenem Gelände hergestellt werden. Die Leitern verfügten über einen selbsttätigen Schlauchaufzug mit

Anhängeleiter AL 18	
Indienststellung/Bauzeit	ab 1962
Baumuster	1975
Hersteller	VEB Feuerlöschgerätewerk Luckenwalde/DDR
Fahrgestell	Spezialfahrgestell mit Stahlprofilrahmen
- Anzahl der Achsen	1
Bereifung	6,00-20
Länge x Breite x Höhe	8200 x 2250 x 2700 mm
Spurweite	1860 mm
Bodenfreiheit	400 mm
Deichselhöhe	500...1200 mm
Deichsellänge	≈ 750 mm (vor dem Leitersatz)
zul. Gesamtgewicht	1350 kg
zul. Höchstgeschw.	25 km/h
Leitersatz	
Anzahl Leiterteile	3 Stück
maximale Steighöhe	18 m (bei 75° Aufrichtewinkel)
maximale Ausladung	4 m (bei 60° Neigung)
Feuerwehrtechnische Bestückung	
2 Halteleinen (á 30 m Länge), 1 Warnflagge, 1 Rücklichtlampe bzw. Blinkleuchte, 2 Radvorlegekeile	

einem Strahlrohrhalter, eine kleine Schlauchhaspel, zwei Halteleinen und eine zwei Meter lange Aufsteckleiter. Zur Sicherheit vor Stromschlägen waren die Leitern bis 600 Volt vollisoliert. Die Anhängeleitern wurden im Laufe der Zeit modernisiert und gingen von aus Holz bestehenden Leiterparks in die Ganzstahlbauweise über. Ab den 1960er-Jahren wurden Anhängeleitern mit zwei - bis vierteilige Leiterparks und Steighöhen von zwölf bis 22 Metern produziert. Für die Feuerwehr war die ab 1962 zur Verfügung stehende AL 18 jedoch am bedeutendsten.

Anhängeleitern der Feuerwehr 1945-1990

Steighöhe - Typ	Leiter-material	Höhe in m (Leiterteile)	Länge x Breite x Höhe in mm	Masse in kg
Modell II-10	Holz	10 (2)	5600 x 2000 x 1800	650
Modell III-16	Holz	16 (3)	6500 x 2000 x 2000	800
Modell III-20	Holz	20 (3)	7900 x 2000 x 2200	900
Modell ML 12	Holz	12 (2)	6800 x 1900 x 1600	460
Modell II-12	Stahl	12 (2)	6800 x 2000 x 1800	780
Modell III-18	Stahl	18 (3)	8000 x 2000 x 2200	1150
AL 12	Stahl	12 (2)	7750 x 1800 x 1900	900
AL 17	Stahl	17 (3)	7750 x 2300 x 2050	1370
AL 22	Stahl	22 (4)	7750 x 2300 x 2200	1600
AL 12 (1962-74)	Stahl	12 (2)	7600 x 2150 x 2500	850
AL 18 (1962-74)	Stahl	18 (3)	8200 x 2150 x 2600	1300
AL 22 (ab 1962)	Stahl	22 (3)	9200 x 2150 x 2500	1400
AL 12 (ab 1975)	Stahl	12 (2)	7600 x 2150 x 2500	850
AL 18 (ab 1975)	Stahl	18 (3)	8200 x 2250 x 2700	1300

Die dreiteilige AL 18 wird hier von einem Hifsrüstwagen HRW 1 auf Robur LO 2002 A der FF Wülknitz gezogen, der in der Nachwendezeit bei der FGL Luckenwalde GmbH als eines von 100 Fahrzeugen vom Bundesamt für Zivilschutz in Auftrag gegeben wurde. (Foto: Autor)

Rettungs- und Sicherungsboottransportanhänger

RSBA

Ab 1976 stand den Feuerwehren das offene Rettungs- und Sicherungsboot RSB mit dessen speziellem Transportanhänger RSBA zur Rettung und Bergung bei Wasser- und Eisunfällen als auch für Erste-Hilfe-Leistungen bei Verletzungen und lebensbedrohenden Zuständen zur Verfügung. Taucherarbeiten gehörten ebenso zu den Einsatzmöglichkeiten wie auch der Gebrauch als Pendel- oder Seilfähre, dem Transport von Geräten und Ausrüstungsgegenständen bis 250 kg sowie zur Versorgung in Hochwassergebieten und zur Evakuierung von Personen aus Hochwassergebieten.

Das leichte Rettungsboot wurde von zwei Heckmotoren des Typs Neptun 23 mit je 23 PS angetrieben. Der flache Einschalen-Bootskörper bestand aus glasfaserverstärkten Polyester, besaß eine gute Manövrierfähigkeit, konnte nicht kentern und war auch in geflutetem Zustand unsinkbar. Für die Stabilität des RSB sorgten ein Längsträger, fünf Bodenwrangen und eine den Kiel schützende Aluminiumschiene. Neben dem Schleppen leichter Wasserfahrzeuge konnte das RSB wegen seiner Eigenschaften auch bei dünnerem Eis sowie Treibeis verwendet werden. Zum Transport des Bootes wurden die Motoren abmontiert und nebst Bootszubehör auf dem Zugfahrzeug gelagert bzw. mitgeführt.

Rettungs- und Sicherungsboottransportanhänger RSBA	
Indienststellung/Bauzeit	ab 1976
Baumuster Aufbau-Hersteller Fahrgestell-Hersteller	1976
Fahrgestell - Anzahl der Achsen	Spezialfahrgestell mit Stahlprofilrahmen 1
Bereifung	7,50-16 extra
Länge x Breite x Höhe Spurweite Bodenfreiheit Deichselhöhe Deichsellänge	6350 x 2200 x 2300 mm 1542 mm 480 mm 900 mm 1000 mm (vor Bootsspitze)
Masse des Anhängers zul. Gesamtgewicht	620 kg 1580 kg
zul. Höchstgeschw.	60/80/20 km/h (beladen/leer/unbeladen)

Das Rettungs- und Sicherungsboot RSB der Feuerwehr Potsdam bei einem Taucheinsatz. (Bild: Feuerwehr Potsdam)

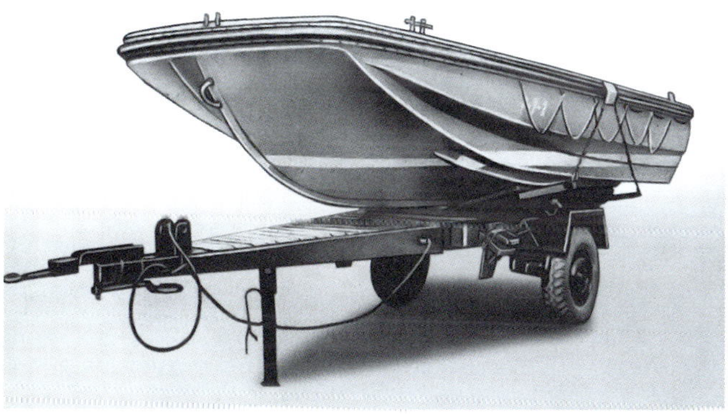

Baugleiche Rettungs- und Sicherungsboote wurde auch militärisch unter der Bezeichnung RuSB innerhalb der Nationalen Volksarmee (NVA) eingesetzt. (Bilder: Buch »Fahrzeuge der Feuerwehr - Einsatzvarianten« Staatsverlag der DDR, 1. Auflage 1983)

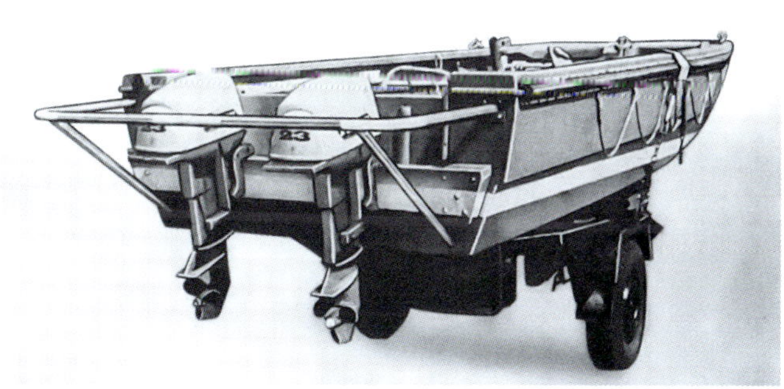

Rettungs- und Sicherungsboot RSB	
Einsatzkräfte zusätzliche Personen	1:2 9 (bei Rettungsarbeiten)
Motoren - Art - Hubraum - Leistung - Drehmoment Tankinhalt Verbrauch	Neptun 23 (2 Stück) á 1-Zylinder-2Takt-Außenbordmotor, wassergekühlt 346 cm³ 17 kW (23 PS) bei 5000/min 33,6 Nm bei 3200/min 50 l (VK-Gemisch 1:20) + 20 l (Reservekanister) 12 l/h (mit zwei Motoren)
Höchstgeschwindigkeit	20 km/h
Marschgeschwindigkeit	13,6 km/h (mit 3 Personen) 10,4 km/h (mit 8 Personen)
Fahrbereich	≈ 65 km
Tiefgang	0,36/0,42/0,46 m (bei 3/8/12 Personen)
Länge x Breite x Höhe	6850 x 2100 x 930 mm (Seitenhöhe)
Bootsmasse	1350 kg (inkl. Ausrüstung)
Einsatzbereitschaft	≈ 20 min nach Ankunft am Einsatzort

Feuerwehrtechnische Bestückung (Baumuster 1979)					
Stück	Bezeichnung	Stück	Bezeichnung	Stück	Bezeichnung
2	Rettungsring	1	Schäkelkasten	3	Halteleine
8	Schwimmweste	1	Schäkelvorrichtung	2	Bindeleine
1	Segeltucheimer	1	Klappbeil mit Leine 1,50 m	1	Abschlepptrosse
1	Ölfass	1	Schutztasche für Klappbeil	2	Werkzeugtasche
1	Bootshaken	1	Handscheinwerfer	1	Handfeuerlöscher Halon
4	Handpaddel	2	Mehrzweckleuchte	1	Flaggenstock
2	Leichtanker	1	Taucherleiter	1	Mast
2	Ankerleine 30 m Länge	1	Sitzschale für Taucher	3	Signalflagge
5	Schäkel	3	Wurfleine	1	Klappsignalball

Leichtschaumgenerator
LSG 4/400 T

Das im VEB Feuerlöschgerätewerk Apolda hergestellte LSG diente der Erzeugung von Leichtschaum an der Einsatzstelle. Damit wurden Flächen und Räume bei der Brandbekämpfung verschäumt (Schaumteppich) und präventive Beschäumungen zur Reduzierung der Brand- und Explosionsgefahr durchgeführt. Das tragbare Gerät eignete sich vor allem bei schwer zugänglichen Räumen, Kanälen oder Schächten. Ohne Wasser konnte der Generator auch zur Raumbelüftung und zum Aufblasen der Sprungpolster SPP 12 oder SPP 40 verwendet werden.

Der Maschinensatz bestand aus einem 6 PS leistenden, luftgekühlten 1-Zylinder-2-Takt-Ottomotor des Typs EL 308 mit Lichtmaschine und Kraftstofftank sowie Axiallüfter. Weiterhin gehörten eine Sprühvorrichtung mit Düsenstock, Diffusor mit Siebpaket, Schaumlutte und der Zumischer Z4T dazu. Auf einer beleuchteten Instrumententafel waren Betriebsdruck, Drehzahl und Betriebsstunden ablesbar.

Leichtschaumgenerator LSG 4/400 T	
Indienststellung/Bauzeit	
Hersteller	VEB Feuerlöschgerätewerk Apolda/DDR
Kraftstoff	
Kraftstoffart	VK-Gemisch 25:1
Kraftstofftankinhalt	10 l
Ventilator	
Typ	LANFW 500 Axiallüfter
Volumenstrom	160 m³/min ; 180 m³/min
Drehzahl	2700/min ; 3000/min
Gesamtaggregat	
Eingangsdruck am Düsenstock	0,37 MPa ± 0,05 MPa
Volumenstrom der Schaumbildnerlösung	400 l/min
Schaumvolumenstrom	160 m³/min
Schaumbildnerzumischung	5 %
Verschäumungszahl	400
Förderhöhe	8 m
Länge x Breite x Höhe	1100 (ohne Diffusor) x 740 x 900 mm
Länge der Lutte	10 m
Durchmesser der Lutte	900 mm
Masse	130 kg

Beim mobilen Einsatz konnte das auf ein TS-Traggestell montierte LSG an den vorderen Abschleppkupplungen des TLF 16 angebracht werden.

Vor dem Axialgebläse sitzt der ringförmige Düsenstock.

Diffusor mit Siebpaket. Die 10 m lange Schaumlutte wurde beim Einsatz am Diffusor befestigt. Danach wurde das LSG an das Zuleitungssystem angeschlossen. (Fotos: Autor)

Weitere Einsatzfahrzeuge

Phänomen Granit 1500 A LLG bzw. LF-TS 8 der FF Sebnitz. Aus den Phänomen-Werken Gustav Hiller AG Zittau kam das Fahrgestell für dieses 1941 hergestellte Einsatzfahrzeug. Vorerst als Sanitätskraftwagen für das Rote Kreuz in Dresden aktiv, wurde es in den Nachkriegsjahren vermutlich im VEB Feuerlöschgerätewerk Görlitz zum Leichten Löschgruppenfahrzeug LLG umgebaut. Die Bezeichnung änderte sich 1953 in LF-TS 8. Es verfügte über zuschaltbaren Allradantrieb mit Getriebeuntersetzung und bot Platz für 8/1 Kameraden. Der luftgekühlte, seitengesteuerte 2,7-Liter-Motor ist schon vor langer Zeit einem kopfgesteuerten 3,0-Liter-Motor eines Robur Garant gewichen. Das LF-TS 8 war noch bis 1994 im Einsatz. (Foto: Autor)

Der VEB Feuerlöschgerätewerk Görlitz baute diesen Phänomen Granit 27 für die Funk- und Nachrichtenwerkstatt der Berufsfeuerwehr Dresden auf. (Foto: Feuerwehr Potsdam)

Das Kohlendioxid-Löschfahrzeug LF-CO_2 der Betriebsfeuerwehr des des VEB Petrolchemisches Kombinat PCK Schwedt (Oder) basierte auf dem Fahrgestellt eines IFA W 50 L mit langem Radstand. Das Fahrzeug erhielt den Aufbau eines IFA S 4000-1. (Foto: Sammlung Andre Junghans)

Dieser IFA G 5 STW 1550 Tankwagen war für den Transport des Kerosins für das erste AGLF angeschafft worden. (Fotos: Sammlung Andre Jungahns)

Drehleiter auf dem Fahrgestell des Multicar 25. Die Multicar-Fahrgestelle wurden nicht zur Produktion größerer Einheiten standardisierter Feuerwehreinsatzfahrzeuge genutzt. Dennoch wurden vereinzelt ausgesonderte Multicar-Fahrzeuge für bestimmte Einsatzanforderungen um- bzw. ausgerüstet. Zu Restaurierungszwecken wurde bei dieser DL im Feuerwehrmusem Welzow die Sondersignalanlage abgebaut. (Foto: Autor)

Innerhalb der Leuna-Werke wurde 1980 ein Neuererkollektiv damit beauftragt einen den speziellen Anforderungen entsprechenden RTGW zu entwickeln und zu bauen. Ergebnis der Arbeit des Kommandos-Betriebsfeuerwehr war dieser 1981 in den Dienst gestellte Rettungsgerätewagen auf dem Fahrgestell eines IFA W 50 L/BTP mit Platz für sechs Einsatzkräfte. Der heckseitig begehbare Spezialkoffer beinhaltete neben DLA, Gasschutzanzügen und Hebezeugen auch weitere feuerwehrtechnische Geräte für den Havariefall. Zum Einsatzfahrzeug gehörte zudem ein Einachsanhänger mit Straßenbahnhebesatz. (Foto: Sammlung Andre Junghans)

In Eigenregie der Betriebsfeuerwehr des VEB Bohr- und Schachtbau Welzow entstand 1971 dieses TLF 32/8 auf IFA W 50 LA/A ND. Der Tank beherbergte 3800 Liter Löschwasser. Im Heck wurde eine Pumpe mit einer Förderleistung von 800 Litern pro Minute verbaut. Ab 1995 wurde das Einsatzfahrzeug bei der FF Welzow in den Dienst gestellt. Seit 2001 gehört es zum Inventar des dort ansässigen Feuerwehrmuseums (ehemals Haidemühl, heute in Welzow). (Foto: Autor)

Obwohl dieser Einsatzwagen stark dem Grubenwehreinsatzwagen ähnelt, handelt es sich hier um ein Unikat. Speziell für den Flughafen Schönefeld wurde dieser Robur LO 1800 A zum Kohlendioxid-Löschfahrzeug vom VEB Feuerlöschgerätwerk Görlitz aufgebaut. Auch die linke Abbildung zeigt dasselbe Fahrzeug, welches nach einem Unfall das Fahrerhaus eines LO 2002 A erhielt. Das Fahrzeug war mit 330 kg verteilt auf 12 Flaschen, die miteinander verbunden waren, und einer Hochdruck-Schnellangriffseinrichtung mit Schneerohr bestückt. (Fotos: Sammlung Andre Junghans)

Ab 1972 befand sich im Fuhrpark der FF Belgern ein vom Versorgungsstützpunkt der FF Torgau aufgebauter Schlauchwagen auf Basis eines Robur LO 1801 A, der für Einsätze auf dem anliegenden Militärschießplatz genutzt wurde. Auf einer speziellen Pritsche war der SW mit vier Schlauchhaspeln und insgesamt 2000 Meter B-Druckschlauch bestückt. Der Schlauch konnte während der Fahrt verlegt und mittels vom Fahrzeug betriebener Aufrollvorrichtung wieder aufgenommen werden. (Fotos: Sammlung Andre Junghans)

Diese IFA W 50 L/S Sattelzugmaschine aus dem Jahr 1974 mit Auflieger ist ein Museumszug des Feuerwehrmuseums Markranstadt. Der einachsige Auflieger des fahrbaren Museums war eine Annahmestelle eines ehemaligen Dienstleistungskombinates. (Foto: Autor)

Dieses Sonderfahrzeug diente bis 1989 der Brandursachenermittlung und steht heute im Feuerwehrmuseum Meetzen. (Foto: Landesfeuerwehrmuseum Meetzen)

Multicar 21 mit Drehleiteraufbau. (Foto: Autor)

Leicht absetzbare Koffer (LAK) fanden größtenteils beim Militär Verwendung. Dieses 1989 gebaute Sanitäts-Kfz aus NVA-Beständen besaß einen Aufbau vom Karosseriewerk Illmenau. Die FF Fürstenwalde funktionierte den Robur LO 2002 A mit LAK 1991 zum Hilfrüstwagen (HRW) um. Ein weiterer Umbau erfolgte 1996 zum Werkstattwagen (WstW). Dies ist ein gutes Beispiel für die Weiterverwendung ausgesonderter Militärfahrzeuge zur Wendezeit. (Fotos: Sammlung Andre Junghans)

Das im damaligen Karl-Marx-Stadt (dem heutigen Chemnitz) ansässige Wissenschaftlich-Techische Zentrum WTZ für Brandschutz- und Sicherheitstechnik war verantwortlich für den Bau dieses Ölhavariefahrzeuges ÖHF für die Betriebsfeuerwehr des PCK Schwedt/Oder. Dafür wurde ein geländegängiger IFA W 50 LA Tankwagen umfunktioniert und mit seitlichen Staufächern zur Aufnahme und dem Transport von Geräten, Bindemittel, Bekleidung und Material versehen. Auffangbehälter wurden auch auf dem Fahrzeug mitgeführt. (Fotos: Sammlung Andre Junghans)

Das Mehrzweckfahrzeug LD 2002 A mit Allradantrieb war wie auch der LO-/LD-Bus keine Basis für Standard-Feuerwehrfahrzeuge. Dennoch sind einige wenige Exemplare in den Dienst genommen worden - so auch dieses von der Freiwilligen Feuerwehr Frankenroda 1990 als LF-TS aufgebaute Einsatzfahrzeug. (Fotos: Sammlung Andre Junghans)

Zur Straßenreinigung und Beseitigung von Ölspuren setzte die BF Leipzig ab 1990 diese mit Sondersignalanlage und entsprechender Farbgebung versehene Kehrmaschine vom Typ IFA KM 2301 des Baujahres 1981 ein. (Fotos: Autor)

Die FF Friedersdorf baute 1992 ein Fäkalienfahrzeug IFA W 50 L/F zu dieses Behelfs-TLF um. Im Tank können bis zu 4.800 Liter Löschwasser mitgeführt werden. Zudem wurde das Fahrzeug unter anderem mit einer Sondersignalanlage, einem Wendestrahlrohr, einer TS 8 und seitlichen Schlauchhaspeln versehen. (Foto: Autor)

Ein Allrad-Traktor Fortschritt ZT 303-C des Baujahres 1978 mit Vakuumtankanhänger HTS 100.27 als Hilfs-Tanklöschfahrzeug (HTLF). Der Einsatz erfolgte in den Wäldern der Dübener Heide. Der dafür erforderliche Umbau wurde über den VEB Militärforstwirtschaftsbetrieb Zühlsdorf realisiert. (Foto: Sammlung Andre Junghans)

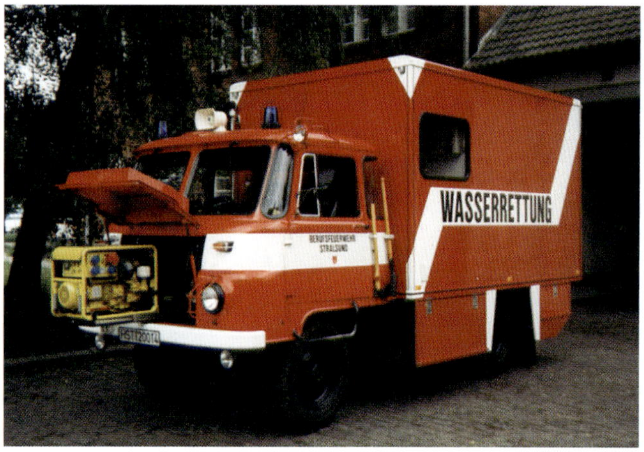

Die Firma GST Eppelheim baute 1990/91 diesen Gerätewagen-Wasser (GW-Wasser) für die Berufsfeuerwehr Stralsund auf. Basis hierfür bot das eigene ehemaligen BF-Leichtschaumlöschfahrzeuges LF 8-LS 1/1 auf Robur LO 2002 A des Baujahres 1977. Die Vorbaupumpe wurde durch ein 5 kW leistendes Stromaggregat ersetzt. (Foto: Sammlung Andre Junghans)

Die Pläne zur Verwendung von L60-Fahrgestellen für Feuerwehr-Aufbauten lagen bereits auf dem Tisch. Doch die Wende 1989/90 kam dem zuvor. Fahrzeuge wie das LF 32, welches noch als Modell auf der Leipziger Messe ´89 vorgestellt wurde, verwarf man. Die abgebildete Modell-Studie wurde vom VEB FLG Luckenwalde noch in Auftrag gegeben. Sie sollte die Weiterentwicklung veranschaulichen. Heute steht das Modell im Feuerwehrmuseum Zeithain. (Foto: Autor)

IFA L 60 1218 4x4 AP-N des Feuerwehrvereins Schmochwitz. Dieses als sandfarbender Export-Militärlastwagen produzierte Allradfahrzeug wurde nicht ausgeliefert und 1990 in den Dienst der FF Querfurt gestellt. (Foto: Autor)

Ein Nachwende-Unikat ist dieses kettengetriebene Tanklöschfahrzeug. Hierfür wurde eine BAT Planierraupe aus den Beständen der ehemaligen NVA genutzt, die zur Wende in Großenhain verblieb. Diese Pioniermaschine basiert auf dem schweren Artillerie-Schlepper AT-T. Die Umrüstung für den Einsatz bei Waldbränden erfolgte in Zusammenarbeit zwischen Försterei, der Bundeswehr und des Landkreises. Das Fahrzeug erhielt drei 4000-Liter-Tanks, eine TS 8/8 und ein Wendestrahlrohr. Nach 2000 übernahm der Feuerwehrhistorik e.V. Zeithain das Fahrzeug. Das Emblem der Sowjetarmee an den Türen und die kyrillische Schrift (z. Dt. »Zeithain«) sind irreführend, denn das TLF war nie im Einsatz für die sowjetischen Streitkräfte. Heute befindet sich dieses Waldbrandlöschfahrzeug im Feuerwehrmuseum Zeithain und wird dort gepflegt. (Fotos: Autor)

Literaturverzeichnis

Borchert, Gerhard: Fahrzeuge, Anhänger und Aggregate der Feuerwehr. Berlin: Staatsverlag der DDR, 1971.
Gruhl, Hans: Handfeuerlöscher und fahrbare Feuerlöschgeräte. Berlin: Staatsverlag der DDR, 1975.
Hoheisel, Lothar: Die Nachrichtenmittel. Berlin: Staatsverlag der DDR, 1964.
Jäger, Frank-Hartmut: Kleinlaster und Pkw der DDR-Feuerwehren. Berlin: Huss-Medien, Verlag Technik, 2004.
Jäger, Frank-Hartmut: Import-Fahrgestelle. Berlin: Huss-Medien, Verlag Technik, 2002.
Jäger, Frank-Hartmut: IFA-Hauber aus Zwickau und Werdau. Berlin: Huss-Medien, Verlag Technik, 1999.
Jäger, Frank-Hartmut: IFA-Frontlenker aus Ludwigsfelde. Berlin: Huss-Medien, Verlag Technik, 2001.
Jäger, Frank-Hartmut: IFA-Phänomen und Robur aus Zittau. Berlin: Huss-Medien, Verlag Technik, 2001.
Jäger, Frank-Hartmut: Fahrzeuge der Stunde Null. Berlin: Huss-Medien, Verlag Technik, 2005.
Jäger, Frank-Hartmut: Ostdeutsche Feuerwehrfahrzeuge 1945-1990 - Standardfahrzeuge und Unikate. Hannover: Efb-Verlagsgesellschaft, 1998.
Jäger, Frank-Hartmut: Die Feuerwehren Ostdeutschlands: Sonderfahrzeuge, Raritäten. Hannover: Efb-Verlagsgesellschaft, 1996.
Kunkel, Ralf: DDR-Feuerwehrfahrzeuge: 1945-1990. Stuttgart: Motorbuch Verlag, 2010.
Kunkel, Ralf: DDR-Lastwagen: Importe aus der Tschechoslowakei, Polen, Rumänien und Ungarn. Stuttgart: Motorbuch Verlag, 2015.
Kunkel, Ralf: DDR-Lastwagen: Importe aus der UdSSR. Stuttgart: Motorbuch Verlag, 2015.
Lisse, Jürgen: Fahrzeuglexikon Framo/Barkas. Witzschdorf: Bildverlag Böttger GbR, 2008.
Nase, Detlef: DDR-Drehleitern. Brandschutz - Deutsche Feuerwehr-Zeitung, Heft 02/1999. Stuttgart.
Nase, Detlef: Feuerwehr- und Rettungsfahrzeuge der DDR 1945-1989. Stuttgart: Schrader Verlag, 1998.
Nase, Detlef: Feuerwehr zu Wasser: Die Geschichte der Feuerlöschboote in der DDR. Brandschutz - Deutsche Feuerwehr-Zeitung, Heft 02/2002. Stuttgart.
Nase, Detlef: Feuerlöschgeräteindustrie in der DDR. Brandschutz - Deutsche Feuerwehr-Zeitung, Heft 02/2000. Stuttgart.
Dünnebier, Michael ; Kittler, Eberhard: Deutsche Autos - alle Personenwagen und Nutzfahrzeuge der DDR:
mit allen Ostblock-Importfahrzeugen. Ulm: Motorbuch Verlag, 2006.
Paulitz, Udo: Das große Buch der DDR-Nutzfahrzeuge. München: GeraMond Verlag GmbH, 2019.
Paulitz, Udo: Feuerwehren in Ostdeutschland : Fahrzeuge von 1945 - 1990. Stuttgart: Franckh-Kosmos, 1992.
Oswald, Werner ; Gihl, Manfred: Kraftfahrzeuge der Feuerwehr und des Rettungsdienstes seit 1900.
Ulm: Motorbuch Verlag, 1992.
Kirchberg, Peter: Plaste, Blech und Planwirtschaft : die Geschichte des Automobilbaus in der DDR. Berlin: Nicolai, 2000.

Autorenkollektiv: Feuerwehrtechnik: Ihre Entwicklung zwischen Mecklenburg und Thüringen. Berlin: Transpress, 1990.
Autorenkollektiv: Der Gasschutz. Berlin: Verlag des Ministeriums des Innern, 1961.
Autorenkollektiv: Die Geräte der Feuerwehr. Berlin: Staatsverlag der DDR, 1975.
Autorenkollektiv: Handbuch Maschinisten. Herausgegeben im Einvernehmen mit dem Ministerium des Innern Hauptabteilung Feuerwehr, 1988.
Autorenkollektiv: Handbuch für Übersetz- und Brückenbaueinheiten. Berlin: Militärverlag der DDR, 1990.
Autorenkollektiv: Beiträge zur Feuerwehrgeschichte. Landesfeuerwehrverband Brandenburg e. V. Fachausschuss Feuerwehrhistorik, verschiedene Ausgaben.
Zeitschrift »KFT - Kraftfahrzeugtechnik«, Berlin, verschiedene Ausgaben.
Zeitschrift »Unser Brandschutz, Berlin, verschiedene Ausgaben.
Zeitschrift »Brandschutz - Deutsche Feuerwehr-Zeitung«, verschiedene Ausgaben
Prospektmaterial
Standards: TGL 121-529 (Mai 1982)

Im World Wide Web: bos fahrzeuge.info und wikipedia.de

Produktionszahlen

Fahrgestell	1949	1950	1951	1952	1953	1954	1955	1956	1957	1958	1959	1960	1961	1962	1963	1964	1965	1966	1967
Löschgruppenfahrzeuge																			
LF-Lkw-TS 8-STA Robur LO 1800 A														41	81	107	80	70	70
LF 8-TS 8-STA Robur LO 1801 A																			
LF 8-TS 8-STA Robur LO 2002 A																			
LF 8-LS 1/1 (Robur LO)																			
LF 16-TS 8 (Robur O 611 A)																			
LF 16-TS 8 (IFA W 50 L)																			1
LF 16 Ersatzkoffer[1] (IFA W 50)																			
Tanklöschfahrzeuge																			
TLF 16 (IFA W 50 LA)																			
TLF 16 Ersatzkoffer[1] (IFA W 50 LA)																			
TLF 16-GMK (IFA W 50 LA)																			
TLF 16-GMK Ersatzko.[1] (IFA W 50)																			
TLF 16.01[2] (IFA W 50 LA)																			
Abgaslöschfahrzeuge																			
AGLF (IFA W 50 L/DL)																			
AGLF (IFA W 50 LA/ADK)																			
Drehleitern																			
DL 30 (IFA N 7)													1						
DL 25 h (IFA S 4000-1, SW 6)														1	4	8	5	20	17
DL 30 (IFA W 50 L)																			
DL 30 K (IFA W 50 L)																			
DL 30/01 (IFA W 50 L)																			
DL 30/01-A[3] (IFA W 50 L) - Export																			

[1] Ersatzkoffer wurden bei Grundinstandsetzung auf älteren Fahrgestellen verbaut
[2] Version mit geänderter Getriebe-Übersetzung, GMK, ND-Bereifung
[3] Kombination der Kabine, des Podestes und der Abstützung der DL 30 K mit dem Turm und dem Leitersatz der DL 30/01 (nur Export, 1 x Ungarn und 1 x ČSSR)

1968	1969	1970	1971	1972	1973	1974	1975	1976	1977	1978	1979	1980	1981	1982	1983	1984	1985	1986	1987	1988	1989	1990	Gesamt
																							449
87	170	150	200	190	120																		917
						251	190	186	12	201	179	115	75	196	165	120	224	218	198	183	176	34	2723
									41				39		25		6	10	4	10			135
									1														1
31	29		30	43	65	50	60	60	70	60	72	67	65	66	22	42	46	17	33	8	20	20	977
								2	3	11	12	9	17	20	22	3	16	25	46	21	24	12	243
1	34	80	56	37	37	62	60	62	60	74	71	79	92	85	128	112							1130
						3	4	5	15	20	29	17	10	28	46	13							190
																2	66	84	117	128	131	107	635
																	24	63	28	57	51	29	252
																		4	1				5
												1											1
																1							1
																							1
6	1																						62
15	31	16	25	25	30	30	30	30	32	32	34	41	42	48	45	25	20	27	25	27	28	26	684
															8	15	17	7					47
																		1	7	/	1	4	20
																					2		2

Abkürzungsverzeichnis

Abkürzung	Bedeutung
ABK d. F.	Ausbildungskommando der Feuerwehr
ADK	Autodrehkran
ADW	Ausrückedienstwagen
AEW	Atemschutz-Einsatzwagen
AG	Arbeitsgemeinschaft
AGLF	Abgaslöschfahrzeug
AL	Anhängeleiter
ASKW	Atemschutzkontrollwagen
BAW	bereifter Amphibienwagen
BDW	Behördendienstwagen
BF	Berufsfeuerwehr
BLA	Beleuchtungssatzanhänger
BLM	Beleuchtungs- und Maschinensatz
BW	Bergwagen
DK	Dieselkraftstoff
DL	Drehleiter
DLA	Druckluftatmer
ELKW	Einsatz-Lastkraftwagen
FEW	Forschungs- und Entwicklungswerk
FFw (FF)	Freiwillige Feuerwehr
FKW	Feuerwehr-Kranwagen
FLF-V	Flugfeld-Vorauslöschfahrzeug
FLG	Feuerlöschgerätewerk
FM	Feuerwehrmuseumdesiree503
FP	Feuerlöschkreiselpumpe
FPH	Feuerlöschkreiselpumpe, Heckeinbau
FPM	Feuerlöschkreiselpumpe, Mitteleinbau
FPV	Feuerlöschkreiselpumpe, Vorbaupumpe
FTZ	Feuerwehrtechnisches Zentrum
GEW	Grubenwehr-Einsatzwagen
GSGW	Gasschutzgerätewagen
GSKW	Gasschutzkontrollwagen
GW	Gerätewagen
HA F	Hauptabteilung Feuerwehr (beim MdI)
HVG	Hochverschäumungsgenerator
IFA	Industrieverband Fahrzeugbau
IG	Interessengemeinschaft
KbW	Kübelwagen
KdoW	Kommandowagen
KfL	Kreisbetrieb für Landtechnik
KIB	Kraftfahrzeuginstandsetzungsbetrieb
KLF	Kleinlöschfahrzeug
KOM	Kraftomnibus
KTW	Krankentransportwagen
KVP	Kasernierte Volkspolizei
KW	Kranwagen
LLG	Leichtes Löschgruppenfahrzeug
LF	Löschgruppenfahrzeug
LS (LSG)	Leichtschaumgerät
MdI	Ministerium des Innern
MTW (MTF)	Mannschaftstransportwagen (Mannschaftstransportfahrzeug)
NGA	Nachrichtengeräteanhänger
NGW	Nachrichtengerätewagen
NSW	Nichtsozialistisches Währungsgebiet
NVA	Nationale Volksarmee
ÖVW	Örtliche Versorgungswirtschaft
PCK	Petrolchemisches Kombinat
PLF	Pulverlöschfahrzeug
RGW	Rat für gegenseitige Wirtschaftshilfe
RSB	Rettungs- und Sicherungsboot
RSBA	Rettungs- und Sicherungsbootanhänger
RTGW	Rettungsgerätewagen
RTW	Rettungswagen
SAG	Sowjetische Aktiengesellschaft
SBA	Schaumbildneranhänger
SBZ	Sowjetische Besatzungszone
SDAG	Sowjetisch-Deutsche Aktiengesellschaft
SGA	Stromgeneratoranhänger
SKW	Schlauchkraftwagen
SLF	Schaumlöschfahrzeug
SMAD	Sowjetische Militäradministration in Deutschland
SMT	Schaummitteltransporter
SSG	Sauerstoffschutzgerät
STA	Schlauchtransportanhänger
STA-Lö	Löschmittelanhänger
SW	Schlauchwagen
TGL	Technische Güte- und Lieferbedingungen
TGW	Tauchergerätewagen
TLF	Tanklöschfahrzeug
TS	Tragkraftspritze
TSA	Tragkraftspritzen-Anhänger
ULF	Universallöschfahrzeug
VEB	Volkseigener Betrieb
VVB	Vereinigung Volkseigener Betriebe
VF	Vorausfahrzeug
VP	Volkspolizei
VTA	Ventilatortransportanhänger
WFG	Wasserfördergerät
WstW	Werkstattwagen
WTZ	Wissenschaftlich-technisches Zentrum
ZHF	Zughilfsfahrzeug

Maßeinheiten/Umrechnungen:

Druck: 1 kp/cm² = 0,980665 Bar
Drehmoment: 1 mkg = 9,80665 Nm

Danksagung

Mein erster Dank gilt dem aufopferungsvollen Einsatz aller Kameradinnen und Kameraden der Feuerwehr – ob freiwillig oder beruflich.

Obwohl es bezogen auf die Fahrzeuge der Feuerwehren in der DDR bereits sehr gute, äußerst ausführliche Literatur gibt, wagte ich mich ein weiteres Mal an dieses Thema. Neben der mir vorliegenden und äußerst umfassenden Bibliothek lehnte mir ausnahmslos niemand die Hilfe bei Fragen, Anliegen und vor allem bei der Unterstützung mit Material ab. Mit der Fertigstellung möchte ich mich bei allen herzlich bedanken, die mich mit Rat und Tat unterstützten. Vor allem möchte ich hier Steffen Thiel, Andre Junghans, René Patschan (Feuerwehrmuseum Welzow e.V.), Siegfried Bossack (AG »Feuerwehrhistorik« Riesa e.V.) und Rainer Pupka (Feuerwehr Potsdam) danken. Die Zusammenstellung dieses Buches wäre ohne ihre Hilfe wesentlich schwieriger geworden.

Ich selbst kann nur mit neuen Fotos der Feuerwehroldtimer dienlich sein. Den Reiz eines solchen Buches machen jedoch historische Aufnahmen aus, die ihre Geschichte zu erzählen haben. Deshalb bin ich sehr froh, dass viele ihr Foto-Archiv für mich zur Verfügung stellten. Ganz besonderer Dank gilt hier Andre Junghans, Michael Noack, Wilfried Klahre bzw. dem Archiv der IG Fw-Historik Dresden (BF Dresden), Rainer Pupka bzw.der Fw-Historik der Feuerwehr Postdam, Ronny Rabenow und Christian Suhr (Kraftfahrzeugarchiv).

Allen vielen Dank!
Ralf Christian Kunkel
Luckau im März 2024

Bildquellen (alphabetisch)

Den Fotos sind die Bildquellen zugeordnet. Dennoch sollen hier alle Quellen noch einmal genannt werden. Ich danke allen herzlich:

Berger-Winkler, Andreas
Breutel, André
Donat, Wolfgang
Feuerwehr Potsdam
Junghans, Andre (Sammlung)
Klahre, Wilfried (BF Dresden, Archiv IG Fw-Historik Dresden)
Kirstein, Herta (†)
Kunkel, Ralf Christian (+Sammlung) - als »Autor« gekennzeichnet
Kutsch, Stephan
Landesfeuerwehrmuseum Meetzen
Leipold, Willy
Maack, Klaus (Historische Feuerwehren und Landtechnik Halbendorf e.V.)
Noack, Michael
Rabenow, Ronny
Suhr, Christian (Kraftfahrzeugarchiv)
Traditionshaus des FFV Lübben (Archiv)

TLF 16 der Freiwilligen Feuerwehr Luckenwalde. (Foto: Sammlung Andre Junghans)